창의력과학

I&I

아 이 앤 아 이

3

초등

Imagine Infinitely

무한상상

(원본: 2008년 출간) 서울과학고등학교 교사진과 폴라사이언스 공동개발
책임개발 : 폴라사이언스(소장 윤찬섭)

〈서울과학고 교사진〉
지구과학 : 황석규 선생님(서울대)
물리 : 홍기택 선생님(서울대)
화학 : 전영희 선생님(서울대)
생물 : 백승용 선생님(서울대)

(2015 개정본)
책임 개발 및 수정 : 윤찬섭, 무한상상 과학교육 연구소

바야흐로 창의력의 시대입니다

과학창의력 향상은 단순한 과학적 흥미만으로는 부족합니다.
과제 집착력, 자신감을 바탕으로 한 체계적인
훈련이 필요합니다.
창의력과학 *I&I* (Imagine Infinitely)는
개정 교육 과정에 따른 창의적 문제해결력의
극대화에 중점을 둔 새로운 개념의
과학 창의력 통합 학습서입니다.

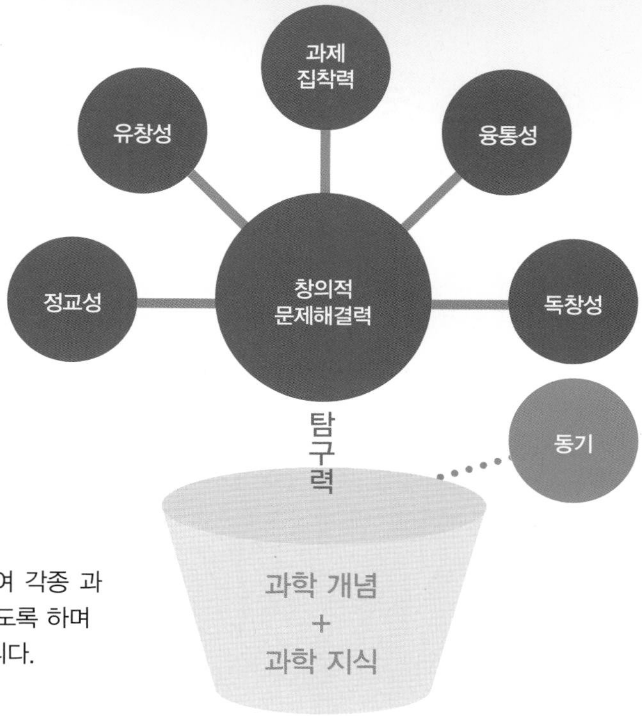

▲ 창의적 문제 해결력의 구성

과학을 공부한다는 것은

1. 과학 개념을 정밀히 다듬어 이해하고
2. 탐구력을 기르는 연습(과학 실험 등)을 꾸준히 하여 각종 과학 관련 문제에 대한 이해와 분석과 상상이 가능하도록 하며
3. 창의력을 동원하여 문제 해결을 하는 과정을 뜻합니다.

이 책의 특징은

1. 개정 교육과정에 맞춘 전 과정 심화입니다.
2. 각종 그림을 활용하여 **과학 개념을 명확히** 하는 데에 중점을 두었습니다.
3. 교과서의 실험 등을 통하여 탐구과정 능력을 향상시켜 **과학적 상상력**을 기르는데 초점을 맞추었습니다.
4. 창의력 문제, STEAM 융합형 문제에서 스스로의 창의력을 기반으로 하여 **창의적 문제해결력**을 향상할 수 있도록 하였습니다.
5. 그동안 영재교육원, 창의력 대회 등 시험 **기출 문제 또는 기출 유형 문제**를 종합적으로 수록하여 실전 대비 연습에 만전을 기했습니다.
6. **해설을 풍부하게** 하여 문제풀이를 정확하게 할 수 있도록 하였습니다.

이 책은

영재교육원 및 각종 대회의 탐구력, 창의력 구술 검사 및 면접을 준비하는 학생에게 충분한 창의적 문제 해결의 기회와 학교 내신 + α 를 제공합니다.

창의력과학 I&I 아이앤아이 초등

창의적 사고를 위한 요소

유익하고 새로운 것을 생각해 내는 능력을 창의력이라고 합니다.

사고를 원활하고 민첩하게 하여 많은 양의 산출 결과를 내는 유창성, 고정적인 사고의 틀에서 벗어나 다양한 각도에서 다양한 해결책을 찾아내는 융통성, 새롭고 독특한 아이디어를 산출해 내는 독창성, 기존의 아이디어를 치밀하고 정밀하게 다듬어 더욱 복잡하게 발전시키는 정교성 등이 대표적인 요소입니다.

I&I는 창의력을 향상시킵니다

창의력 키우기 파트에서는 문제의 유형을 유창성, 융통성, 독창성, 정교성 영역으로 나누어서 출제하였으며, 오른쪽 그림과 같이 적용된 창의성 영역을 나타내었습니다.

STEP BY STEP 문제는 단계적으로 창의적 문제 해결을 할 수 있도록 한 문제입니다.

(독창성, 융통성) 본교재 6학년 204페이지

계단을 밝히려고 달아 놓은 전등을 아래층과 위층에 설치된 스위치로 각각 끄거나 켤 수 있게 하려고 한다. 즉, 위층에서 불을 켜고 내려와 계단 아래층에서 불을 끈다거나, 아래층에서 불을 켜고 올라가 계단 위층에서 불을 끌 수 있어야 한다. 전등과 전원, 그리고 두 개의 스위치로 어떻게 배선하면 그렇게 할 수 있을지 전기 기호를 사용하여 전기 회로도를 그리시오.

- ✓ 유창성
- 융통성
- ✓ 독창성
- 정교성

I&I는 STEAM 문제 해결에도 적합합니다

STEAM 교육은 융합교육이라고도 하는데, 과학(Science), 기술(Technology), 공학(Engineering), 예술(Art), 수학(Mathematics)의 첫자를 땄으며, 교과 간의 연계를 강조하는 교육입니다. *I&I* 에서는 '스팀 융합형 문제 해결하기' 에서 과학 외의 교과 지식을 활용한 문제 풀이를 선보이고 있습니다.

(과학, 기술, 공학, 예술) 본교재 3학년 26페이지

보기에 제시된 "생체 모방 공학" 에 관한 글을 읽고 물음에 답하시오.
홍합의 접착력을 활용한 접착 물질 개발이 한창이다. 홍합의 접착력은 폭풍우에도 끄떡 없을 정도로 강하다. 어찌 보면 당연한지도 모를 이러한 생명체의 '뛰어난 힘'을 모방하여, 인간 생활에 적용 가능한 형태로 만들어 내려는 연구가 본격화되고 있다. 바로 '생체 모방 공학' 이다.
(문제) 홍합의 접착력은 폭풍우에도 끄떡 없을 정도로 강하다. 홍합의 강한 접착력을 이용해서 어떤 물체를 만들 수 있을까?

▲ 바위에 단단하게 달라붙은 홍합

실험에서의 탐구 과정 요소

과학에서 빼놓을 수 없는 것이 과학적인 탐구 능력입니다.

탐구 능력 또는 탐구 과정 능력이란 자연 현상이나 사물에 관한 문제를 연관시켜 해결하는 능력을 말합니다. 과학 관련 문제를 해결하기 위해서는 몇 가지 단계가 필요한데, 이 단계에서 필요한 요소를 탐구 과정 요소라고 합니다. 탐구 과정 요소에는 기초 탐구 과정 요소인 관찰, 분류, 측정, 예상, 추리와 통합 탐구 과정 요소인 문제 인식, 가설 설정, 실험 설계(변인 통제), 자료 변환 및 자료해석, 결론 도출 등이 있습니다.

기초 탐구 과정 중 분류의 예

우리 주위의 여러 가지 물체나 현상 등을 관찰하여 특징과 용도에 따라 나눔으로서 질서를 정하는 과정을 말합니다. 분류를 하기 위해서는 모둠의 공통된 특징을 가려서 분류 기준을 정해야 합니다.

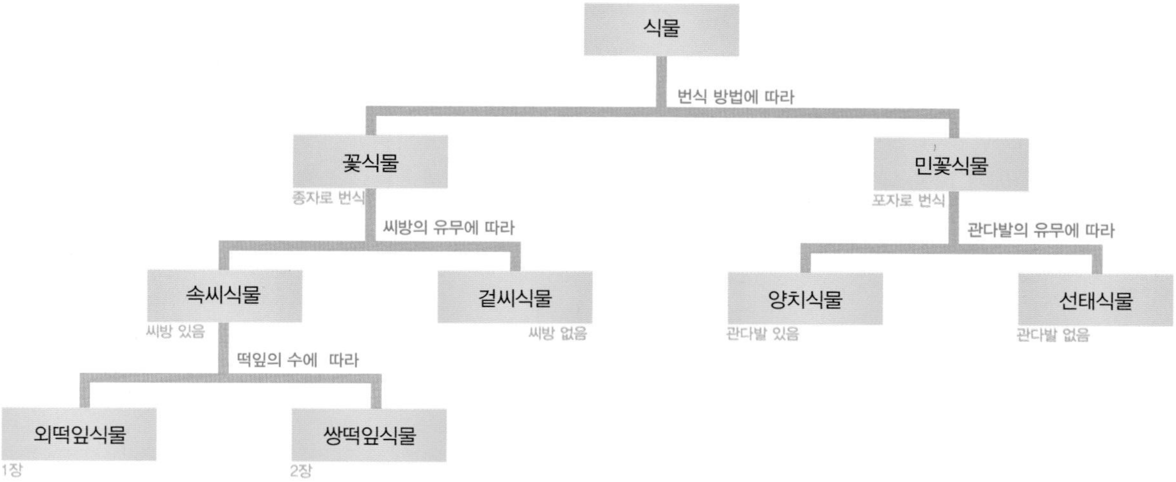

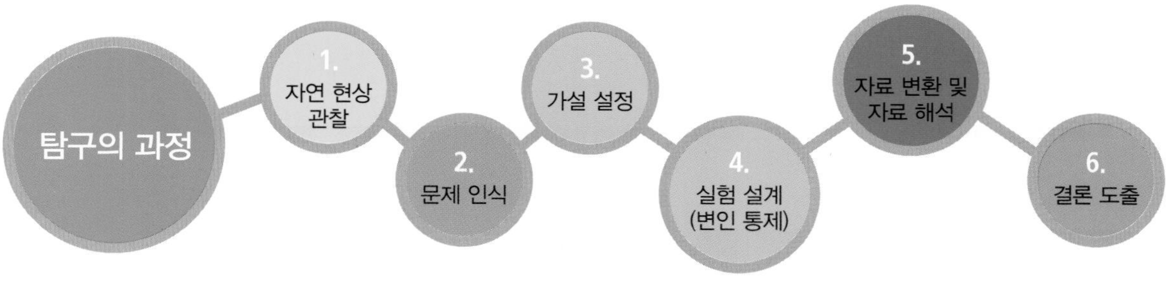

뉴턴: ① 내가 자고 있는데 누가 날 깨우는 거야? 어라? 사과가 떨어져 나를 깨운 것이구나!
② 그런데 사과는 왜 아래로만 떨어지는 것일까? 사과뿐만 아니라 다른 물체도 아래로 떨어지는구나.
③ 우리가 알고 있는 힘 외에 어떤 다른 힘이 있다는 가설을 세워 보자.
④ 두 물체 사이의 잡아당기는 힘이 얼마인지 실험해 보자. 다른 힘들이 있으면 안되니까 전기적으로 중성이어야 하고, 거리를 재고, 질량을 재고, 힘을 측정해야 하겠지?
⑤ 여러 번 실험을 해서 자료를 종합해 보니
⑥ 새로운 힘이 존재하는데, 그 힘의 크기는 두 질량 사이의 거리의 제곱에 반비례하고, 질량의 곱에 비례하는구나. 이 힘을 만유인력이라고 해야지!

들여다 보기

도입

· 우리 주변에서 쉽게 볼 수 있는 현상을 통해 단원에서 배울 내용을 전체적으로 암시했습니다.
· 단원에서 배울 내용과 관련된 흥미로운 질문으로 학습 동기를 유발하였습니다.

개념다지기

· 교과의 기본 개념부터 중등 개념까지 심화하여 다루었습니다.
· 과학 개념의 정밀화에 중점을 두었습니다.
· 보조단의 내용과 본문 개념을 연결지어 보충 심화가 가능하게 했습니다.
· 각종 그림과 사진을 첨가하여 상상력을 자극하도록 하였습니다.

기본 확인 문제

· 각 단원의 핵심 개념을 빠르게 체크할 수 있게 하였습니다.
· 이론 체크에 빠짐이 없도록 세심하게 문제를 출제하였습니다.

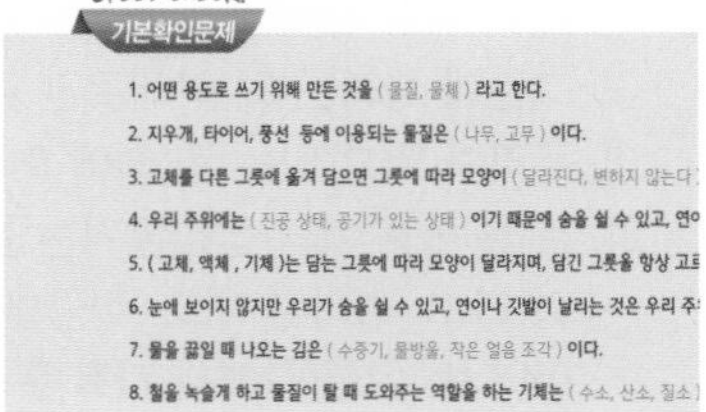

탐구력 키우기

· 단원과 밀접하게 관련된 재미있는 필수 실험을 1~2개 엄선하였습니다.

· 개인적으로도 쉽게 준비하여 실험할 수 있도록 배려하였습니다.

· 탐구과정 능력, 상상력을 발휘할 수 있도록 하였습니다.

문제해결력 키우기

· 창의력·탐구력·상상력을 동원하여 문제를 해결하도록 꾸몄습니다.

· 각 단원의 주제에 맞는 영재교육원 유사 문제를 통해 실전 감각을 쌓을 수 있습니다.

· 기본적인 문제에서 고난도의 창의력, 사고력을 요하는 문제, 단계적 문제 해결형 문제까지 망라하여 상황별 문제 해결이 가능하도록 하였습니다.

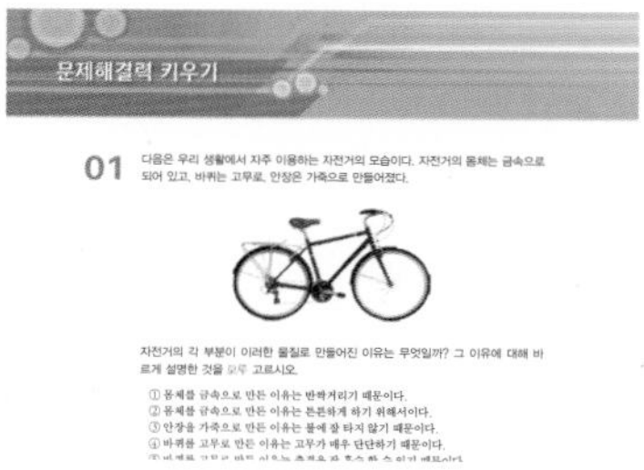

창의력 키우기

· 창의적 문제 해결력을 향상을 위한 섹션입니다.

· 유창성, 융통성, 독창성, 정교성을 기를 수 있는 문제들로 구성되며 각 요소별로 창의력 훈련을 할 수 있습니다.

· 입학사정관제나 대학입시에서도 중요도가 높아진 구술, 심층 면접, 논술 능력을 키울 수 있습니다.

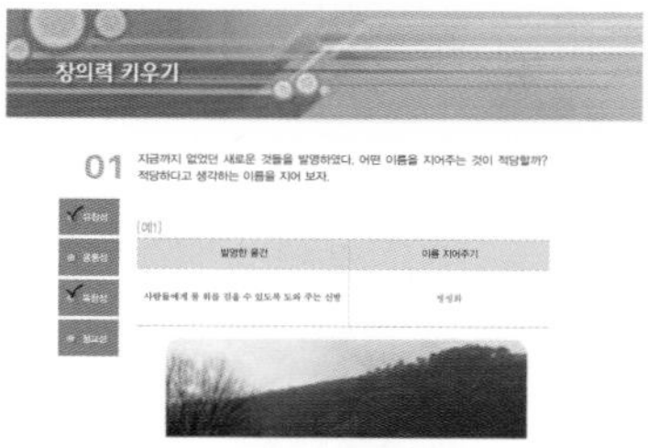

스팀 융합형 문제 해결하기

· 창의성과 함께 다른 교과 지식을 융합하여 문제를 해결해 나가도록 하였습니다.

· 현 시대가 요구하는 융합형 인재상의 목표에 부합하는 문제를 엄선했습니다.

총정리 문제

· 3단원 당 1회씩 총 4회로 구성하였습니다.

· 해당 단원의 총정리를 할 수 있도록 하였습니다.

CONTENTS

009 1. 우리 주위의 물질

027 2. 자석놀이

045 3. 동물(초파리)의 한살이

063 4. 여러 가지 돌과 흙

081 5. 가루 물질

099 6. 강과 바다

117 7. 동물의 생김새와 암수

135 8. 물에 사는 생물

153 9. 지층과 화석

171 10. 우리 생활과 액체

189 11. 소중한 공기

207 12. 소리내기

225 총정리 문제 1~4회

“

주변에는 왜 이렇게 다양한 물질이 있는 걸까?

우리 주변에는 다양한 재료로 이루어진 많은 물건들이 있다.
이 물건들을 이루고 있는 물질은 무엇일까?
이 물질들은 또 어디서 볼 수 있을까?

”

1

우리 주위의 물질

개념다지기

쏙쏙 빈칸을 채워 개념을 완성하세요!

● 물질*의 성질
물질마다 색깔, 냄새, 촉감, 단단한 정도, 물에 뜨는 정도, 구부러지는 정도 등의 물질의 고유한 성질이 서로 다르다.

● 물질의 쓰임새
물질의 성질에 따라서 물체를 이용하는 경우를 말한다. 일반적으로 물질이 지닌 성질에 따라 물체의 쓰임새가 결정된다.
예를 들어, 비닐의 가볍고 질기며 투명한 성질을 이용하여 비닐 랩이나 비닐 우산 등에 쓰인다.

● 과학단어
★물체 어떤 용도로 쓰기 위해 만든 것으로 구체적인 형태를 가지고 있는 것
★물질 물체를 이루고 있는 재료. 질량을 가지고 있으며 공간을 차지하는 것들을 말하며, 물질은 고체, 액체, 기체의 세 가지 상태로 존재함

❶ 물체를 이루고 있는 물질과 그 성질

(1) 물체*의 구성 : 우리 주위의 여러 가지 물체들은 ❶ ________ 로 이루어져 있다.

(2) 물질의 성질의 따른 이용 : 여러 가지 물질은 각각 다른 성질을 가지고 있으며 물체를 만들 때는 ❷ ________ 에 맞는 물질을 사용한다.

도자기 컵	유리 컵	스테인레스 컵	종이 컵	나무 컵
열에 강하지만 무겁고 깨질 수 있다.	투명하여 안에 담길 것을 잘 볼 수 있지만 무겁고 깨지기 쉽다.	충격에 강하지만 열이 쉽게 빠져나간다.	가볍고 접을수 있으며, 오래 사용하지 못한다.	튼튼하고 부드러우나, 열과 같은 외부 조건에 의해 변형될 수 있다.

컵
· 공통점 : 담을 수 있다.
· 차이점 : 컵을 만든 물질이 다르므로, 사용하는 방법과 시기가 다르다.

(3) 두 가지 이상의 물질로 이루어진 물체

◀ 물체 : 자전거
자전거를 이루는 물질 :
가죽, 금속, 고무 등

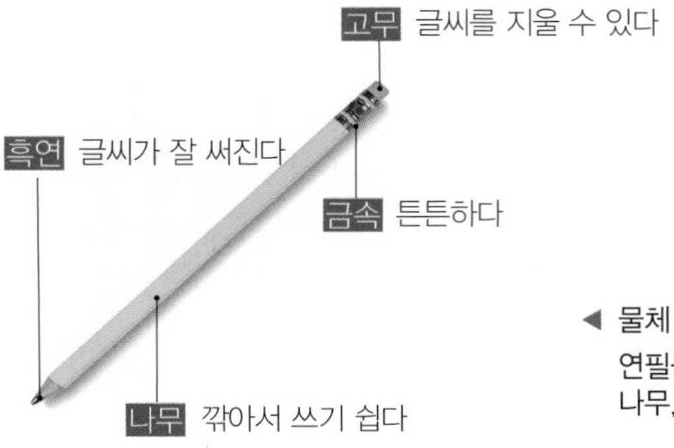

◀ 물체 : 연필
연필을 이루는 물질 :
나무, 흑연, 고무, 금속 등

(4) 물질의 성질에 따른 다양한 쓰임새

물질	쓰임새	성질
나무	책상, 의자, 나무 젓가락, 장난감 등	무늬가 있고, 차갑지 않으며, 만지면 부드럽다.
❸	지우개, 풍선, 타이어, 고무장갑, 고무공 등	누르면 물렁물렁하고 유연하며, 부드럽고 잘 부서지지 않는다.
유리	유리창, 어항, 컵, 안경알 등	투명하여 속이 잘 보이고, 딱딱하며 잘 깨진다.
플라스틱	빨대, 전화기, 필통, 컴퓨터, 장난감 등	매끄럽고 부드러우며, 튼튼하고 가볍다.
금속	숟가락, 망치, 나사못 등	단단하고 매끈매끈하며 무겁다.
종이	책, 도화지, 색종이 등	가볍고 잘 접히며 글씨가 잘 써진다.

❷ 고체와 액체

(1) 고체

① 담는 그릇에 따라 모양이 변하지 않고 일정하다.
② 손으로 잡을 수 있으며 흘러내리지 않는다.
③ 일정한 부피와 모양을 가진다. 공기 볼 수 있다.
예 책, 가위, 지우개, 자 등

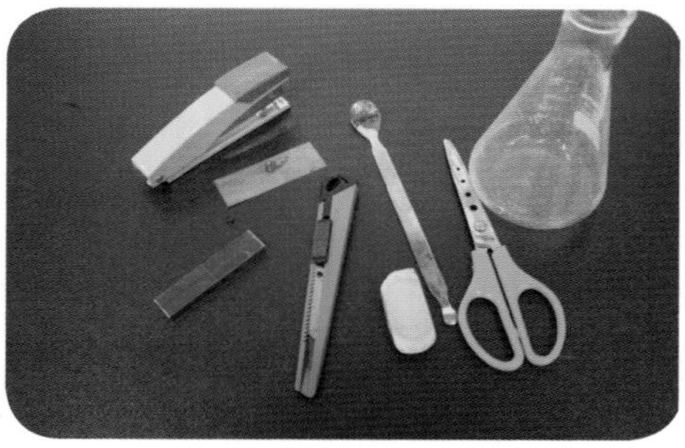

▲ 다양한 고체

(2) ❹

① 담는 그릇에 따라 모양이 달라진다.
② 손으로 잡을 수 없으며 흘러내린다.
③ 온도가 변하면 부피가 변하지만, 압력에 의해서는 부피가 거의 변하지 않는다.
예 물, 잉크, 주스, 우유, 식용유 등

▲ 다양한 액체

● 신소재 물질

▲ 카본 파이버로 만들어진 자전거 프레임과 핸들

탄소 섬유★를 주원료로 하는 카본 파이어는 일반적으로 사용되어지는 철이나 알루미늄에 비해 무게가 매우 가벼워서 적은 힘으로 빠른 속도를 낼 수 있다.

● 고체, 액체, 기체 물질

고체

액체

기체

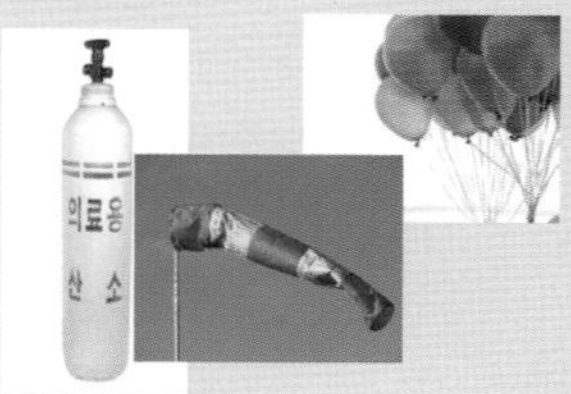

● 과학단어

★탄소 섬유 나무 등을 가열하여 탄소만 남게 하여 만든 섬유. 충격에 강하고, 화학 약품에 강하고 해충에 대한 저항성이 크다

개념다지기

쏙 쏙 빈칸을 채워 개념을 완성하세요!

● 공기의 성분

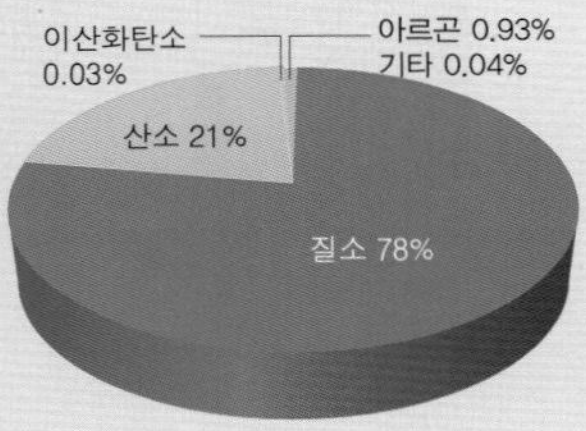

● 공기가 존재하는 높이 : 대기권의 높이는 약 1,000km가 되지만 전체 공기의 99%는 중력 작용에 의해 지상 약 32km 이내에 *밀집되어 있다.

▲ 하늘에서 바라본 지구 대기

❹ 공기와 기체

(1) 공기 : 눈에 보이지 않지만 우리가 숨을 쉴 수 있고, 연이나 깃발이 날리는 것은 우리 주위에 공기가 있기 때문이다.

① 우리 생활에 이용되는 공기

▲ 열기구 : 내부의 공기를 가열하여 열기구 전체가 공기보다 가벼워지면 위로 뜬다.

▲ 숨쉬기 : 공기는 코를 통해 사람 몸의 내부로 들어간다.

▲ 연날리기 : 공기로부터 위로 뜨는 힘을 받아서 연이 날 수 있다.

▲ 풍차 : 바람을 이용하여 기계를 회전시켜 에너지를 얻는다.

▲ 풍력 발전 : 바람을 이용하여 날개를 회전시켜서 전기 에너지를 얻는다.

▲ 진공* 청소기 : 내부를 진공으로 만들어 공기를 흡입하면서 먼지를 제거한다.

(2) 기체

① 기체의 특성

· 담는 그릇에 따라 모양이 달라지며, 담긴 그릇을 항상 ❺ ______ 채운다.
· 손으로 잡을 수 없으며 흐르는 성질이 있다.
· 온도와 압력의 변화에 따라 부피가 변한다.

② 여러 가지 기체의 성질

수증기 : 공기 중의 수증기는 공기와 섞여 있어 보이지 않으나, 온도가 내려가면 응결하여 작은 물방울이 되어 김의 모습이 되기도 하고, 구름이나 안개의 모습으로 나타나기도 한다.

▲ 구름

▲ 김(더운 물)

▲ 김(공장 굴뚝)

▲ 안개

산소 : 철 등 금속을 녹슬게 하고, 물질이 탈 때 도와주는 역할을 하는 기체이다.

▲ 산소 용접 : 기체를 높은 온도로 태워 금속을 녹여 붙인다.

▲ 산소통 : 휴대용 산소 공급기

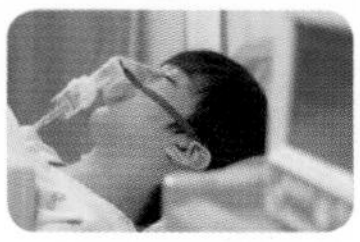

▲ 산소의 공급 : 신진대사를 원활하게 하기 위해 산소를 공급한다.

▲ 산소통 : 오랫동안 잠수하기 위해서는 산소통이 필요하다.

● 과학단어

★밀집 빈틈없이 빽빽한 모습

★진공 물질이 전혀 존재하지 않는 공간

질소 : 공기의 78%를 이루는 기체이며 다른 물질과 잘 반응하지 않는다.

◀ 과자 봉지 속의 기체 : 과자를 상하지 않게 보관하기 위해서 질소를 넣는다.

◀ 액체 질소: 매우 차가워 다른 물질을 냉각시킨다.

헬륨 : 수소 다음으로 가볍고 안정하여 풍선이나 비행선에 사용하는 기체이다.

◀ 기체로 채워진 풍선

◀ 비행선 내부는 헬륨으로 채워져 있다.

❺물질의 상태 변화

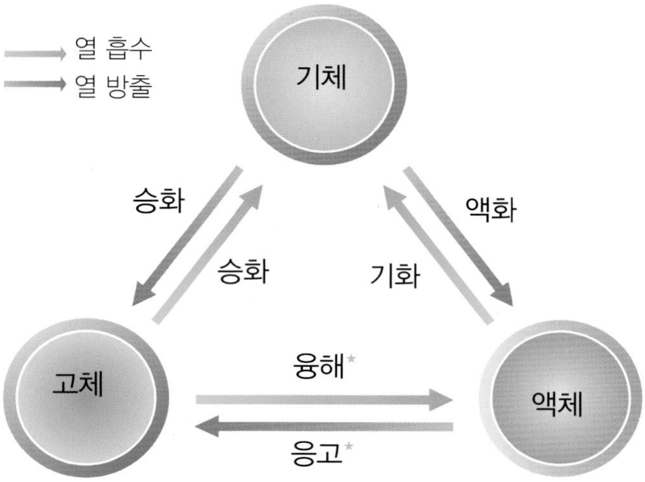

이산화 탄소 : 공기 중에 소량 포함되어 있고, 공기보다 무거운 기체이다. 냉각시키면 드라이아이스(고체)가 된다.

▲ 드라이 아이스

수소 : 가장 가벼운 기체이나 폭발성이 있다.

▲ 수소 자동차 : 수소와 공기 중의 산소를 연료로 한다.

과학단어

★융해 고체 물질이 열을 흡수하여 녹아서 액체로 되는 과정

★응고 액체 물질이 열을 방출하고 얼어서 녹아서 고체로 되는 과정

SPEED CHECK!

기본확인문제

1. 어떤 용도로 쓰기 위해 만든 것을 (물질, 물체) 라고 한다.
2. 지우개, 타이어, 풍선 등에 이용되는 물질은 (나무, 고무) 이다.
3. 고체를 다른 그릇에 옮겨 담으면 그릇에 따라 모양이 (달라진다, 변하지 않는다).
4. 우리 주위에는 (진공 상태, 공기가 있는 상태) 이기 때문에 숨을 쉴 수 있고, 연이나 깃발이 날린다.
5. (고체, 액체 , 기체)는 담는 그릇에 따라 모양이 달라지며, 담긴 그릇을 항상 고르게 채운다.
6. 눈에 보이지 않지만 우리가 숨을 쉴 수 있고, 연이나 깃발이 날리는 것은 우리 주위에 (물, 수증기 , 공기)가(이) 있기 때문이다.
7. 물을 끓일 때 나오는 김은 (수증기, 물방울, 작은 얼음 조각) 이다.
8. 철을 녹슬게 하고 물질이 탈 때 도와주는 역할을 하는 기체는 (수소, 산소, 질소) 이다.
9. 비행선이나 풍선 속에 주로 넣는 기체는 (수소, 질소, 헬륨) 이다.
10. 눈이 열을 흡수하여 녹는 현상은 (응고, 기화, 융해) 에 해당된다.

개념다지기 정답 ❶ 물질 ❷ 쓰임새 ❸ 유리 ❹ 액체 ❺ 고르게

탐구1. 플러버의 특징 관찰하기

준비물
플러버(Flubber) 동영상

탐구과정

동영상을 보면서 '플러버'의 특징을 관찰해 보자.

① 플러버의 특징을 적어 보자.

② 플러버의 색은 한 가지 색일까? 자신의 의견을 적어 보자.

③ 플러버를 만졌을 때의 느낌을 예상하여 적어 보자.

탐구2. 플러버 만들기

준비물
PVA 가루, 붕사, 색소 비커, 일회용 비닐 장갑, 나무젓가락, 종이컵

탐구과정

① 250ml 비커에 PVA 15g 을 옮겨 담은 다음 따뜻한 물을 45ml 넣고, PVA 를 완전히 녹여서 PVA 풀을 만든다.

② 또 다른 250ml 비커에 물 40ml 를 넣고 붕사 3g 을 녹인다.

③ 녹인 붕사 용액에 원하는 색깔의 색소를 조금 넣는다.

④ PVA 풀에 붕사 용액을 조금씩 넣으면서 30초 동안 나무젓가락으로 젓는다.

⑤ 젤리처럼 굳어지면 손으로 5~10분 간 동그랗게 빗는다.

탐구결과

1. 내가 만든 플러버의 문제점을 써 보자.

2. 내가 만든 플러버는 고체와 액체 중 어떤 상태에 해당될까? 그 이유를 발표해 보자.

3. 플러버와 같은 특성이 있는 물질들을 우리 주변에서 찾아서 적어 보자.

탐구문제

1. 다음 중 고체는 '고', 액체는 '액'이라고 (　　)에 표시하시오.

보기

ㄱ. 고무공 (　　　)	ㄴ. 물 (　　　)	ㄷ. 컵 (　　　)
ㄹ. 유리 (　　　)	ㅁ. 젤리 (　　　)	ㅂ. 콜라 (　　　)
ㅅ. 식초 (　　　)	ㅂ. 설탕 (　　　)	ㅇ. 두부 (　　　)

문제해결력 키우기

01 다음은 우리 생활에서 자주 이용하는 자전거의 모습이다. 자전거의 몸체는 금속으로 되어 있고, 바퀴는 고무로, 안장은 가죽으로 만들어졌다.

자전거의 각 부분이 이러한 물질로 만들어진 이유는 무엇일까? 그 이유에 대해 바르게 설명한 것을 모두 고르시오.

① 몸체를 금속으로 만든 이유는 반짝거리기 때문이다.
② 몸체를 금속으로 만든 이유는 튼튼하게 하기 위해서이다.
③ 안장을 가죽으로 만든 이유는 불에 잘 타지 않기 때문이다.
④ 바퀴를 고무로 만든 이유는 고무가 매우 단단하기 때문이다.
⑤ 바퀴를 고무로 만든 이유는 충격을 잘 흡수 할 수 있기 때문이다.

02 다음 는 물체와 물질을 순서없이 나열한 것이다. 물체와 물질을 구분하여 기호를 적으시오.

보기

Ⓐ 고무	Ⓑ 나무젓가락	Ⓒ 필통
Ⓓ 플라스틱	Ⓔ 고무줄	Ⓕ 나무
Ⓖ 금속	Ⓗ 책상	

(1) 물질 : (   )
(2) 물체 : (   )

03 우리 주위 에서 볼 수 있는 여러 가지 물질들은 고체, 액체, 기체 상태로 존재한다. 고체는 담는 그릇에 따라 모양이 변하지 않지만, 액체와 기체는 담는 그릇에 따라 모양이 변하는 성질을 가지고 있다. 다음 중 고체라고 생각되는 것을 모두 고르시오.

① 미끌미끌한 식용유
② 떨어뜨려 깨진 유리 조각
③ 풍선 속에 담겨 있는 공기
④ 스포이트의 말랑말랑한 고무 부분
⑤ 여러 모양의 빵을 만들 수 있는 밀가루 반죽

04 다음은 나무 바퀴를 이용하는 소 달구지와 고무 바퀴를 이용하는 자동차이다. 나무 바퀴와 고무 바퀴를 비교하여 본 후 고무 바퀴가 나무 바퀴보다 좋은 점을 써 보시오.

문제해결력 키우기

05 다음 중 물질의 세가지 상태에 대한 설명으로 옳은 것을 모두 고르시오.

① 공기는 무게가 없다.
② 액체는 손으로 잡을 수 없다.
③ 기체는 일정한 양을 지니고 있지 않다.
④ 액체는 담는 그릇에 따라 양이 변한다.
⑤ 고체는 그릇에 담지 않으면 옮기기 어렵다.
⑥ 한 용기에 담을 수 있는 기체의 양은 항상 같다.
⑦ 고체는 담는 그릇에 따라 모양이 변하지 않는다.

06 태희는 동생에게 사과와 복숭아를 구분하게 하려고 한다. 감각기관을 이용하여 특징을 관찰한 후 사과와 복숭아의 차이를 설명해 보자.

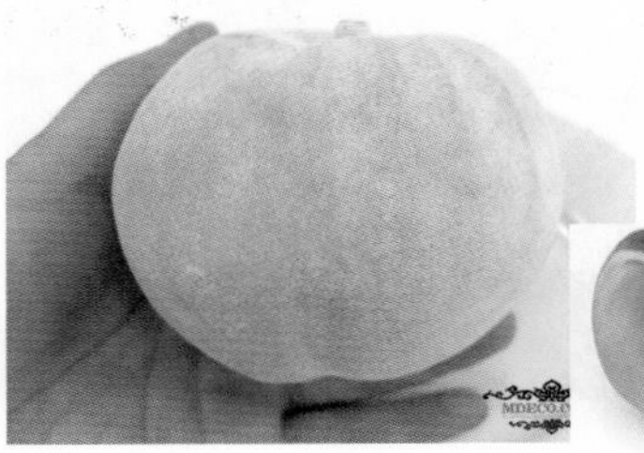

07

쓰임새가 같은 종류의 물체일지라도 상황에 따라 다른 물질로 만들기도 합니다. 물체가 컵일 때 다음 표를 완성하시오.

물체	물질	장, 단점
컵	예 금속	장점 : 냉장고에 넣어두면 금방 시원해진다
		단점 : 뜨겁거나 차가운 음료를 담으면 손으로 잡기 힘들다.
	(　　　　)	장점 :
		단점 :
	(　　　　)	장점 :
		단점 :
	(　　　　)	장점 :
		단점 :

08

수현이는 학교에서 액체의 성질에 대해 배우고 다음과 같은 결론을 내렸다.

> 액체는 담는 그릇에 따라 모양이 변한다.
> 모래도 담는 그릇에 따라 모양이 변한다.
> 그러므로 모래는 액체이다.

수현이의 의견에 동의 하는가? 그 이유를 쓰시오.

09

다음은 비닐, 종이, 천으로 만들어진 우산을 순서없이 나열한 그림이다. 물음에 답하시오.

(가)

(나)

(다)

(1) 우산들의 우산살을 덮는 부분은 각각 어떤 물질로 만들어졌는지 쓰고, 그 특징을 비교하시오.

구분	(가)	(나)	(다)
만들어진 물질			
특징			

(2) 내가 새로운 특징을 가진 우산을 만든다면 어떤 물질을 사용할까? 사용한 물질과 새로운 기능을 설명하시오.

10

다음 그림은 일상 생활에서 기체를 사용하는 모습이다. 해당되는 기체를 적고, 그림에서 나타난 기체의 특징을 설명하시오.

(가) 비행선

(나) 용접

(다) 드라이아이스

(라) 과자봉지 속

(마) 안개

구분	해당되는 기체	그림에서 나타난 기체의 특징
(가)		
(나)		
(다)		
(라)		
(마)		

11 다음은 일상생활에서 물질의 상태가 변하는 예이다. 각 경우에 해당되는 상태 변화를 보기에서 찾아 (　　)에 기호로 적으시오.

(가) 더운 날 아이스크림이 녹는다.

(　　　)

(나) 손에 알코올을 묻히면 점점 마른다.

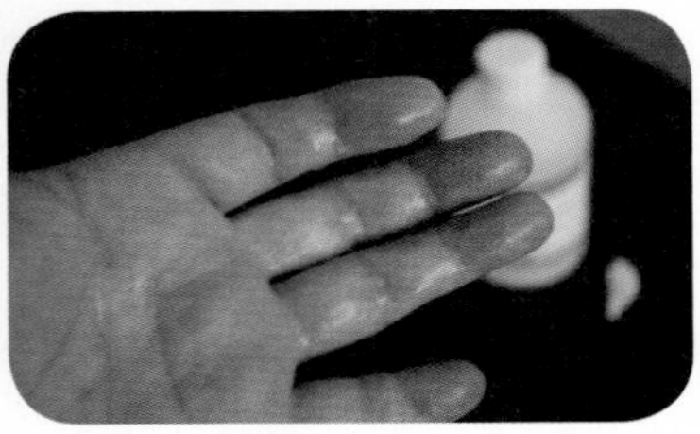

(　　　)

(다) 유리창에 성에가 생긴다.

(　　　)

(라) 목욕탕 천장에 물방울이 맺힌다.

(　　　)

(마) 촛불이 탈 때 흘러내리던 촛농이 식어 굳는다.

(　　　)

(바) 겨울철 밖에 널어 둔 언 빨래가 마른다.

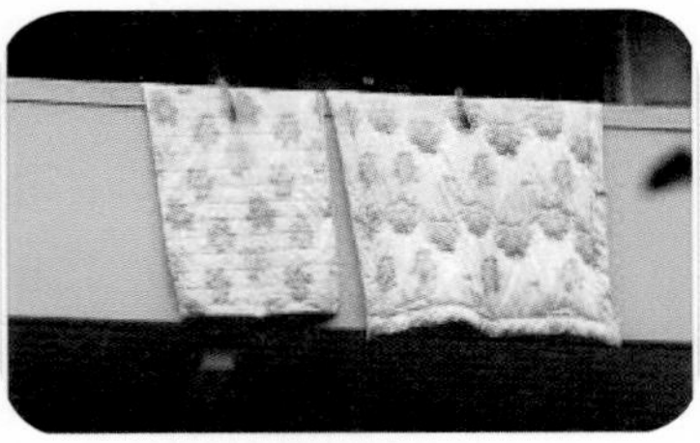

(　　　)

보기

ㄱ. 액화　　ㄴ. 승화　　ㄷ. 기화
ㄹ. 응고　　ㅁ. 융해

12 지구의 우주인들이 외계행성을 탐사하다가 X 행성이라 불리는 곳에서 신비한 액체 물질을 그 행성의 흙에 담아서 지구에 가지고 왔다. 이 액체 물질을 지구에 쏟자마자 엄청난 일이 벌어졌다.

흙과 돌, 나무와 쇠 등 닥치는 대로 지구의 모든 고체 물질을 녹이기 시작하는 것이었습니다. 이 액체 물질은 고체 물질을 녹일 때마다 그 고체 물질의 부피만큼 양이 늘어난다. 이 상태로 가다간 지구가 모두 녹을지도 모른다.

이 액체 물질은 다른 액체 물질이나 기체 물질은 녹이지 못하며, 진공 상태에서는 고체로 되는 것을 알아냈다. 그렇다면 어떻게 이 액체 물질을 보관할 수 있을까?

방법을 2가지 이상 써 보시오.

방법1	
방법2	
그 외의 방법	

창의력 키우기

01

지금까지 없었던 새로운 것들을 발명하였다. 어떤 이름을 지어주는 것이 적당할까? 적당하다고 생각하는 이름을 지어 보자.

✔ 유창성
융통성
✔ 독창성
정교성

[예1]

발명한 물건	이름 지어주기
사람들에게 물 위를 걸을 수 있도록 도와 주는 신발	씽씽화

[예2]

발명한 물건	이름 지어주기
잉크가 닳아 없어지지 않는 펜	무한 펜

이름을 지어 봅시다.

발명한 물건	이름 지어주기
다 읽은 후에 먹을 수 있는 책	

발명한 물건	이름 지어주기
사자의 머리와 기린의 몸을 가진 동물	

발명한 물건	이름 지어주기
숙제를 해주는 기계	

발명한 물건	이름 지어주기
수학을 더 잘하게 해 주는 알약	

발명한 물건	이름 지어주기
사과와 귤을 함께 딸 수 있는 나무	

01 보기에 제시된 "생체 모방 공학" 에 관한 글을 읽고 물음에 답하시오.

▲ 바위에 단단하게 달라붙은 홍합

홍합의 접착력을 활용한 접착 물질 개발이 한창이다. 홍합의 접착력은 폭풍우에도 끄떡 없을 정도로 강하다. 어찌 보면 당연한지도 모를 이러한 생명체의 '뛰어난 힘'을 모방하여, 인간 생활에 적용 가능한 형태로 만들어 내려는 연구가 본격화되고 있다. 바로 '생체 모방 공학' 이다.

벌집의 정육각형 모양은 비행기나 집의 내부에 모방되고 있다. 다윈은 이 육각형 벌집 모양을 '낭비가 전혀 없는 완벽한 구조물' 이라 극찬했다. 정육각형 구조는 최소의 건축 자재를 써서 최대의 공간을 얻는 경제적인 건축 방법이다. 육각형의 한 면은 이웃하는 면과 빈틈 없이 연결되는 공동의 벽이 될 수 있기 때문이다.

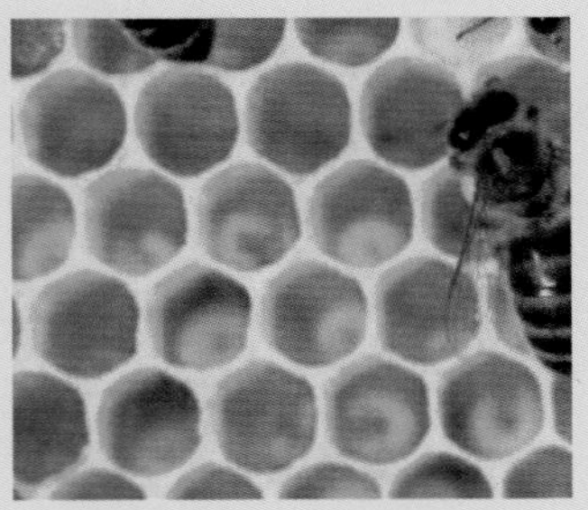

▲ 정육각형 구조의 벌집

(1) 홍합의 접착력은 폭풍우에도 끄떡 없을 정도로 강하다. 홍합의 강한 접착력을 이용해서 어떤 물체를 만들 수 있을까?

(2) 건축에서도 정육각형 모양으로 이루어진 벌집을 모방하고 있다. 건축물이 정육각형으로 이루어지면 어떤 점이 유리할까?

(3) 생물체의 행동이나 구조, 생물체가 만들어내는 물질을 이용하는 생체모방 기술을 활용하면 어떤 점이 유리할까?

“

왜 나침반 바늘의 N극은 지구의 북쪽을 가리킬까?

철새들은 계절에 따라 북쪽으로 혹은 남쪽으로 장소를 이동하며 살아간다. 어떻게 나침반 없이 이동할 수 있을까?

”

2

자석놀이

개념다지기

쏙 쏙 빈칸을 채워 개념을 완성하세요!

❶ 자석에 붙는 것과 붙지 않는 것

(1) 자석에 붙는 것과 붙지 않는 것

자석에 붙는 것	자석에 붙지 않는 것
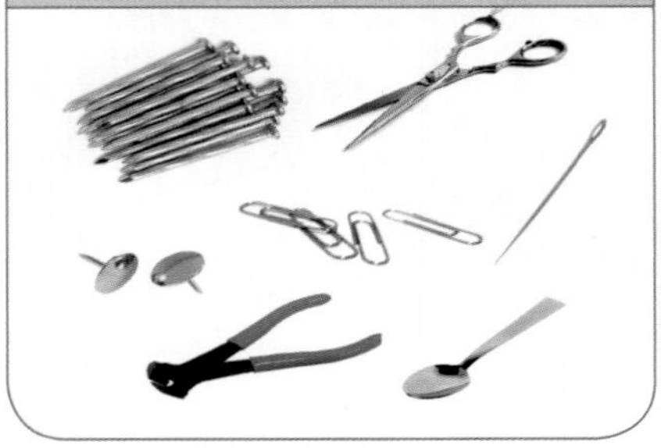	

자석에 붙는 물체들의 공통점	자석에 붙는 물체들은 ❶ ______ 로 만들어졌다.

(2) 자석을 이용하면 좋은 점

① 자석 필통의 뚜껑을 쉽게 열고 닫을 수 있다.

② 자석 칠판에 글자를 쉽게 붙였다 떼었다 할 수 있다.

③ 휴대용 바둑판은 바둑알이 잘 떨어지지 않아 가지고 다니기 편리하다.

❷ 자석의 극 찾기

(2) 자석의 극(자극) : 자석에 클립을 붙이면 자석의 양 끝 부분에 클립이 가장 많이 달라붙는다. 자석의 세기가 가장 센 두 끝 부분을 '자극' 또는 '극'이라고 한다.

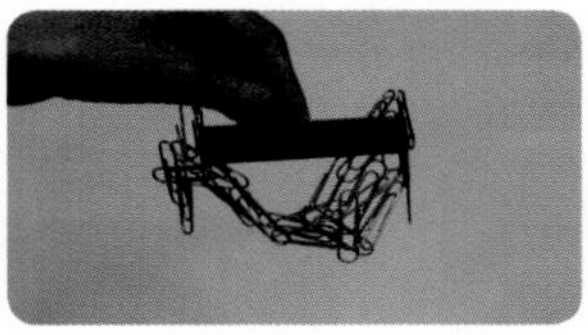

◀ 자극에 클립이 가장 많이 달라붙는다.

(2) 자석의 성질 : 자석은 두 종류의 극이 있다. 두 개의 자석을 가까이 하면 ❷ ______ 극끼리는 서로 밀어 내는 힘(척력*)이, ❸ ______ 극끼리는 서로 잡아당기는 힘(인력*)이 작용한다.

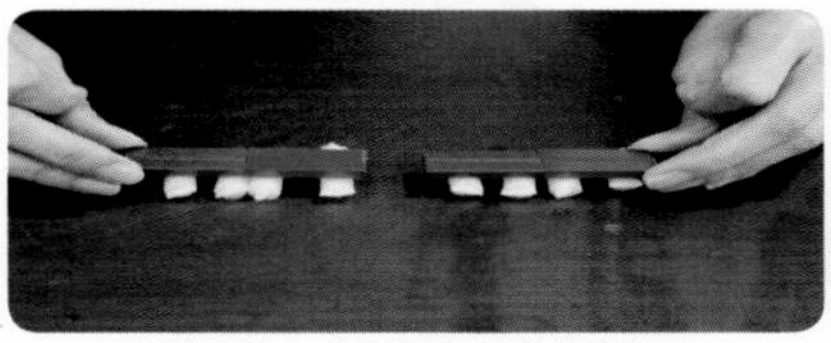

▲ 서로 잡아당기는 힘이 작용

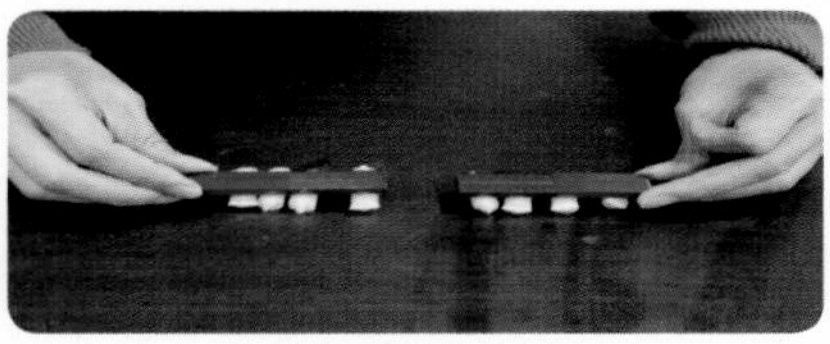

▲ 서로 미는 힘이 작용

● 자석이 이용된 물체

▲ 자석 칠판

▲ 자석 드라이버

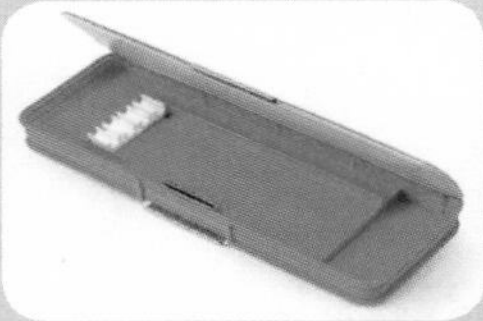

▲ 자석 필통

▲ 신용카드의 마그네틱선

● 모든 금속이 자석에 붙을까?

철로 만들면 무겁고 녹이 잘 생겨서, 녹이 잘 생기지 않는 가벼운 금속으로 물체를 만들기도 한다. 그래서 철과 비슷하게 보이는 다른 금속을 사용한 물체는 자석에 붙지 않는다.

자석에 붙는 금속으로는 철, 니켈, 코발트가 있고 구리, 아연, 금, 은 등의 금속은 자석에 붙지 않는다.

● 과학단어

★인력 서로 잡아 당기는 힘

★척력 서로 미는 힘

❸ 자석이 가리키는 방향

(1) 자석의 방향성

① 자석의 양 끝은 항상 남쪽과 북쪽을 가리킨다.
② 자석에서 북쪽을 가리키는 부분을 ❹ ______ 극이라 하고, 남쪽을 가리키는 부분을 ❺ ______ 극이라고 한다.

(2) 자석의 일정한 방향을 가리키는 성질을 이용한 것 : 나침반, 패철*
(3) 자석 주변에 놓인 나침반 바늘이 가리키는 방향 : 나침반의 N극은 자석의 S극을 가리킨다.

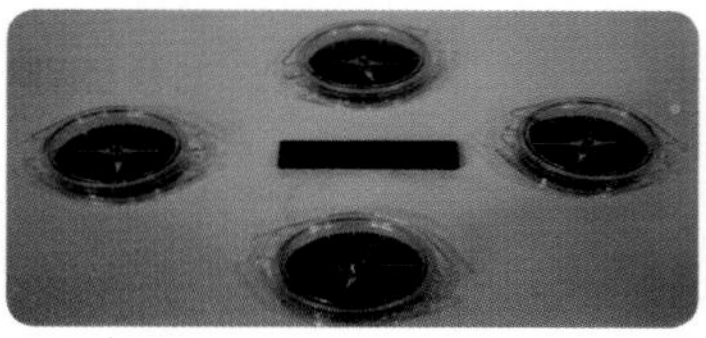

◀ 나침반의 N극은 자석의 S극을 가리킨다.

❹ 자석 만들기

(1) 자화 : 자석으로 클립을 ❻ ______ 방향으로 여러 번 문지르면 자석의 성질을 갖게 된다. 이처럼 자석이 아닌 물체가 자석의 성질을 갖게 되는 것을 '자화'라고 한다.

(2) 자화된 물체가 자석의 성질을 잃는 경우

① 자화된 물체를 알코올 램프로 달군다.
② 자화된 물체를 망치로 세게 몇 번 친다.
③ 자화된 물체를 오랜 시간 동안 놓아둔다.

(3) 간이 나침반 만들기

바늘에 철가루를 묻혀 본다.

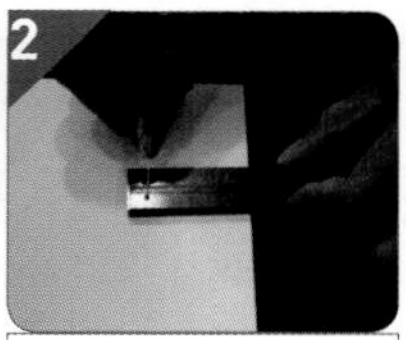

자석으로 바늘을 여러 번 같은 방향으로 문지른다.

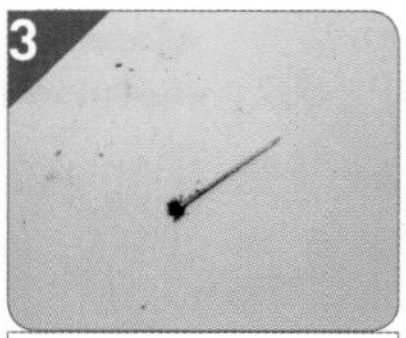

자석으로 여러 번 문지른 바늘에 철가루를 붙여 본다.

자석으로 문지른 바늘을 물에 띄우고, 나침반 바늘의 방향과 비교해 본다.

❺ 자석 둘레에 철가루가 늘어선 모양

(1) 막대 자석의 둘레에 철가루가 늘어선 모양(자기력선*) 알아보기

① 막대 자석 위에 투명판과 흰 종이를 놓고, 그 위에 철가루를 고루 뿌린다.
② 철가루가 잘 늘어서도록 손가락으로 톡톡친 후, 자석 둘레에 철가루가 늘어선 모양을 관찰한다.
③ 분무기로 물감을 뿌리거나 풀칠한 종이로 덮어, 철가루가 늘어선 모양을 작품으로 나타낸다.

➡ 결과 자석 둘레에 철가루가 선처럼 배열되고 N극과 S극이 선 모양(자기력선)으로 연결된다.

[알 수 있는 사실 - 자석 둘레에는 자석의 힘이 작용하는 공간이 있다.]

● 자석이 가리키는 방향 알아보기

① 교실에 동서남북을 표시한다.
② 자석의 가운데 양쪽을 두 가닥의 실로 묶고 나무 막대에 매단다.
③ 막대 자석을 매단 나무 막대를 비커에 걸쳐 막대 자석이 매달려 있게 한다.
④ 막대 자석이 가리키는 방향을 관찰하고, 교실의 방위와 비교한다.

● 자석이 자성을 잃는 경우

자성은 작은 자석들이 같은 방향으로 배열되어 형성되는 것이다. 그러므로 자성을 잃는 경우는 작은 자석들이 일정한 방향으로 배열되지 못하고 흐트러지는 것이다. 고온 혹은 충격으로 자성을 잃는 이유는 고온 또는 충격에 의해 작은 자석들의 배열이 흐트러지기 때문이다.

● 자석을 반으로 나누면 어떻게 될까?

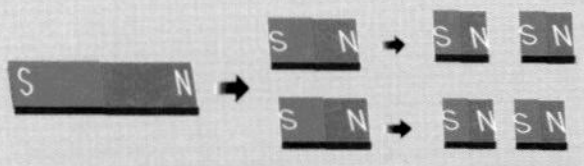

자석은 몇 번을 자르든, 자를 때마다 각 조각은 양 끝에 반드시 N극과 S극이 생긴다.
자석 내부는 수많은 작은 자석들이 모여 그 안에서 규칙적으로 배열되어 이루어져 있다. 그러므로 자석을 자르면 잘린 자석의 양끝이 다시 규칙적으로 N극과 S극으로 나뉘어 새로운 자석이 된다.

● 과학단어

★패철 몸에 지니고 다니던 자침
★자기력선 자석의 힘에 의해 철가루가 규칙적으로 배열되어 만들어진 선

개념다지기

쏙쏙 빈칸을 채워 개념을 완성하세요!

● 윌리엄 길버트(William Gilbert, 1544~1603)

영국의 의사이며 물리학자이다. 그는 수년 간의 연구로 전기와 자기의 현상을 명확하게 구별했고, '전기'라는 용어도 만들어 내었다. 또, 지구 자체가 커다란 자석이라는 것을 발견하였다.

● 철가루가 자석에 붙지 않게 하는 방법

자석 둘레에 철가루를 뿌리다보면, 철가루가 자석에 붙어 떼어내기가 무척 힘들게 된다.
이 때, 자석을 비닐 랩에 씌우거나 자석을 페트리 접시로 덮어 실험을 하면 편리하다.

● 생물들의 자석 이용

몸 속에 작은 생체 자석을 지닌 생물들이 있다. 철새*가 계절에 따라 15,000km를 착오없이 이동할 수 있는 까닭은 철새의 뇌 속에 자석 조직이 들어 있어 지구 자기장을 감지할 수 있고, 이를 기점으로 방향을 찾아 정확한 경로를 찾는다. 철새 뿐만 아니라 비둘기, 꿀벌, 도롱뇽, 달팽이, 돌고래, 연어, 거북 등도 생체 내의 작은 자석 조직으로 인해 방향을 찾는 능력이 뛰어나다.

● 과학단어

★자기장 자석 주위에 자기력이 작용하는 공간

★철새 계절에 따라 먹이 등을 찾아 이동하는 새

(2) 두 개의 자석 주변에 철가루를 뿌린 모양

서로 다른 극끼리 마주 보게 놓았을 때	서로 같은 극끼리 마주 보게 놓았을 때
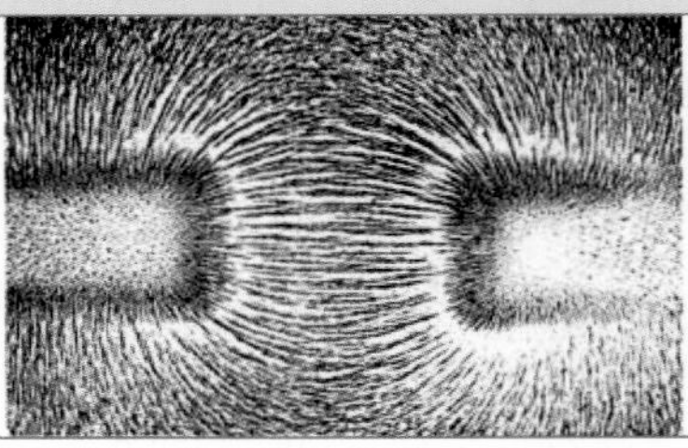	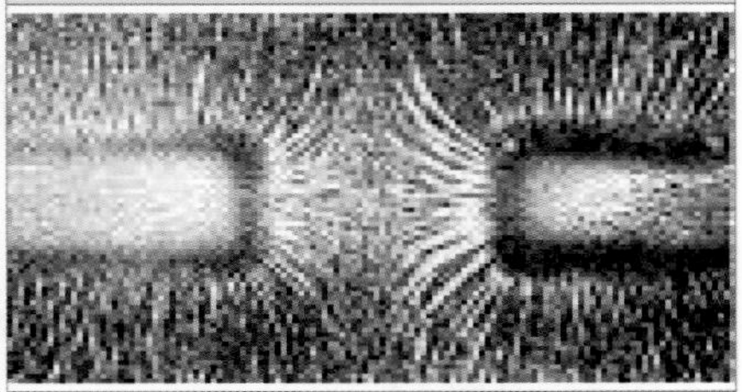
서로 잡아당기는 힘으로 두 극 사이에 서로 이어지게 철가루가 늘어선다.	서로 밀어내는 힘으로 두 극 사이의 철가루가 밀려나서 '✧' 모양이 된다.

- 자기력선은 N극에서 출발하여 S극으로 들어가는 형태를 띠고 있다.
- S극과 N극이 가까이 있을 때는 자기력선이 N극에서 S극으로 들어가는 모양으로 잡아 당기는 힘을 나타내며, 같은 S극(N극)끼리 가까이 있을 때는 자기력선이 서로 충돌하여 반발하는 힘을 나타낸다.

❻ 자석 주위에 작용하는 힘

(1) 자기장*

① 자석의 힘이 미치는 공간을 ❼ ________ 이라고 한다.
② 자기장의 방향은 N극에서 시작하여 S극으로 들어가는 방향이며, 자기력선은 N극에서 S극 방향으로 화살표로 나타낸다.
③ 자기장 안에 철 조각을 놓으면 철 조각을 끌어당겨 자석에 붙게 된다.
④ 자석의 세기가 센 자석은 자기장도 넓어진다.

(2) 지구 자기장 : 지구는 그 중심에 커다란 막대 자석을 놓아 둔 것 같은 자기장을 가지고 있다. 지구의 북극은 S극, 남극은 N극으로 되어 있기 때문에, 나침반 바늘의 N극이 항상 지구의 북쪽을 가리킨다.

❼ 자석의 성질을 이용한 놀이

▲ 자석 벌레

▲ 자석 나비

▲ 자석 장난감

자석놀이를 통해 알게 된 점	자석의 힘은 물이나 유리, 종이를 통해서도 전달된다.

❽ 자석의 성질을 이용한 정보 기록

(1) 자석의 성질을 이용하여 정보를 기록한 것

읽는 장치	정보를 기록한 것	기록된 정보
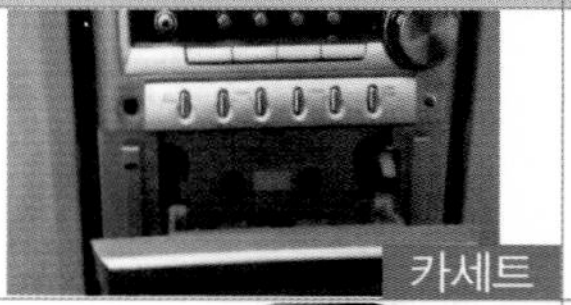 카세트	 카세트 테이프	소리
 컴퓨터	 하드 디스크	문자, 소리, 그림
 카드 리더기	 마그네틱 카드	문자

(2) 자기 띠에 철가루를 뿌려 늘어선 모양

① 검은 띠 부분에 철가루를 뿌렸을 때 : 상품에서 볼 수 있는 바코드와 유사한 모습으로 늘어선 철가루의 모양을 볼 수 있다.
② 검은 띠 부분을 자석으로 문지른 후 철가루를 뿌렸을 때 : 선 모양(바코드* 모양)이 없어진다. ➡ 기록된 정보가 지워진다.

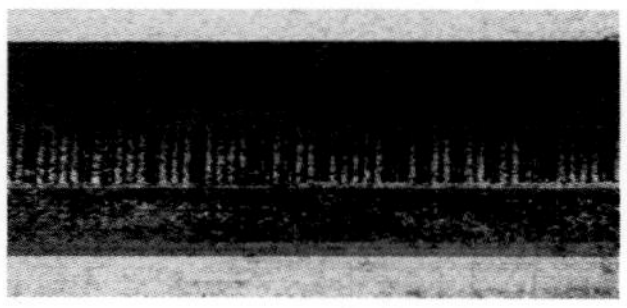
▲ 신용카드의 자기 띠에 철가루가 늘어선 모양

(3) 자석의 성질을 이용해 정보를 기록한 것을 다룰 때 주의할 점
자석의 성질을 이용하여 기록된 부분에 자석을 가까이 하면 기록된 정보가 ❽ ________ 있으므로 주의해야 한다.

● 여러 가지 자기 기록 매체*
자성을 이용하여 전기 신호의 형태로 소리 · 그림 · 자료 등을 저장하는 방법을 자기 기록이라고 한다. 자기 기록 매체로는 신용카드, 비디오 테이프, 오디오 테이프, 통장, 마그네틱 카드, 하드디스크, 디스켓 등이 있다.

● 과학단어
★자기 기록 매체 자석의 성질을 이용해 정보를 기록한 것
★바코드 상품의 포장이나 꼬리표에 표시된 검고 흰 줄무늬, 제조 회사, 제품의 가격, 종류 따위의 정보를 나타낸 것

SPEED CHECK!
기본확인문제

1. 자석에 붙는 물체는 모두 금속으로 만들어진 것이다. (O / X)
2. 자석의 여러 곳에 클립을 붙여 보면 자석의 양 끝 부분에 가장 많이 붙는다. (O / X)
3. 자석의 같은 극끼리는 밀어내고, 다른 극끼리는 서로 잡아당긴다. (O / X)
4. 자석의 N극은 남쪽을 자석의 S극은 북쪽을 가리킨다. (O / X)
5. 자석에 바늘을 여러 번 문지르면 바늘이 자석의 성질을 갖게 된다. (O / X)
6. 서로 같은 극끼리 마주 보게 자석을 두고 주변에 철가루를 뿌리면 서로 이어지게 철가루가 늘어선다. (O / X)
7. 자석의 힘은 물이나 유리, 종이를 통해서도 작용한다. (O / X)
8. 자석으로 신용카드의 검은 띠를 문지른 후 철가루를 뿌리면, 철가루가 바코드 모양으로 붙는다. (O / X)
9. 신용카드의 정보가 기록된 부분은 플라스틱 부분이다. (O / X)

개념다지기 정답 | ❶ 철(쇠) ❷ 같은 ❸ 다른 ❹ N ❺ S ❻ 한(같은) ❼ 자기장 ❽ 지워질 수

탐구1. 자석이 가리키는 방향

탐구과정

준비물
극이 보이지 않는 막대자석, 자석이 들어갈 크기의 비커, 실, 나무젓가락, 빨간색 펜, 파란색 펜, 가위 등

① 해가 뜨고 지는 방향을 이용하여 동서남북을 표시한다.(해가 뜨는 쪽이 동쪽, 지는 쪽이 서쪽)
② 극을 모르는 막대자석에 실을 매달고 나무젓가락에 연결한다.
③ 막대자석을 비커에 넣고, 나무젓가락으로 입구에 걸친다.
④ 막대자석이 가리키는 방향을 관찰한다.
⑤ 북쪽을 가리키는 부분을 빨간색으로 칠하고, N극이라고 표시한다. 또, 남쪽을 가리키는 부분을 파란색으로 칠하고, S극이라고 표시한다.

탐구결과

1. ④의 결과
자석이 멈추었을 때 자석이 가리키는 두 방향은 (　　　　　　)쪽, (　　　　　　)쪽이다.

2. ⑤의 결과
자석의 극에는 (　　　　　　)과 (　　　　　　)이 있고, (　　　　　　)은 북쪽을 가리키고, (　　　　　　)은 남쪽을 가리킨다.

탐구문제

1. 나침반은 자석이 일정한 방향을 가리키는 성질을 이용한 것이다. 탐구1의 결과를 바탕으로 자석 주위에 나침반을 놓았을 때, N극과 S극의 방향을 잘 고려해서 나침반 바늘이 가리키는 방향을 그려 보자.

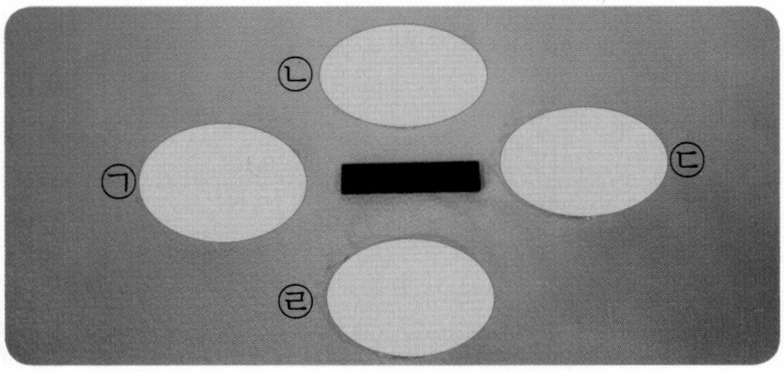

탐구2. 자석 장난감 만들기

탐구과정

준비물
원형자석 3개, 링 자석 1개, 하드보드지, 나무젓가락, 스타이로폼 공, 실, 셀로판테이프

① 하드보드지를 네모나게 자른다.

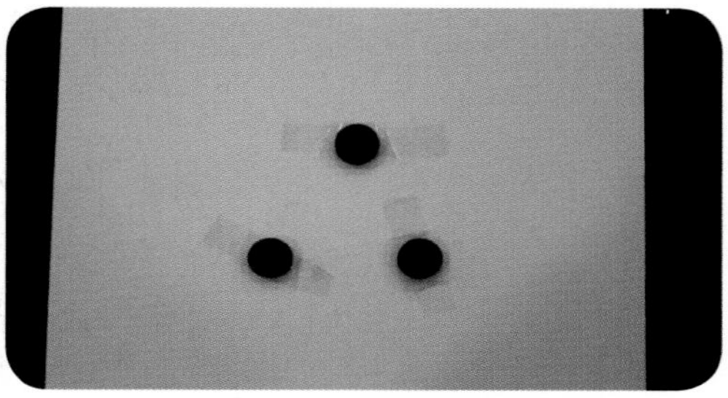

② 원형 자석 3개를 셀로판 테이프를 이용하여 하드보드지에 고정시킨다.(이 때 위로 향하는 자석 3개의 극이 N극이나 S극으로 모두 같아야 하며, 각 자석 사이의 거리가 같아야 한다.)

③ 원형 자석의 극과 같은 극을 아래로 가게하여 고리 자석을 스타이로폼 공에 붙이고 실에 연결한다.

④ 실을 다른 끝을 들고 원형 자석 위에 고리 자석을 위치시켜서 움직임을 관찰한다.

탐구결과

1. 스타이로폼 공이 움직이는 모습에 대해 설명해 보자.

탐구문제

1. 하드보드지에 붙은 자석 3개가 없다면 스타이로폼 공의 운동은 어떻게 될까?

2. 실에 매달린 자석 스타이로폼 공이 3개의 자석 위에서 계속 흔들리는 방향을 설명하시오.

01 지수는 방을 정리하다가 다음과 같이 자석과 관련된 물건들을 발견하였다.

이 물건들은 공통적으로 자석의 어떤 성질을 이용한 것인가?

① 자석에 철이 붙는 성질
② 자석에 금속이 붙는 성질
③ 자석의 같은 극끼리 미는 성질
④ 자석의 N극이 북쪽을 가리키는 성질
⑤ 자석의 양 쪽 끝의 세기가 가장 센 성질

02 수진이는 가족들을 위해 재미있는 과학 마술쇼를 준비했다. 수진이가 준비한 숟가락에 물체가 붙을 수 있는 이유를 쓰시오

03

자성을 가진 물질의 일부분을 자화시켜 소리, 그림, 자료 등을 저장하는 방법을 '자기 기록'이라고 한다. 우리 주변에서 이러한 자석의 성질을 이용하여 정보를 기록한 것들을 찾아 3가지 이상 쓰시오.

04

다음 중 자석의 성질을 설명한 것으로 옳은 것을 모두 고르시오.

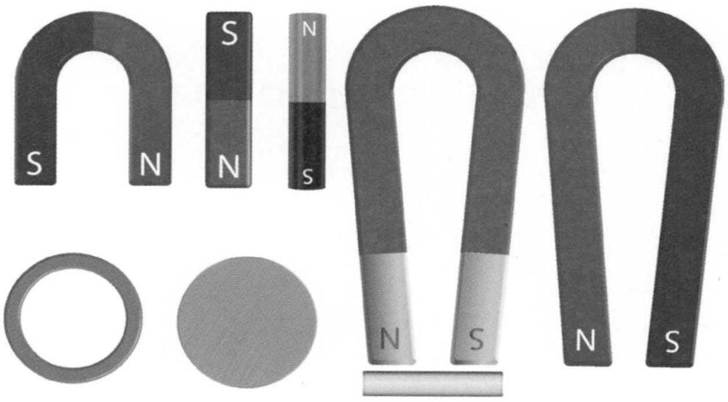

① 자석의 극은 두 개이다.
② 자석의 같은 극끼리는 당기는 힘이 있다.
③ 자석을 반으로 나누면 둘 다 자석이 된다.
④ 자기장의 방향은 자기장 속에서 S극 방향이다.
⑤ 자기력의 방향은 자기장 속에서 N극 방향이다.

05 민수는 자석의 극의 종류에 대해 알아보기 위해 자석 두 개를 이용하여 서로 미는 두 극에는 같은 모양의 스티커를, 서로 당기는 두 극에는 다른 모양의 스티커를 다음과 같이 붙였다.

1단계 : 서로 밀 때
2단계 : 서로 당길 때
3단계 : 서로 밀 때

(1) 자석에 붙은 스티커의 사용이 잘못된 부분을 찾고, 그이유를 설명하시오.

(2) 올바르게 스티커를 붙인 모습을 그려 보시오.

1단계 : 서로 밀 때
2단계 : 서로 당길 때
3단계 : 서로 밀 때

06

영화를 보면 먼 곳에 있는 사람들에게 편지를 전달하는데 비둘기를 이용하는 것을 볼 수 있다. 이처럼 비둘기는 옛날부터 편지를 전달하는 데 이용될 정도로 뛰어난 방향 감각을 지녔다.
비둘기가 방향 감각이 뛰어난 이유는 무엇일까?

07

해진이는 철가루, 플라스틱 판, 자석 등을 이용해 철가루가 자석 주변에 늘어선 모양을 관찰했다.

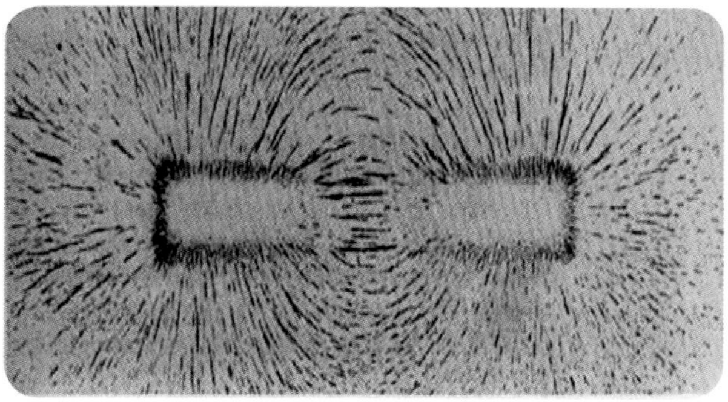

철가루가 늘어선 모양을 관찰하던 해진이는 그 모양을 오랫동안 간직하고 싶어졌다. 금방 흩어져 모양이 쉽게 변해 버리는 철가루가 늘어선 모양을 오래 간직할 수 있는 방법을 2가지 이상 쓰시오.

문제해결력 키우기

08 다음 중 자석의 세기를 그래프로 바르게 나타낸 것은 어느 것인가?

①
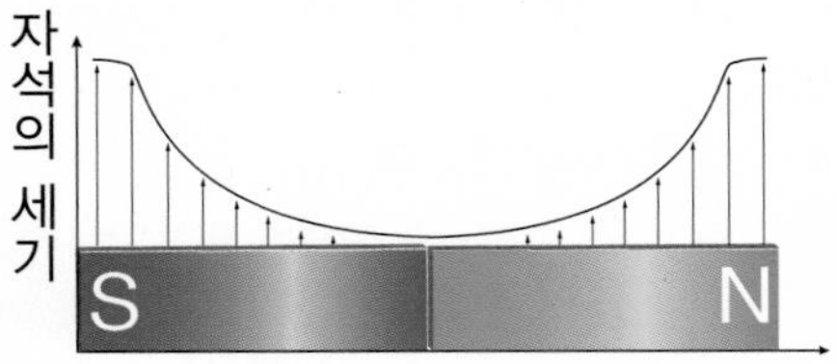

②
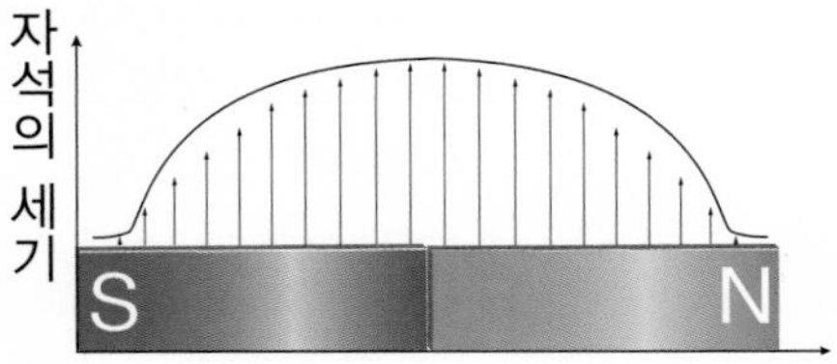

③
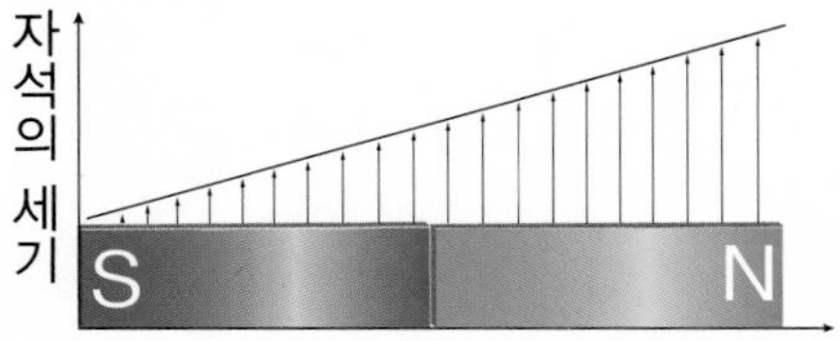

④
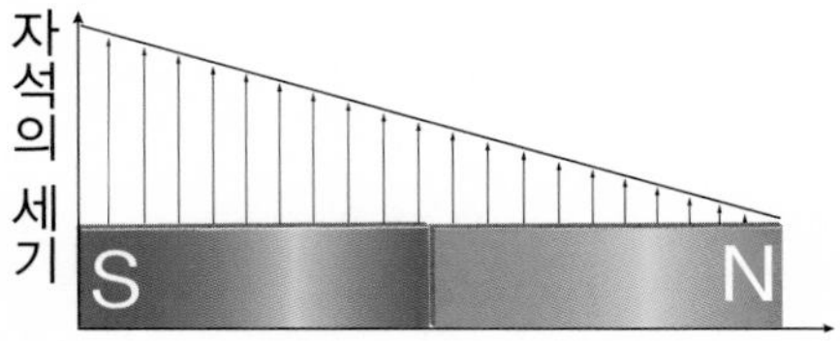

⑤
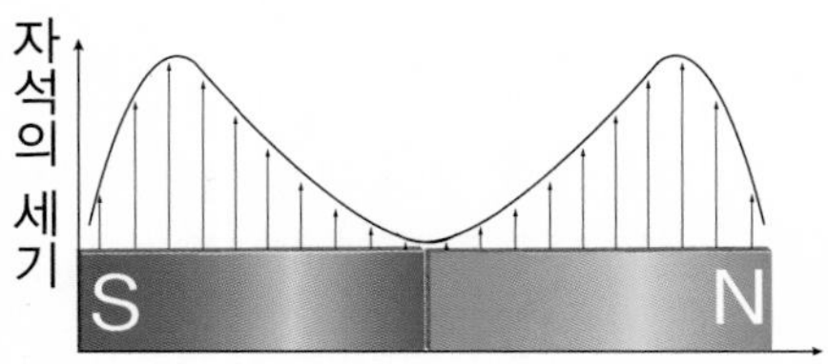

09 다음 그림과 같이 시침핀을 묶은 실을 바닥에 붙이고 자석을 이용해 클립이 공중에 떠 있게 하였다. 자석과 클립 사이에 종이판을 넣으면, 클립은 어떻게 될지 쓰고, 그 이유도 설명하시오.

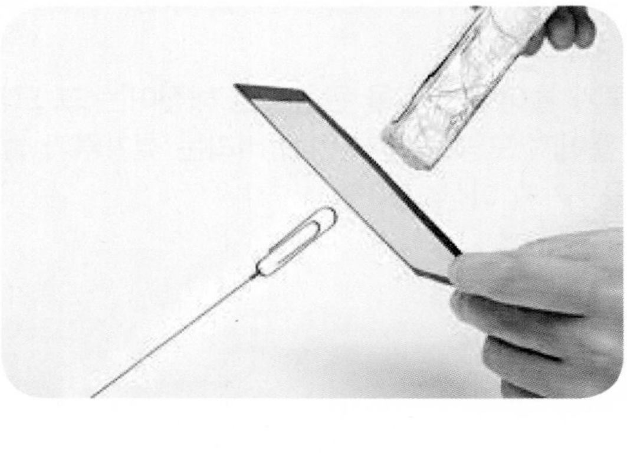

STEP BY STEP

10 다음 자기력선의 모양을 보고, 물음에 답하시오.

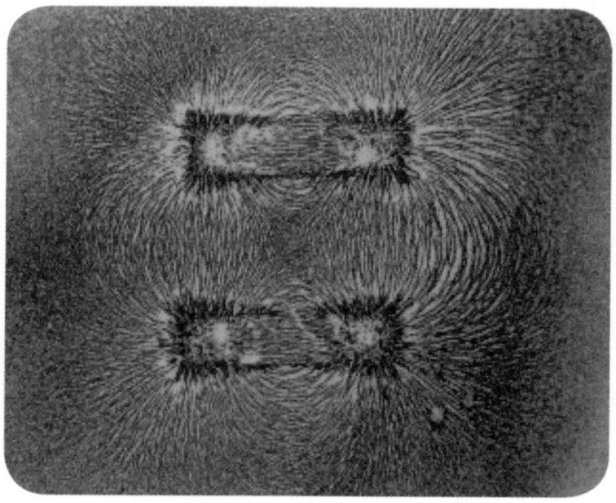

(1) 자석이 어떤 모양으로 배열되었는지 그림으로 나타내고, 극을 모두 표시하시오.

(2) 위와 같이 생각한 이유를 설명해 보시오.

(3) 위에 있는 자석 하나는 그대로 두고, 아래쪽 자석만 좌우를 반대로 하여 배열한다면 철가루가 어떤 모양으로 나타날지 그림으로 그려 보시오.

STEP BY STEP

11 수미는 막대 자석에는 N극과 S극이 있으며, N극과 S극 주위에 자기력선이 형성된다는 사실을 알았다. 다음 물음에 답하시오.

(1) 다음 막대 자석의 자기력선의 모양을 그려 보시오(단, 자기력선의 방향도 화살표를 이용해 나타내시오.).

(2) 다음 그림과 같이 원형 자석의 경우 N극과 S극의 위치를 나타내 보시오.

(3) 문제 (1)번의 결과를 참고로 하여 책상 위에 올려놓은 원형 자석 주위의 자기력선의 모양을 그려 보시오.

STEP BY STEP

12 다음 자석에 관한 물음에 답하시오.

(1) 철 속에는 맨 눈으로 보이지 않는 아주 작은 자석들이 있다. 자석을 철에 가까이 가져가면 철 속의 자석들은 어떻게 배열될까?

(2) 클립들이 연결되어 자석에 붙어 있다. 어떻게 이러한 현상이 일어나게 된 것인지 클립 속의 작은 자석을 연관시켜 설명하시오.

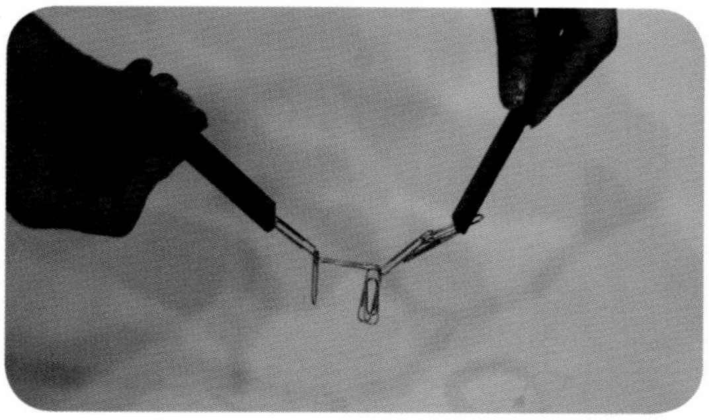

(3) 클립이 자력에 의하여 아래 그림과 같이 떠 있을 때 자석과 클립 사이에 철판을 넣으면 어떻게 될까? 위 (1), (2)의 결과와 연관시켜 설명하시오.

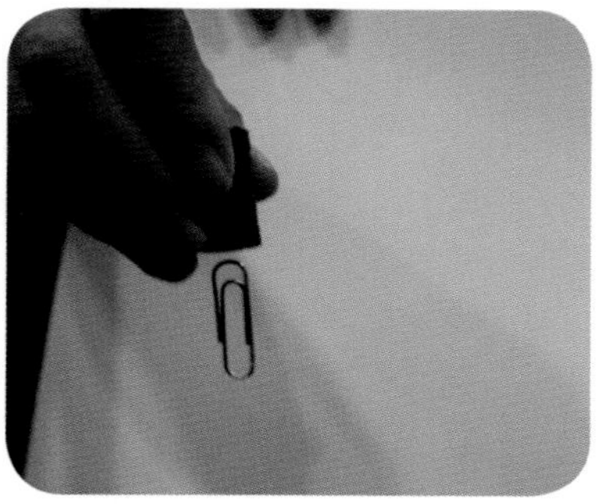

창의력 키우기

01

다음 그림과 같이 똑같은 크기와 모양의 자석과 쇠막대가 있다. 어떤 것이 자석이고 어떤 것이 쇠막대일까? 물음에 답하시오.

- ✔ 유창성
- ✔ 융통성
- 독창성
- 정교성

(1) 자석은 어떤 성질이 있을까? 자석의 성질을 아는대로 쓰시오.

(2) (1)에서 적은 자석의 성질을 이용하여, 자석과 쇠막대를 구분할 수 있는 방법을 자세히 설명하시오.

02

희진이는 학교에서 철가루와 자석을 가지고 실험을 하였다. 그런데 자석에 붙은 철가루를 떼어 내려다가 손까지 까맣게 되었다.

- 유창성
- 융통성
- ✓ 독창성
- ✓ 정교성

자석에 붙은 철가루를 떼어 내기 위한 방법을 2가지 이상 제시하시오.

방법1	
방법2	
그 외의 방법	

01

자기 부상 열차는 글자 그대로 자석의 힘(자기력)을 이용해 열차를 공중에 띄워 운행한다. 자기 부상 열차에 이용되는 전자석은 전류가 흘러야 자석의 성질을 가지게 되므로 원하는 때에만 자석을 만들 수 있으며, 전지의 +, − 극을 바꾸면 자석의 극을 바꿀 수 있고, 자석의 세기도 조절할 수 있다. 자기 부상 열차는 바퀴 없이 공중에 떠서 달리게 되므로 소음이나 진동이 매우 적으며. 다른 열차에 비해 운행에 필요한 에너지가 적기 때문에 환경 오염도 줄일 수 있다.

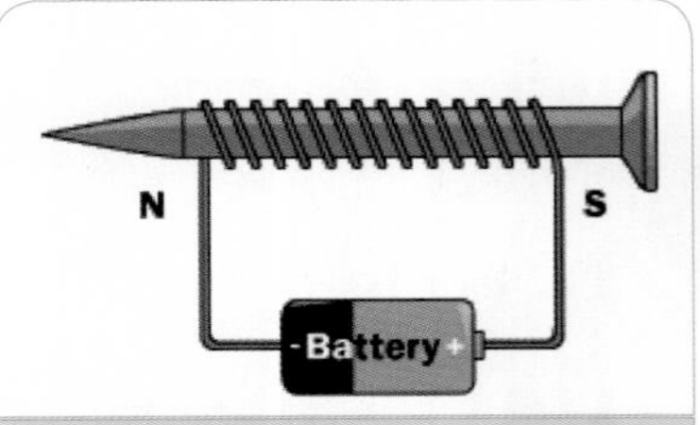

전자석 : 쇠못을 에나멜선으로 감고 전류를 통해주면 쇠못이 자석의 성질을 가지게 된다.

자기 부상 열차

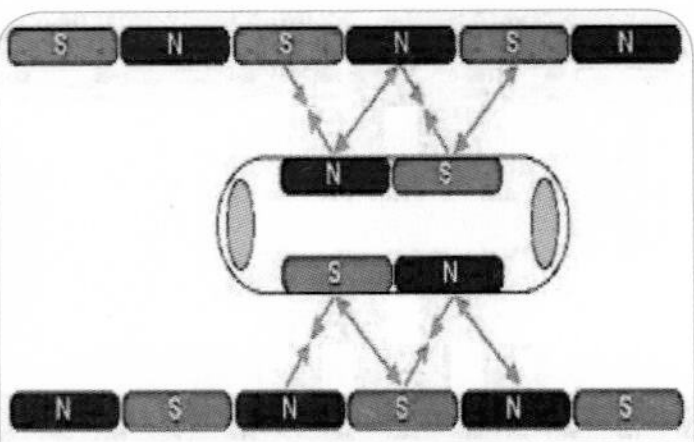

자기 부상 열차의 원리

(1) 언제 자기 부상 열차는 레일로부터 뜨는 힘을 받게 될까?

(2) 일반 자석이 아니라 전자석을 자기 부상 열차에 사용하는 이유는 무엇일까?

(3) 자기 부상 열차는 어떻게 뜰 수 있을까?

(4) 자기 부상 열차가 앞으로 진행하는 원리는 무엇일까?

실험할 때 초파리가 많이 사용되는 이유는?

한국 최초 우주인인 이소연 박사는
우주에서 초파리를 가지고 여러 가지 실험을 했다.
과학자들은 초파리를 사용하여 유전 연구를 하기도 한다.
초파리를 연구에 많이 쓰는 이유는 무엇일까?

3

동물(초파리)의 한살이

개념다지기

쏙쏙 빈칸을 채워 개념을 완성하세요!

● 동물의 새끼 이름

어미의 이름 뒤에 아지나, 새끼, 혹은 전혀 다른 이름을 붙이는 경우도 있다.

- 강아지 – 개
- 망아지 – 말
- 송아지 – 소
- 새끼 염소, 염소 새끼 – 염소
- 올챙이 – 개구리
- 병아리 – 닭

● 암수의 모습이 다른 동물들

암수 모습이 다른 동물에는 사자, 사슴, 닭, 꿩, 원앙, 게, 거미 등이 있고 대부분 수컷이 암컷보다 몸집이 크고 화려하다.

● 한살이 관찰에 초파리를 사용하는 이유

초파리는 손쉽게 포집할 수 있으며, 한살이 주기가 14일로 짧아 실험하기에 적합하다. 초파리는 한번에 100여개의 알을 낳아 개체수가 많기 때문에 실험을 여러 번 할 수 있다. 또한, 사이즈가 작아 집기병에서도 몇 백 마리를 키울 수 있고, 먹이 양도 많이 필요하지 않다.

● 과학단어

★짝짓기 동물의 암수가 만나 새끼나 알을 낳기 위해서 짝을 이루는 일

★부화 동물의 알에서 새끼나 애벌레가 나옴

★치어 알에서 깬 지 얼마 안되는 어린 물고기

★성어 다 자란 물고기

❶ 여러가지 동물의 한살이

(1) 동물의 한살이 : 동물이 태어나서 어린 시절을 거치며 성장하여 자손을 남기고 죽을 때까지의 과정을 동물의 한살이라고 한다.

사람의 일생

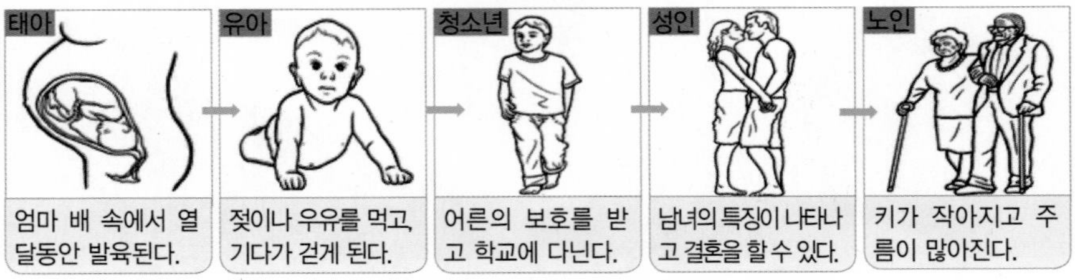

개의 한살이

물고기의 한살이

(2) 새끼를 낳는 동물의 한살이

① 새끼를 낳는 동물은 ❶ ______ 을 먹여 새끼를 기르며, 평균적으로 부모가 새끼를 양육하는 기간이 길다.

② 새끼를 낳는 동물로는 개, 돼지, 고래, 침팬지, 박쥐 등이 있다.

(3) 알을 낳는 동물의 한살이

① 알에서 ❷ ______ 하여 새끼나 애벌레가 나오며, 일반적으로 태어나자마자 먹이를 먹으며 빠르게 성장한다.

② 알을 낳는 동물로는 새, 물고기, 뱀, 개구리, 도롱뇽, 곤충, 거미, 지렁이 등이 있다.

❷ 초파리를 채집하여 기르기

(1) 초파리가 좋아하는 먹이와 많이 모이는 곳

좋아하는 먹이	포도, 바나나, 사과 껍질 등의 과일이나 과일 껍질
많이 모이는 곳	과일 가게, 쓰레기통 주변

(2) 초파리 사육장 꾸미고 채집하기

① 깨끗한 유리병에 과일 껍질(사과, 포도, 바나나 등)을 넣는다.
② 거름종이를 깔때기 모양으로 접고, 뾰족한 부분을 잘라내고 거름종이를 유리병 주둥이에 고정시킨다.
③ 유리병을 쓰레기장이나 과일 가게 진열대에 놓아두면 초파리가 모이게 된다.
④ ❸ 로 유리병의 주둥이를 막아 공기를 통하게 하고, 채집한 날짜와 초파리의 수, 채집한 사람의 이름을 유리병 앞에 붙인다.
⑤ 초파리가 있는 병 속에 곰팡이가 생기지 않도록 하며, 20~25℃를 유지한다.

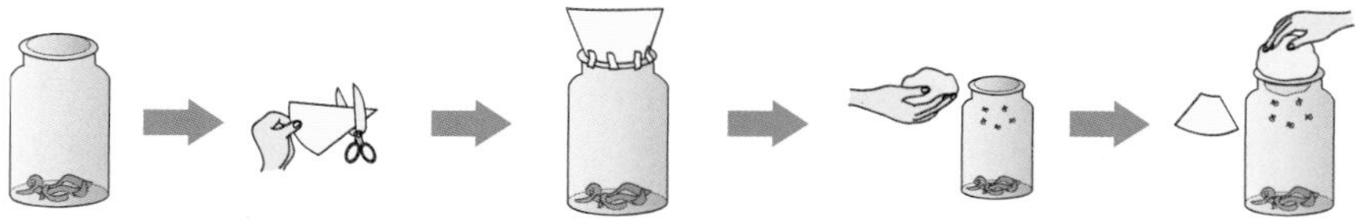

▲ 초파리 채집 과정

❸ 초파리 관찰하기

(1) 초파리의 움직임

① 집파리에 비해 날아다니는 시간이 길다.
② 사육병의 ❹ 쪽에서 주로 날아다닌다.
③ 온도가 너무 높거나 낮으면 움직임이 둔해진다.

(2) 초파리의 크기

① 초파리는 집파리에 비해 크기가 매우 ❺ .
② 초파리의 길이는 약 2~3mm, 폭은 약 1mm이다.
③ 초파리는 크기가 매우 작아 돋보기나 실체 현미경을 사용해 관찰하여야 한다.

(3) 초파리의 생김새

구분	특징
몸	머리, 가슴, 배의 세 부분으로 구분된다.
눈	2개(1쌍)의 *겹눈과 3개의 *홑눈이 있으며, 대부분 빨간색을 띠고 있으나 흰색인 것도 있다.
날개	2장(1쌍)으로 투명한 갈색이며 가슴에 붙어 있다.
다리	6개(3쌍)로 가슴에 붙어 있다.
배	검은색 줄무늬가 있다.

● 초파리의 다양한 돌연변이

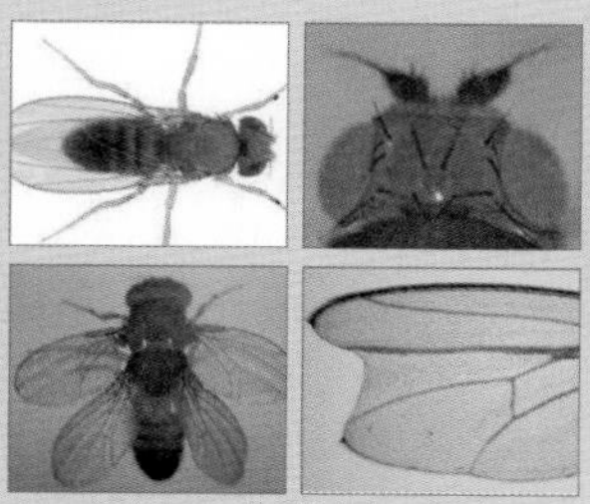

● 실체 현미경의 구조와 사용법

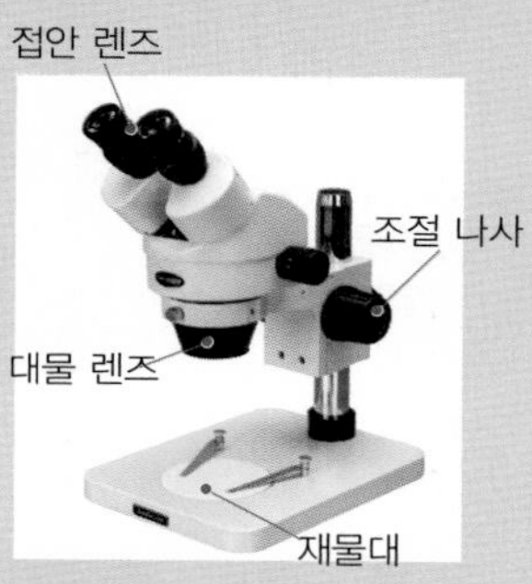

① 실체 현미경을 직사광선이 비추지 않는 밝은 곳에 놓는다. (어두운 곳에서 볼 때는 조명등을 켜서 시야를 밝게 만든다.)
② 관찰할 물체를 재물대 위에 놓는다.
③ 접안 렌즈를 눈의 간격에 맞게 조정한 후, 조절 나사로 초점을 맞춘다.
④ 물체를 관찰하며, 관찰한 것을 기록한다.

● 곤충의 특징

구분	특징
몸	머리, 가슴, 배의 세 부분으로 구분 됨
다리	3쌍(6개)이고, 가슴에 붙어 있음
날개	대부분 2쌍(4장)이고, 가슴에 붙어 있음
머리	1쌍의 겹눈과 3개의 홑눈, 1쌍의 더듬이와 입이 있음

● 과학단어

★홑눈 곤충류, 거미류에서 볼 수 있는 어둡고 밝은 것을 구분하는 간단한 구조의 시각기관

★겹눈 홑눈이 벌집 모양으로 여러 개 모여 된 눈. 여러 방향을 동시에 볼 수 있으며 색을 구분할 수 있다.

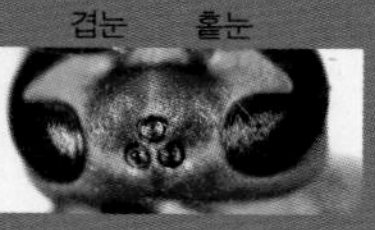

개념다지기

쏙쏙 빈칸을 채워 개념을 완성하세요!

● **초파리가 알에서 성충이 되기까지 걸리는 시간**
초파리가 알에서 성충이 되기까지 걸리는 시간은 온도에 따라 다르다. 보통 20℃에서 15일 정도 걸리지만 25℃에서는 그보다 짧은 10일 정도가 걸린다.

● **초파리의 습성 알아보기**
초파리는 병을 뒤집어도 항상 사육병의 위쪽에서 날아다닌다.

● **온도 변화에 따른 초파리의 움직임**
온도가 너무 낮거나 높으면 초파리의 움직임이 둔해진다.

● **곤충의 애벌레 이름**

성충 이름	애벌레 이름
매미	굼벵이
잠자리	수채
모기	장구벌레
배추흰나비	배추벌레

● **과학단어**
★우화 번데기에서 성충(어른벌레)이 나오는 것
★허물 곤충이 자라면서 벗는 껍질
★성충 이미 다 자라서 탈피나 탈바꿈이 일어나지 않는 곤충의 단계

(4) 초파리의 암수 비교

▲ 초파리의 옆쪽에서 본 모습　　▲ 초파리의 배쪽에서 본 모습

암컷	수컷
· 수컷보다 약간 크다. · 배의 꽁무니가 약간 뾰족하다.	· 암컷보다 크기가 작다. · 배의 꽁무니가 둥글고 검은색을 띤다. · 첫 번째 한 쌍의 다리가 굵고 검은 색깔이다.

❹ 초파리의 한살이 알아보기

(1) 초파리의 한살이 : 알→ ❻ ________ → ❼ ________ → 초파리(성충)

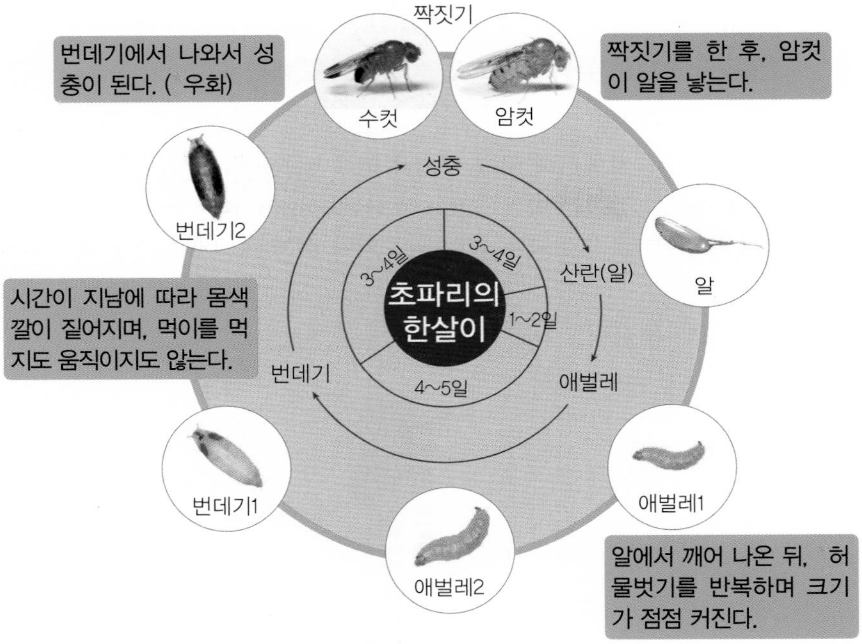

(2) 초파리의 애벌레와 번데기 비교

	애벌레	번데기
색깔	연한 노란색이며 투명하다.	처음에는 밝은 색이나 점점 짙어져 갈색으로 변한다.
먹이	과일 껍질 등을 먹는다.	먹이를 먹지 않는다.
움직임	마디가 늘어났다 줄어들었다 하면서 기어다닌다.	움직이지 않는다.
위치	병의 아래쪽 먹이가 있는 곳에서 움직인다.	병의 ❽ ________ 에 물기가 없는 곳에 위치한다.
변화	허물을 벗을 때 마다 크기가 점점 ❾ ________ .	몸 안에서 머리, 눈, 다리, 날개 등이 만들어진다.

❺ 여러 가지 곤충의 한살이

(1) 곤충의 한살이

완전 *탈바꿈 (완전 변태)	알 ➡ 애벌레 ➡ 번데기 ➡ 성충 예 파리, 나비, 벌, 모기, 반딧불이, 무당벌레, 벌, 개미 등
불완전 탈바꿈 (불완전 변태)	알 ➡ 애벌레 ➡ 성충 예 메뚜기, 매미, 잠자리, 사마귀 등

(2) 호랑나비의 한살이 : 알 → 애벌레 → 번데기 → 호랑나비(성충)

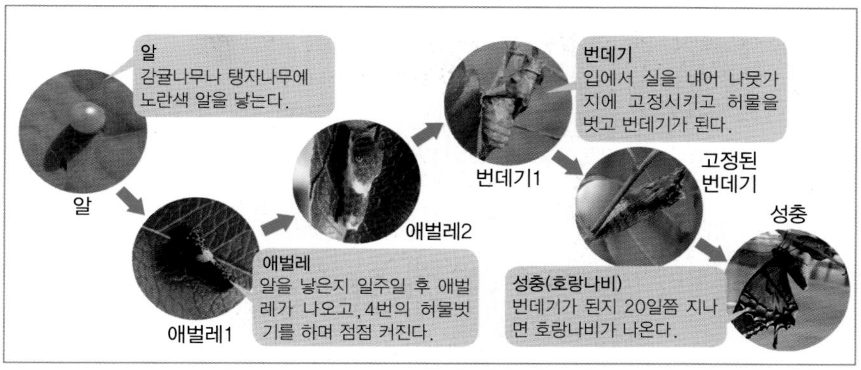

(3) 잠자리의 한살이 : 알 → 애벌레 → 잠자리(성충)

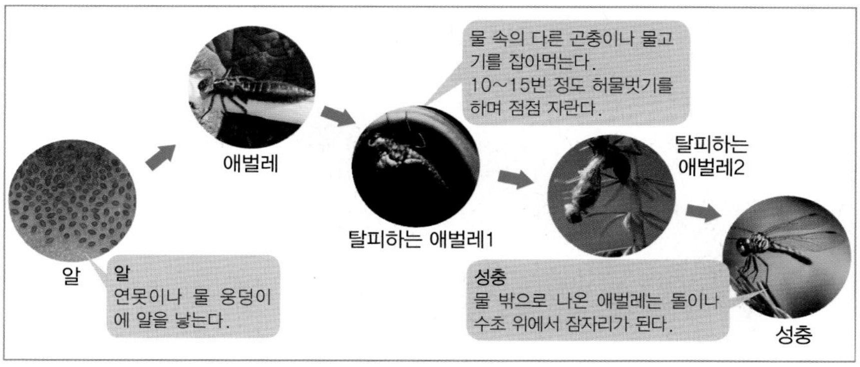

● 곤충 입의 기능과 먹이의 관계

씹는 입	
먹이	식물의 잎이나 줄기
곤충의 예	잠자리, 메뚜기

빠는 입	
먹이	꿀이나 꽃가루
곤충의 예	나비

핥는 입	
먹이	과일의 즙
곤충의 예	파리

찌르는 입	
먹이	식물의 즙, 동물의 피
곤충의 예	매미, 모기

● 잠자리 부화 기간

잠자리의 부화 기간은 아주 다양하여 7일~230일 정도이다.

● 과학단어

★탈바꿈(변태) 원래의 모양이나 형태를 바꾸는 과정

SPEED CHECK!

기본확인문제

1. 새끼를 낳는 동물은 새끼를 낳은 후 (먹이, 젖) 을/를 먹여 기른다.
2. 다 자란 암수가 (부화, 짝짓기) 를 하고 일정한 시간이 지나면 알이나 새끼를 낳는다.
3. 동물의 한살이 과정을 관찰하기 위해서는 한살이 과정이 (짧을수록, 길수록) 좋다.
4. 머리, 가슴, 배의 세 부분으로 구분되는 곤충은 (거미, 잠자리) 이다.
5. 초파리를 관찰할 때 실체 현미경의 (재물대, 대물 렌즈)에 초파리를 올려놓는다.
6. 초파리는 온도가 너무 높거나 낮으면, 움직임이 (활발하다, 둔하다).
7. 초파리의 (암컷, 수컷)은 배의 꽁무니가 둥글고 검은색을 띤다.
8. 사육장 속의 과일 껍질 사이를 기어다니는 작은 생물은 (애벌레, 번데기) 이다.
9. 호랑나비와 같이 알, 애벌레, 번데기, 성충의 과정을 거치는 한살이를 (완전, 불완전) 탈바꿈이라고 한다.

개념다지기 정답 | ❶ 젖 ❷ 부화 ❸ 움직임 ❹ 위 ❺ 작다 ❻ 애벌레 ❼ 번데기 ❽ 허물 ❾ 가진다

탐구. 초파리의 한살이 과정을 알아보기

탐구과정

준비물
유리병, 과일껍질, 솜뭉치, 실체현미경, 돋보기, 마취제(에테르)

① 초파리 채집
- 깨끗한 유리병에 과일 껍질을 넣는다.
- 거름종이를 깔때기 모양으로 접고, 뾰족한 부분을 잘라내고 거름종이를 유리병 주둥이에 고정시킨다.
- 초파리가 모이면 거름종이를 빼고 솜뭉치로 주둥이를 막아 공기를 통하게 하고, 채집한 날짜와 초파리의 수, 채집한 사람의 이름을 유리병 앞에 붙인다.
- 초파리가 있는 병 속에 곰팡이가 생기지 않도록 하며, 20~25°C를 유지한다.

② 초파리 한살이 관찰
- 초파리를 채집하고 며칠이 지나면 초파리들이 알을 낳는다. 알에서 애벌레, 번데기, 성충으로 변하는 각각의 과정에서 크기, 모양, 움직임, 주로 있는 곳, 변화하는 모습 등을 관찰한다.

③ 초파리의 특징 관찰
- 초파리의 애벌레, 번데기, 성충을 포집하여 에테르를 묻힌 솜을 넣어 마취시킨 후, 실체현미경이나 돋보기를 이용해 모습을 관찰한다.

④ 관찰일지 작성
- 관찰한 내용을 관찰일지에 기록한다.

탐구결과

1. 초파리는 일생 동안, “알 → (   ) → (   ) → 성충”의 과정을 거친다.

2. 애벌레와 번데기의 특징 정리해 보자.

구분	애벌레	번데기
모양, 색깔		
먹이		
움직임		
병 속에서의 위치		

3. 초파리의 한살이 과정을 그림으로 그려 정리해 보자.

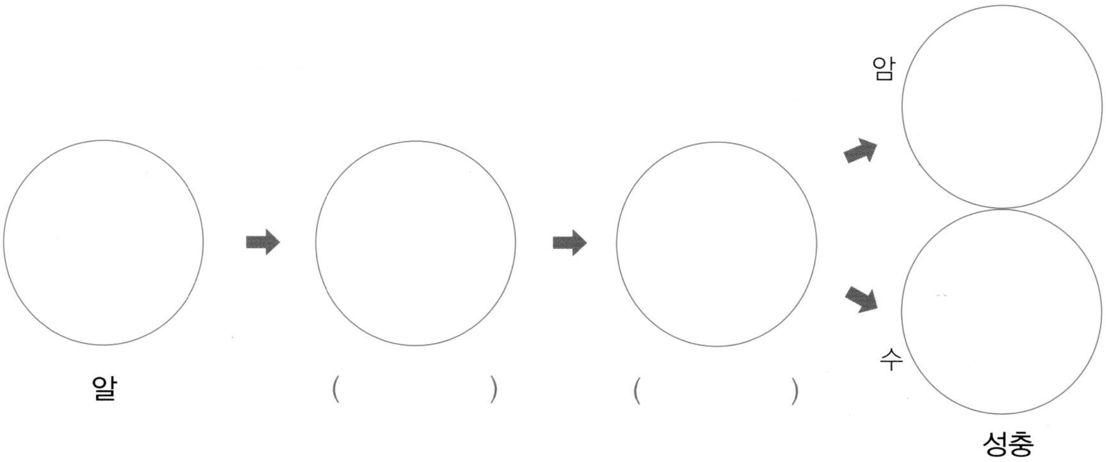

탐구문제

1. 초파리가 학습이나 유전 연구의 재료로 적합한 이유는 무엇인가?

2. 초파리와 같이 암수의 크기가 다른 곤충은 어떠한 것이 있는지 예를 2가지 이상 적어 보자. 암수의 크기가 다른 이유는 무엇일까?

문제해결력 키우기

01

다음은 닭의 한살이 과정을 나타낸 것이다. 빈칸에 알맞은 말을 적으시오.

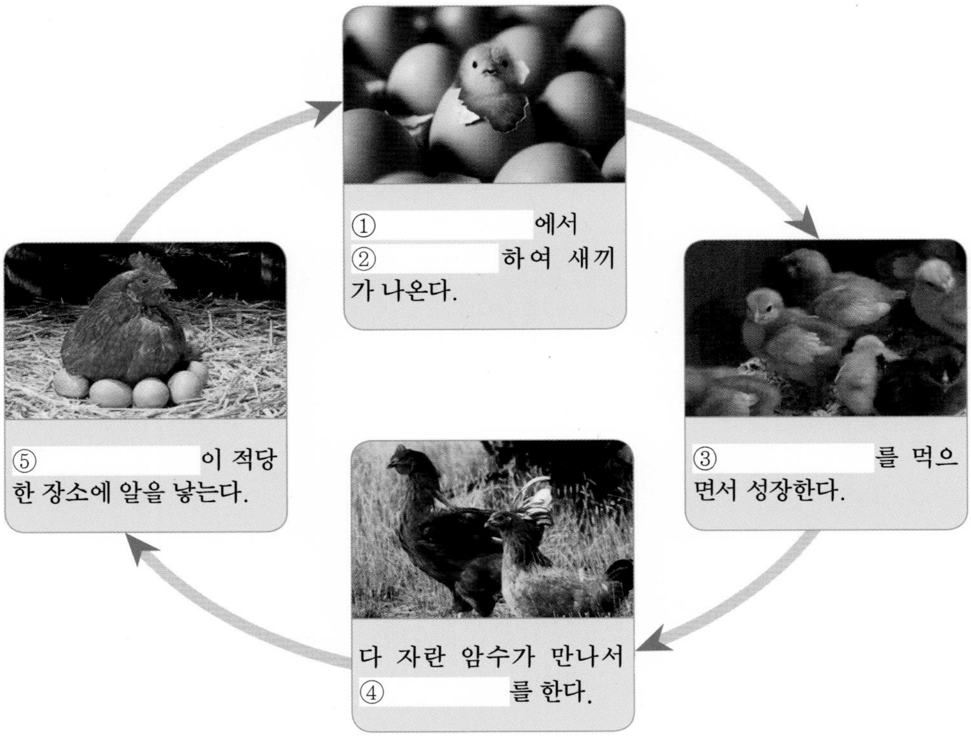

02

개와 개구리의 특징을 비교한 표를 완성하여라.

구분	개	개구리
번식	새끼를 낳음	
양육		스스로 먹이를 먹음
피부		물기가 있는 촉촉한 피부이다.
새끼의 모습	새끼의 모습이 부모와 비슷하다.	
새끼의 수	한 번에 4~6마리 정도의 새끼를 낳는다.	

03

초파리를 채집하여 기르려고 한다. 다음 중 초파리를 가장 많이 채집할 수 있을 것으로 생각되는 방법은 어느 것인가?

① 초파리가 좋아하는 초콜릿을 빈 병에 넣어 초파리를 유인한다.
② 초파리가 빠져나가지 못하도록 입구가 작은 페트병에다가 모은다.
③ 빈 병 안에 포도 껍질을 넣고 깔때기 모양으로 입구를 만들어 놓는다.
④ 빈 병 안에 과자 부스러기를 넣고 깔때기 모양으로 입구를 만들어 놓는다.
⑤ 초파리가 먹이를 먹으러 쉽게 들어 올 수 있는 입구가 큰 병에 바나나 껍질을 놓고 기다린다.

04

다음은 초파리를 기르기 위해 사육병을 꾸민 모습이다. 물음에 답하시오.

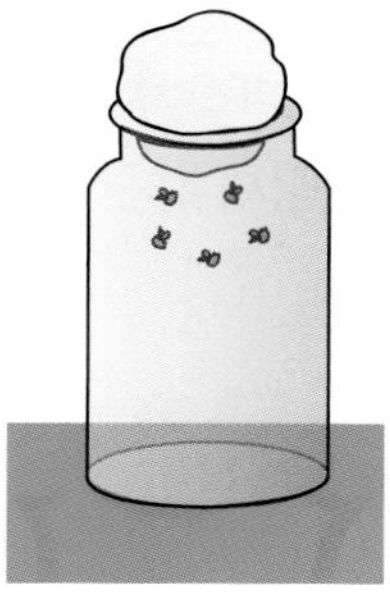

(1) 초파리 사육병을 솜으로 막은 까닭은 무엇인지 쓰시오.

(2) 솜을 대신하여 사용할 수 있는 물체를 3가지 이상 쓰시오.

05 다음과 같은 실체 현미경을 사용하여 초파리의 생김새를 관찰하려고 한다. 실체 현미경의 사용 방법에 대한 설명으로 옳은 것을 모두 고르시오.

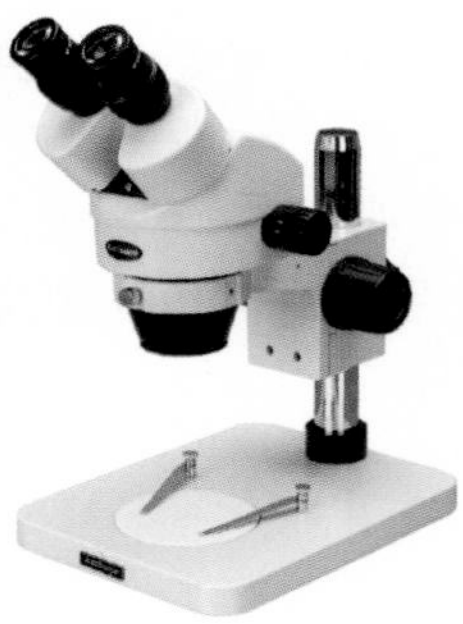

① 관찰할 초파리를 재물대 위에 올려놓는다.
② 햇빛이 직접 비치는 밝은 장소에 놓고 사용한다.
③ 관찰이 시작되면 현미경의 위치를 옮기도록 한다.
④ 초파리가 잘 보이도록 조절 나사를 이용해 초점을 맞춘다.
⑤ 눈의 간격에 맞게 대물렌즈를 조정한 후, 대물 렌즈에 눈을 대고 초파리를 관찰한다.

06 다음은 상현이가 초파리를 관찰한 후 그 생김새를 기록한 내용이다. 초파리의 생김새를 관찰한 내용으로 옳은 것을 모두 고르시오.

	관찰한 사실
①	몸은 머리, 가슴으로 구분한다.
②	2개의 빨간 눈을 가지고 있다.
③	배에 검은색 줄무늬가 있다.
④	날개가 1쌍으로 투명한 갈색이며, 배에 붙어 있다.
⑤	6개의 다리가 있으며 가슴에 붙어 있다.

07

지연이는 초파리가 살아가는 데 필요한 조건을 알아보기 위해, (가)~(라)와 같이 서로 다른 조건에서 초파리를 키웠다. 몇 주가 지난 후의 결과는 다음과 같았다.

구분	(가)	(나)	(다)	(라)
조건				
결과	대부분 죽음	대부분 살아 있음	모두 죽음	대부분 죽음

위 실험 결과로 보아 초파리가 살아가는 데 필요한 조건이라고 생각되는 것을 모두 고르시오.

① 공기
② 적당한 온도
③ 충분한 먹이
④ 넓은 생활 공간
⑤ 암컷과 수컷의 적당한 비율

08

화단 밑에 모여 있는 쥐며느리를 발견한 효섭이는 쥐며느리를 관찰하여 다음과 같은 관찰 일지를 작성하였다. 효섭이의 관찰 일지를 보고, 쥐며느리는 곤충인지 아닌지 쓰고, 그 이유도 설명하시오.

날짜	201×년 ××월 ××일	관찰 장소	
관찰 대상			
관찰한 사실	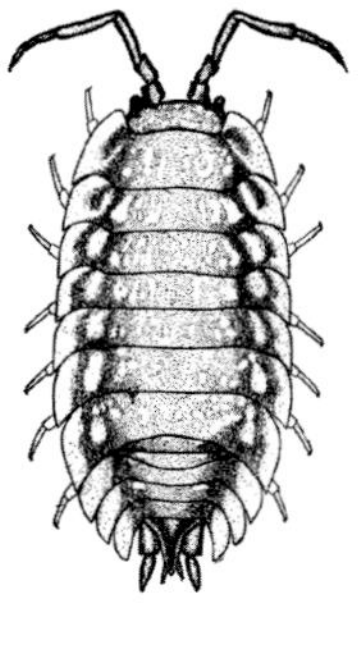 ① 몸은 납작하고 길쭉한 타원 모양이다. ② 머리에는 더듬이가 2쌍 달려 있다. ③ 꼬리 끝에는 한 쌍의 붓처럼 생긴 꼬리 마디가 있다. ④ 가슴에는 7쌍의 다리가 연결되어 있다. ⑤ 몸은 회색이다. ⑥ 몸은 머리와 7개의 가슴마디, 5개의 배마디로 구성되어 있다.		

답 :

이유 :

STEP BY STEP

09

다음 초파리의 한살이 과정을 보고, 물음에 답하시오.

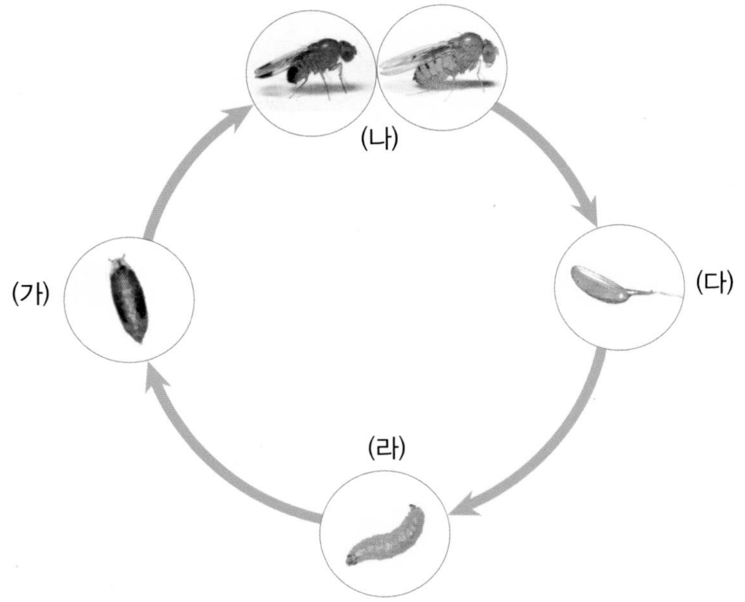

(1) (가)~(라)에 해당하는 이름을 쓰시오.

(2) (가)와 (라)는 색깔, 먹이, 움직임, 위치 등에서 많은 차이를 보인다. (가)와 (라)에 있어 각각의 차이점을 쓰시오.

STEP BY STEP

10

다음 여러 가지 생물들의 모습을 보고, 물음에 답하시오.

(1) 위의 여러 가지 생물들을 곤충인 것과 곤충이 아닌 것으로 구분하여, 다음 표에 알맞은 기호를 써 넣으시오.

곤충인 것	
곤충이 아닌 것	

(2) (1)에서 우리는 곤충인 것과 곤충이 아닌 것을 구분해 보았다. 어떤 기준으로 구분할 수 있었는가? 다음 중 곤충만이 가지는 특징이라고 생각되는 것을 모두 고르시오.

① 눈이 있다.
② 줄무늬가 있다.
③ 더듬이가 있다.
④ 다리가 3쌍이다.
⑤ 꽃에서 꿀을 얻는다.
⑥ 몸을 세 부분으로 나눌 수 있다.

STEP BY STEP

11 초파리에 관한 실험을 하기 위해 다음과 같은 조건의 사육병을 준비하였다. 다음을 보고, 물음에 답하시오(단, 사육병의 크기는 동일하다.).

	초파리의 수	초파리의 먹이	사육병의 온도	사육병의 마개
(가)	5	포도 껍질	얼음물(0°C)	솜
(나)	10	포도 껍질	얼음물(0°C)	병뚜껑
(다)	5	포도 껍질	실온(20°C)	솜
(라)	10	바나나 껍질	실온(20°C)	병뚜껑
(마)	5	포도 껍질	더운 물(40°C)	솜
(바)	15	바나나 껍질	더운 물(40°C)	솜
(사)	5	바나나 껍질	더운 물(40°C)	병뚜껑

(1) 온도 변화에 따른 초파리의 움직임을 알아보기 위해서 비교해야 할 사육병의 기호를 모두 쓰시오.

(2) (1)에서 선택한 사육병들을 관찰한 결과, 온도에 따른 초파리의 움직임은 어떠한지 실험 결과를 정리하여 쓰시오.

사육병의 온도	초파리의 움직임

(3) 위 실험 결과를 바탕으로 추운 겨울에 곤충들은 어떤 상태로 겨울을 나게 될지 예상해 보시오.

STEP BY STEP

12 나비의 한살이 과정을 순서에 관계없이 나타낸 것이다. 다음 물음에 답하시오.

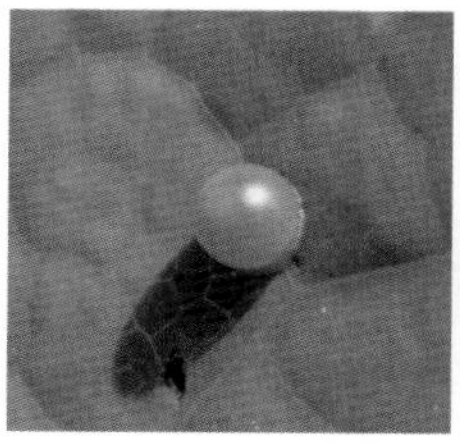

(가)

(나)

(다)

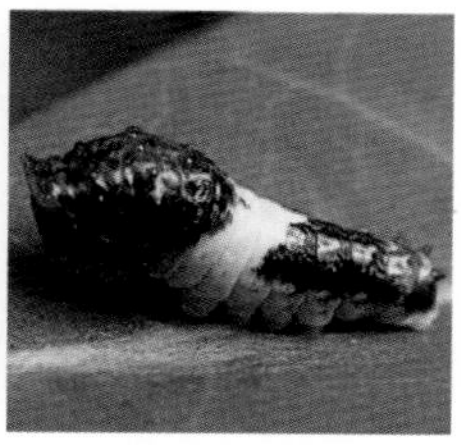

(라)

(1) 나비의 한살이 과정을 순서에 맞게 기호를 쓰고, 각 과정의 이름을 쓰시오.

(2) 다음은 잠자리의 한살이 과정이다. 나비의 한살이 과정과 다른 점을 쓰시오.

(3) 나비와 한살이 과정이 같은 곤충과 잠자리와 한살이 과정이 같은 곤충을 각각 3가지씩 쓰시오.

나비와 한살이 과정이 같은 곤충의 예	
잠자리와 한살이 과정이 같은 곤충의 예	

01

유창성
융통성
독창성
정교성

다음은 어떤 곤충의 입 모양을 나타낸 것이다. 다음 물음에 답하시오.

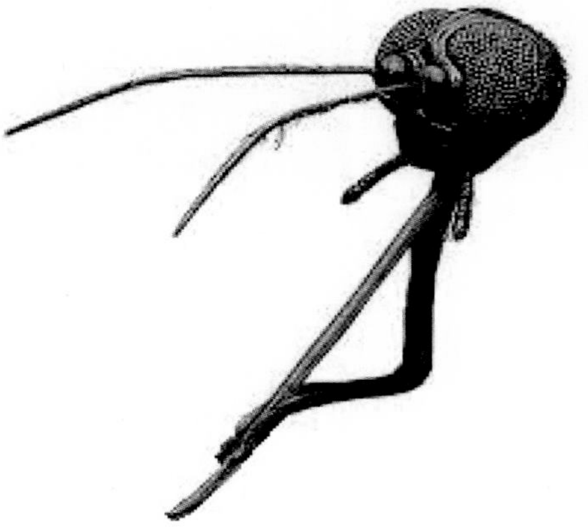

(1) 이 곤충은 어떤 방법으로 먹이를 먹을지 쓰시오.

(2) 이러한 모양의 입을 가진 곤충의 이름과 먹이의 종류를 쓰시오.

(3) 우리 생활에서 이 곤충의 입과 같은 기능을 할 수 있는 것을 찾아 2가지 쓰시오.

02

다음 두 그래프는 서로 다른 동물이 태어나서 죽을 때까지 몸의 크기 변화를 나타낸 것이다. 물음에 답하시오.

유창성

✓ 융통성

독창성

✓ 정교성

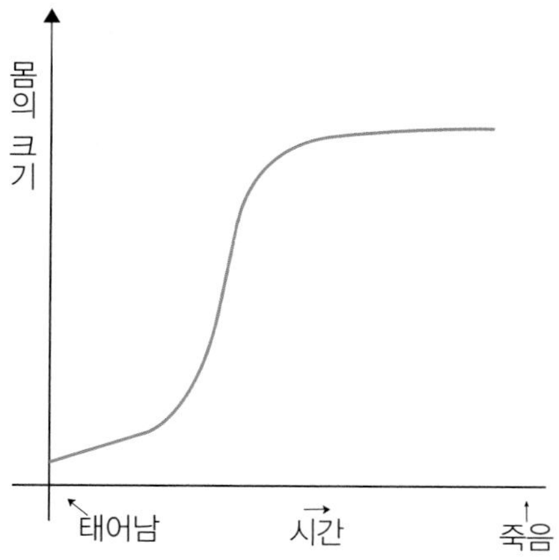

(가)동물

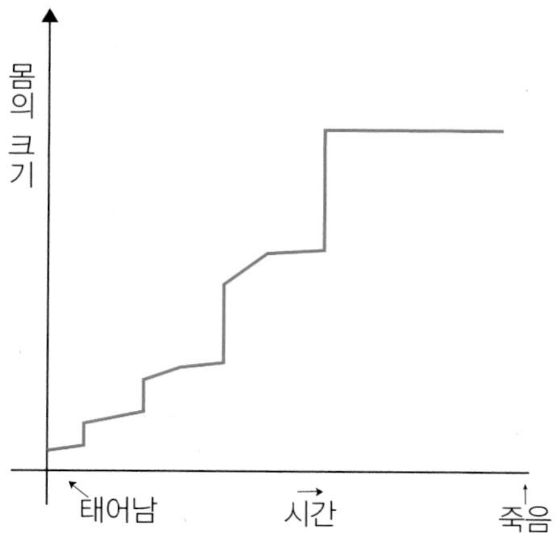

(나)동물

(1) 두 동물의 몸 크기 변화의 차이점을 쓰시오.

(2) 동물의 몸 크기 변화의 공통점을 3가지 쓰시오.

(3) (나)동물과 비슷하게 몸의 크기가 변화하는 동물들을 다음 〈보기〉에서 모두 고르시오.

〈보기〉	사람, 새우, 거북, 닭, 사슴벌레, 배추흰나비, 붕어, 게

01

다음 신문 기사를 읽고 물음에 답하시오.

우주로 가는 초파리 1000마리!

한국 최초의 우주인 이소연 박사는 오는 4월, 우주에서 초파리의 중력 감지 유전자를 확인하는 실험을 하기 위해 깨알 만한 초파리 1000마리를 가지고 간다. 이번 실험의 목적은 지구가 끌어당기는 힘을 감지하는 유전자의 존재를 확인하는 것이다. 이소연 박사는 국제우주정거장에 머무는 동안 매일 5분씩 초파리의 움직임을 기록해야 한다.

(1) 초파리는 위쪽으로 이동하는 습성이 있다. 이런 습성이 나타나는 이유를 쓰시오.

(2) 우주로 간 초파리는 어떤 변화를 보일지 쓰시오.

(3) 위 기사에서 보듯이 과학 실험이나 연구에 초파리를 많이 사용한다. 그 까닭은 무엇인지 쓰시오.

“

흙을 보호하려면?

흙은 동식물이 살아가는 터전이 되기도 하고 도자기를 만들거나 미용 재료로 쓰이기도 하며 집을 만들거나 담을 쌓는 데 쓰이는 등 소중한 것이다.
흙을 보호하려면 어떻게 해야 할까?

”

4

흙을 나르는 물/여러가지 돌과 흙

개념다지기

쏙 쏙 빈칸을 채워 개념을 완성하세요!

❶ 여러 가지 돌의 관찰과 분류

(1) 여러 가지 돌 모으기

① 산의 계곡, 강가, 냇가, 바닷가, 놀이터, 공사장 등에서 구할 수 있다.

② 장소에 따라 돌의 모양, 크기, *촉감 등의 *특징이 다르다.

(2) 여러 가지 돌 분류하기

① 돌의 크기, 모양, 색깔, 촉감, 줄무늬, 알갱이의 크기 등의 특징을 관찰한다.

돌의 크기	작다(· 지름이 5cm 미만이다). 크다(· 지름이 5cm 이상이다).
돌의 모양	둥글다, 모가 나 있다, 길쭉하다, 납작하다 등
돌의 색깔	검은색, 붉은색, 갈색, 푸른색, 회색 등
돌의 촉감	거칠다, 매끈하다 등
돌의 무늬	줄무늬, 불규칙한 무늬, 검은 점 무늬, 무늬 없음 등
돌의 단단하기	단단하다, 무르다

② 돌의 특징에 따라 ❶ ________ 을 세워, 여러 가지 돌을 *분류한다.

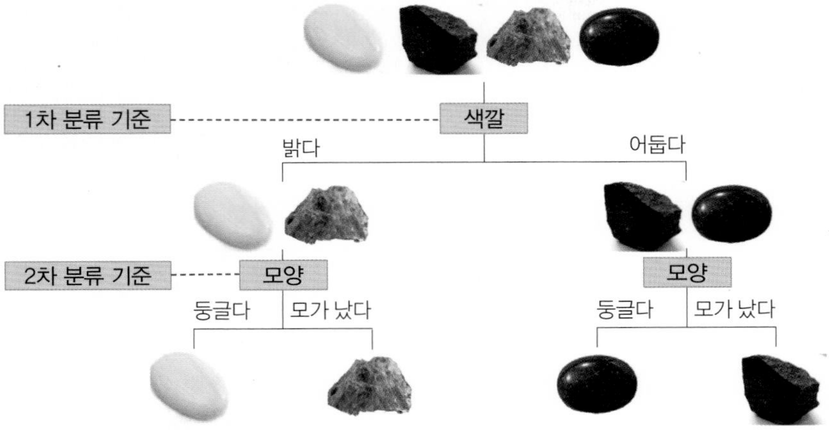

❷ 모래와 흙이 만들어지는 과정

(1) 모래와 흙이 만들어 지는 과정

· 바위가 부서지면
→ 돌, 모래, 흙이 된다.

· 돌이 부서지면
→ 모래, 흙이 된다.

· 모래가 부서지면
→ ❷ ________ 이 된다.

돌을 자세하게 관찰하는 방법

망치를 이용하여 표면을 깨서 깨진 부분을 관찰한다.
돋보기를 이용하여 알갱이를 자세히 살펴본다.
돌끼리 서로 부딪혀 누가 더 단단한 돌인지 비교한다.

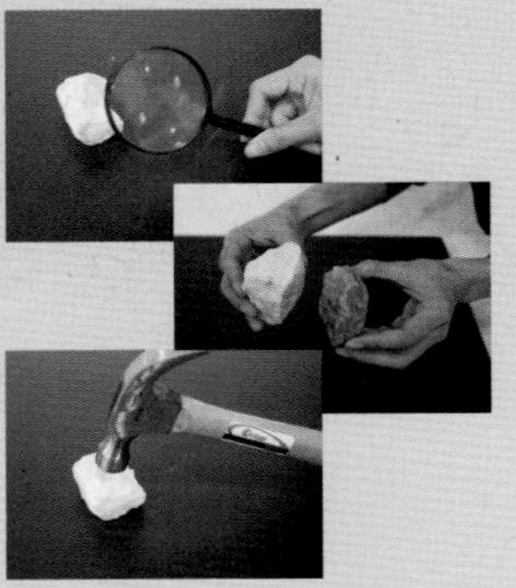
▲ 돌을 관찰하는 방법

바닷가의 돌이 작고 둥근 까닭

산이나 계곡에 있던 크고 모가난 돌들이 흐르는 물에 의해 떠내려 오면서 물에 의해 깎이거나 돌끼리 부딪쳐 닳게 되어 모양이 작고 둥글며 매끄럽게 된다.

돌 이름 붙이고 소개서 만들기

① 돌 이름 붙이기 : 돌을 관찰하여 그 특징에 따라 이름을 붙인다.
② 소개서 만들기 : 이름을 붙인 돌에 대한 관찰한 특징을 정리하여, 돌 소개서만 보아도 돌의 특징을 모두 알 수 있도록 만든다.
③ 돌 소개서에 기록할 수 있는 내용
· 돌에 붙인 이름과 그 이름을 붙인 이유
· 돌의 모양, 색깔, 무늬, 굳기, 촉감 등의 특징
· 돌에 대한 느낌과 생각
· 돌의 특징을 표현한 그림

과학단어

★촉감 어떤 물체가 닿았을 때의 느낌

★특징 다른 것에 비하여 눈에 띄는 점

★분류 여러 가지 사물을 비슷한 성질에 따라 종류별로 나누는 일

(2) 모래와 흙이 만들어지는 과정 – 풍화 작용

식물(나무뿌리)	물	온도차	바람	사람(채석장)
나무 뿌리가 자라면서 암석의 틈을 더 벌어지게 함	바위나 돌 틈으로 물이 스며들어가서 얼었다 녹았다 하면서 바위나 돌이 깨짐	온도차로 부피라 변하는 현상이 오랫동안 지속되어 암석의 겉부분이 얇게 쪼개짐	바람에 의해 암석이 깨져서 작아짐	사람들이 채석장에서 돌을 깨뜨림

❸ 식물이 잘 자라는 흙

(1) 화단 흙과 운동장 흙 비교

구분	 화단 흙	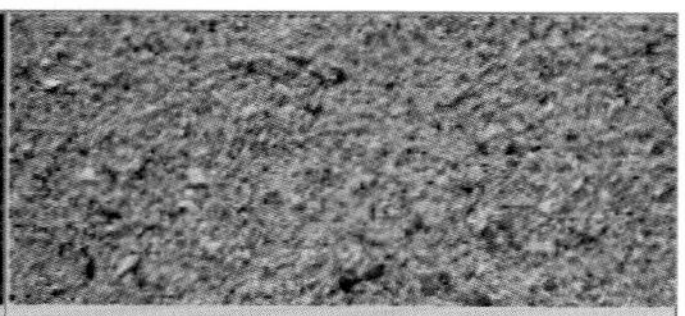 운동장 흙
색깔	대체로 검고 어둡다.	누런색이거나 연한색이다.
볼 수 있는 것	나뭇잎, 풀 등 식물의 부스러기나 썩은 것, 쥐며느리, 지렁이 등	모래, 작은 돌
촉감	부드럽다.	거칠다.
뭉쳐지는 정도	잘 뭉쳐진다.	잘 뭉쳐지지 않는다.
알갱이 크기	작다.	크다.
단단하기	단단하지 않다.	단단하다.
흙에 물을 부었을 때의 변화	물 위에 뜬 것(동식물이 썩어서 생긴 *부식물)이 많다.	화단의 흙을 섞은 물보다 물이 맑다.
물빠짐 비교	물이 천천히 빠진다.	화단의 흙보다 물이 더 빨리, 더 많이 빠진다.
식물의 자람	식물이 잘 자란다.	식물(이 잘 자라지 않는다.

(2) 식물이 잘 자라는 흙의 특징

① 화단 흙, 밭 흙, 논 흙에서 식물이 잘 자란다.
② *거름기가 있고 대체로 검고 어두운 색을 띤다.
③ 물빠짐이 적당하다.
④ 만졌을 때 부드럽다.

암석의 풍화작용
땅 표면이나 그 부근의 암석이 공기와 물, 생물의 작용에 의해서 오랜 세월을 거치는 동안에 작은 돌이나 흙으로 변하게 되는 것이다.

삼릉석
바람에 날리는 모래가 지면에 있는 자갈의 볼록한 면을 깎아서 몇 개의 평탄한 면으로 이루어진 세고 모양의 돌이다.

▲ 삼릉석

흙의 색깔이 다른 이유
흙의 색깔은 흙 속에 들어 있는 성분의 양에 따라 달라진다. 붉은 색을 띠는 흙은 흙 속에 철(Fe) 성분이 많이 들어 있는 것이고, 검은색을 띠는 흙은 썩은 나뭇잎이나 풀이 많이 들어 있는 것이다.

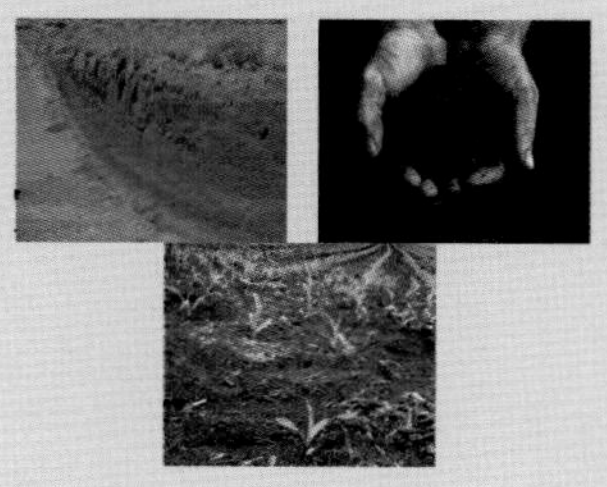

▲ 서로 다른 흙의 색

비가 오는 날 운동장의 모습
① 황토색 물이 구불구불하게 흐른다.
② 돌이 있는 곳은 돌 주위를 돌아서 빗물이 흐른다.
③ 비가 온 뒤의 운동장은 물길을 따라 흙이 패인 곳도 있고 돌이 드러난 곳도 있다.

과학단어
★거름 흙 속에 풀, 나뭇잎, 죽은 작은 동물이 썩어서 섞인 것으로 식물이 잘 자라게 하는 영양 물질
★부식물 식물이나 동물의 일부가 오랜 시간에 걸쳐 썩어서 흙의 일부가 된 것

개념다지기

쏙 쏙 빈칸을 채워 개념을 완성하세요!

❹ 흐르는 물에 의해 운반되는 흙

(1) 흐르는 물이 하는 일

❸ 작용	빗물이 땅 위를 흐르면서 진흙이나 가는 모래를 깎아 낸다.
❹ 작용	깎아낸 진흙과 가는 모래를 낮은 곳으로 운반한다.
❺ 작용	운반된 진흙과 가는 모래를 낮은 곳에 쌓아 놓는다.

(2) 흐르는 물에 의한 땅의 모습 변화

① *유수대에 물을 흐르게 했을 때의 변화

② 유수대에 흐르는 물의 양을 다르게 했을 때 땅의 모습

흐르는 물의 양이 많을 때
- 물길이 넓고 깊게 패임
- 씻겨 내려간 흙과 모래의 양이 많음

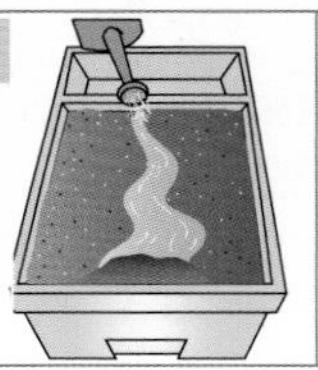

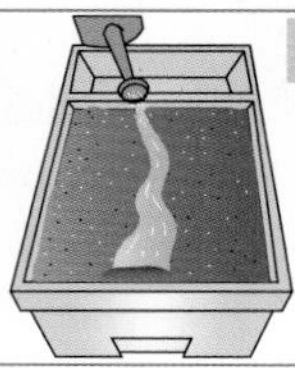

흐르는 물의 양이 적을 때
- 물길이 좁고 얕게 패임
- 씻겨 내려간 흙과 모래의 양이 적음

③ 유수대의 *기울기를 다르게 했을 때 땅의 모습

기울기가 클때
- 씻겨 내려간 흙과 모래의 양이 많음
- 물이 빠르게 흐름
- 지면이 더 깊게 패임

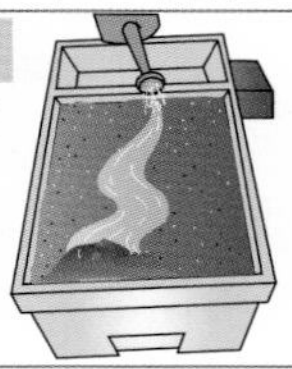

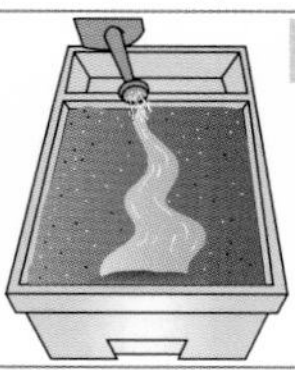

기울기가 작을 때
- 씻겨 내려간 흙과 모래의 양이 적음
- 물이 천천히 흐름
- 지면이 얕게 패임

④ 식물이 있고 없음에 따른 땅의 모습

잔디가 있는 곳
- 씻겨 내려간 흙과 모래의 양이 적음

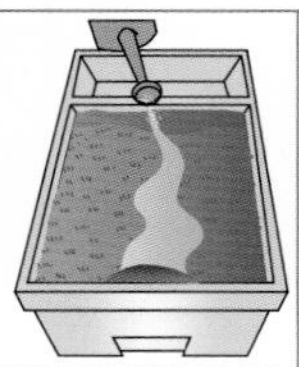

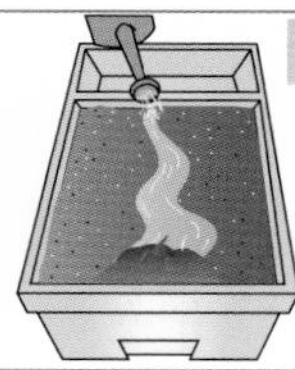

잔디가 없는 곳
- 씻겨 내려간 흙과 모래의 양이 많음

(3) 흙의 운반에 영향을 주는 것

① 흐르는 물의 양 - 흐르는 물의 양이 ❻ ______ 수록 흙이 많이 운반된다.
② 유수대(땅)의 기울기 - 유수대(땅)의 기울기가 ❼ ______ 수록 흙이 많이 운반된다.
③ 식물의 있고 없음 - 식물이 ❽ ______ 곳에서 흙이 많이 운반된다.

하늘에서 내리는 빗물과 땅위를 흐르는 빗물

구분	하늘에서 내린 빗물	땅 위를 흐른 빗물
색깔	맑고 투명함	흐린 황토색임
투명한 정도	비커 뒤의 글씨가 보임	비커 뒤의 글씨가 보이지 않음
거름종이에 거를 때	걸러진 것이 거의 없음	진흙과 가는 모래 등이 남아 있음
가만히 두어 가라앉힐 때	아무런 변화가 없고, 비교적 맑고 투명함	비커의 위쪽이 맑아지고, 아래쪽이 진흙과 가는 모래가 가라앉음

큰 비가 내리기 전과 내린 후의 모습

- 큰 비가 내리기 전의 모습 : 도로와 다리가 안전하고 사람과 차들이 잘 다닌다.
- 큰 비가 내린 후의 모습 : 황토색 냇물이 빠르게 흐르고, 둑이 무너지거나 도로가 군데군데 끊긴 곳도 있다.

흐르는 물의 이용

① 물레방아를 돌려 방아를 찧는다.
② 수력발전소에서 전기를 일으키는 데 사용한다.
③ 래프팅, 보트 타기 등 여러 가지 여가 생활을 즐길 수 있다.
④ 배나 뗏목을 이용하여 물건을 옮기는 데 사용한다.

과학단어

★유수대 물의 흐름을 알기 위해 모래, 흙 등을 담아 만든 긴 상자

★기울기 수평면에 대해 경사면이 기울어진 정도

❺ 돌, 모래, 흙의 이용

돌담

맷돌

콘크리트

벽돌

도자기

목장

돌 우리 주위에서 쉽게 구할 수 있을 뿐만 아니라, 단단하고 튼튼하여 건축물(축대, 담장), 예술품(조각, 탑), 생활용품(*맷돌, 돌 침대) 등에 많이 사용된다.

모래 벽돌, 유리 콘크리트 등을 만드는 데 쓰이고 학교의 씨름장, 불을 끌 때 쓰는 방화사, 겨울철 미끄럼 방지용으로 사용된다.

흙 논, 밭, 과수원 등 동식물이 살아가는 터전이 되며, 도자기를 만들거나 미용 재료로 쓰이고, 집을 만들거나 담을 쌓는 데 쓰인다.

❻ 돌과 흙을 이용한 여러 가지 집

(1) 돌과 흙을 이용하여 만든 집

돌로 만든 집	흙으로 만든 집
대체로 집이 크고 보기에 좋음 단단하고 튼튼함	돌로 만든 집보다 작음 아담하고 편안한 느낌을 줌

(2) 집에서 돌과 흙이 이용된 곳

구분	돌	흙
이용된 곳	기둥, 바깥 벽, 담, 바닥 등 외부	안방, 방바닥, 비를 맞지 않는 담 등 내부
이용한 성질	· 단단하고 튼튼함 · 물에 씻기지 않는 성질	· 편안하고 따듯한 느낌을 줌 · 접착성, 마무리하기 쉬운 성질

● 흙이 잘 보호되지 않는 곳과 잘 보호되는 곳

흙이 잘 보호되지 않는 곳	공사 중인 곳, 민둥산 등
흙이 잘 보호되는 곳	나무가 많은 산, 잔디가 잘 가꾸어진 곳 등

● 흙을 보호하는 방법
① 나무를 심고 가꾸어 흙이 씻겨 내려가는 것을 막는다.
② 경사가 급한 논과 밭은 계단식으로 만들어 흙을 보호한다.
③ 식물이 잘 자랄 수 있도록 쓰레기를 버리지 않는다.
④ 댐을 만들어 갑자기 많은 물이 한꺼번에 흐르는 것을 막아준다.
⑤ 경사진 곳은 사방공사를 한다.

● 돌을 이용하여 만든 집과 흙을 이용하여 만든 집

▲ 돌로 만든 집

▲ 흙으로 만든 집

● 과학단어
★맷돌 곡식을 가는 데 쓰는 물건으로 넓적한 돌 두 짝을 포개어 연결하고, 윗구멍으로 곡식을 넣어 위 짝을 손잡이로 돌려서 곡식을 가는 재래식 기구

SPEED CHECK!
기본확인문제

1. 유수대의 물의 양이 (많을, 적을) 때, 유수대의 기울기가 (클, 작을) 때, 유수대에 잔디가 (있을, 없을) 때 씻겨 내려간 흙의 양이 많다.
2. 바위 주변에 있는 돌과 흙의 색은 바위의 색과 (비슷하다, 다르다).
3. (돌, 흙)(으)로 만든 집은 아담하고 편안한 느낌을 준다.
4. 돌이 있는 곳에서 빗물이 (곧바로, 돌아서) 흐른다.
5. 빗물은 깎아 낸 진흙과 가는 모래를 낮은 곳으로 옮기는 (운반, 퇴적, 침식) 작용을 한다.
6. (댐, 저수지) 을/를 만들어 갑자기 많은 물이 한꺼번에 흐르는 것을 막아 흙을 보호한다.
7. (흙, 저수지)은/는 논이나 밭, 과수원, 목장 등과 같이 사람이나 생물들이 살아가는 터전이 된다.

개념다지기 정답 | ❶ 기준 ❷ 흙 ❸ 침식 ❹ 운반 ❺ 퇴적 ❻ 댐을 ❼ 클 ❽ 없는

탐구1. 물에 의한 풍화과정 알아보기

준비물 모래(종이컵 한 컵 분량), 종이컵, 분무기

탐구과정

① 컵 안에 수분기가 약간 있는 모래를 가득 넣어 뒤집은 뒤 컵을 조심히 들어 올려 모래 언덕을 만들고 분무기로 물을 뿌려 본다.

② 컵 바닥에 흙과 망을 번갈아 가며 넣는다. 그리고 ①과 같은 방법으로 모래 언덕을 만든 뒤 분무기로 물을 뿌려 본다.

탐구 팁!

①과 ②의 실험과정에서 물의 양, 물을 떨어뜨리는 높이, 모래를 다지는 정도를 똑같이 해 주어야 정확한 실험을 할 수 있다.

탐구결과

1. 과정 ①, ②에서 모래 언덕 위에 물을 뿌렸을 때 모습을 관찰하여 그 특징을 적고 모형과 알맞은 사진을 선으로 연결해 보세요.

관찰 모습1

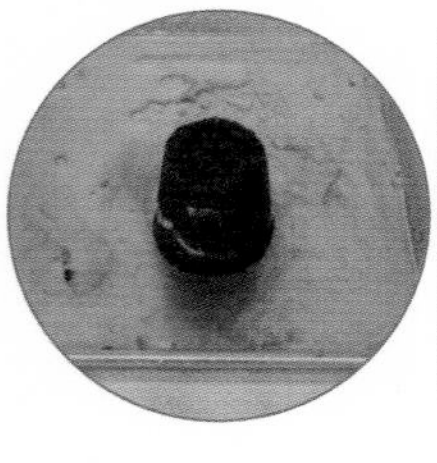

관찰 모습2

탐구문제

1. 물에 흙이 씻겨 내려가지 않도록 흙을 보호할 수 있는 방법을 찾아 적어 보세요.

탐구2. 화단 흙과 운동장 흙 비교하기

준비물
스탠드, 스탠드 클램프, 비커, 종이컵, 화단의 흙, 운동장의 흙, 물, 송곳, 거즈

탐구과정

① 화단 흙과 운동장 흙의 색깔, 촉감, 냄새, 알갱이 크기 등을 관찰한다.
② 종이컵 두 개에 똑같은 개수와 크기의 구멍을 뚫는다.
③ 종이컵 바닥에 거즈를 놓고, 화단 흙과 운동장 흙을 종이컵에 $\frac{1}{2}$씩 채운다.
④ 종이컵을 스탠드의 클램프에 끼워 장치하고, 각각의 종이컵 아래 빈 비커를 놓는다.
⑤ 같은 양의 물을 각각의 흙에 동시에 천천히 붓고, 같은 양의 물이 빠져나오는 시간 또는 일정한 시간 동안 나오는 물의 양을 측정한다.

▲ 화단 흙과 운동장 흙의 비교 실험

탐구결과

1. 운동장 흙은 물빠짐이 (　　　　　) 화단 흙은 물빠짐이 (　　　　　).

2. 화단 흙과 운동장 흙에 대한 설명으로 옳은 것을 모두 고르시오.

① 화단 흙은 촉감이 까끌까끌하다.
② 알갱이가 더 큰 쪽은 화단 흙이다.
③ 화단 흙은 어두운 색이고, 운동장 흙은 밝은색이다.
④ 화단 흙은 먼지 냄새가 나고, 운동장 흙은 비릿한 냄새가 난다.
⑤ 화단 흙은 알갱이의 크기가 다양하고, 운동장 흙은 알갱이의 크기가 비교적 비슷하다.

탐구문제

1. 위 실험 결과, 화단 흙과 운동장 흙 중 식물이 자라기에 적합한 흙은 어느 것인가? 그 이유는?

2. 운동장 흙을 관찰하려고 할 때, 흙을 가져오기에 적당한 장소를 보기에서 고르시오.

〈보기〉	화분, 잔디가 깔려 있는 운동장, 밭, 모래사장

01

서연이는 산, 계곡, 강가, 바닷가 등을 여행하며, 다양한 특징을 가진 여러 가지 돌들을 모았다. 다음 중 돌을 분류하기 위한 기준으로 적당하지 않은 것은?

① 돌의 크기　② 돌의 색깔　③ 돌의 촉감
④ 돌의 아름다움　⑤ 알갱이의 크기

02

민재는 돌을 관찰한 후, 돌의 특징을 살려 이름을 붙이고 다음과 같은 소개서를 작성하였다. 다음 중 상현이가 관찰한 돌은 어느 것인가?

〈돌 소개서〉

이름 - 점박이
이유 - 밝은 바탕에 까만 점이 많아서
색깔 - 밝다.
굳기 - 단단하다.
알갱이의 크기 - 크다.
이용 - 축대나 비석, 집을 짓는 데 많이 이용된다.

① 
② 
③ 
④ 
⑤ 

03

준정이는 부서진 큰 바위 주변에 돌과 모래과 있고, 흙도 쌓여 있는 것을 발견하고 자세히 관찰한 결과 다음과 같은 사실을 알 수 있었다.

1. 바위 주변에 있는 돌과 흙의 색깔이 바위의 색깔과 비슷하다.
2. 돌을 이루고 있는 알갱이의 크기, 색깔은 모래의 알갱이와 비슷하다.

위의 사실을 바탕으로 준정이가 내린 결론으로 알맞은 것은?

① 온도차로 인해 바위가 부서졌다.
② 나무의 뿌리가 자라면서 바위의 틈을 벌어지게 했다.
③ 빗물의 영향으로 모래와 흙이 뭉쳐 바위가 된 것이다.
④ 바위 주변의 흙과 모래가 바람에 날려서 바위를 덮었다.
⑤ 바위 주변에 있는 돌, 모래, 흙은 바위가 부서져서 생긴 것이다.

04

비가 오는 날 지민이는 하늘에서 내리는 빗물과 땅 위를 흐르는 빗물을 모아서 거름 종이에 걸렀더니 다음과 같은 결과가 나타났다.

	하늘에서 내리는 빗물	땅 위를 흐르는 빗물
거름종이 위에 남은 물질	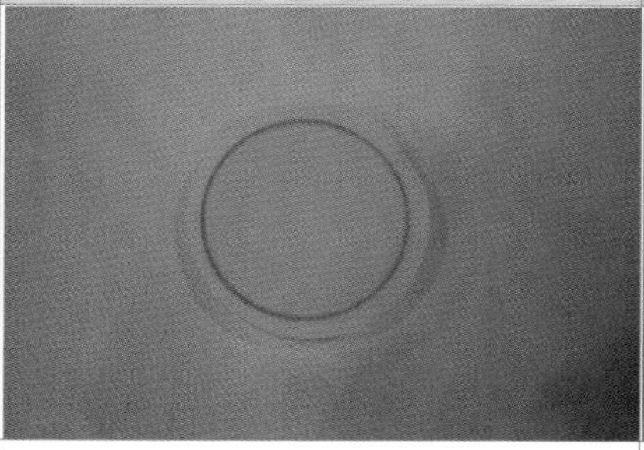 걸러진 것이 거의 없음	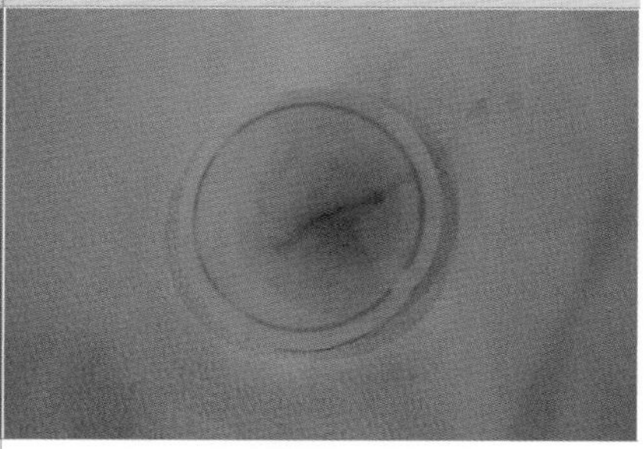 진흙과 가는 모래 등이 남아 있음

위 실험 결과로 알 수 있는 사실을 모두 고르시오.

① 빗물이 흐르면서 땅의 흙을 깎아낸다.
② 빗물이 흐르면서 진흙이나 모래 등을 운반한다.
③ 빗물이 흐르면서 진흙이나 가는 모래를 가볍게 만든다.
④ 빗물은 진흙이나 가는 모래 등을 높은 곳으로 쌓아 놓는다.
⑤ 하늘에서 내리는 빗물과 땅 위를 흐르는 빗물은 화학적 성분이 다르다.

05 수빈이는 신문에서 '무분별한 골프장 건립으로 인한 산림 벌채로 산사태가 일어난다.'는 기사를 보고, 유수대를 이용하여 이를 알아보기 위한 실험을 설계하려고 한다. 다음 중 유수대 실험 장치로 가장 적당한 것은 어느 것인가?

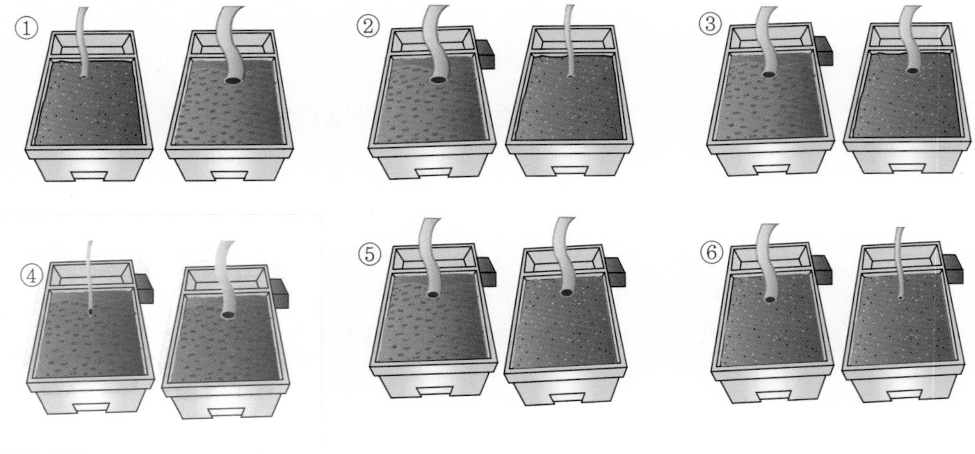

06 우리는 흙과 모래, 돌이 없으면 살아갈 수 없다. 우리 생활에서 흙과 모래, 돌이 이용되는 예를 각각 3가지 이상 쓰시오.

· 흙의 이용 :

· 모래의 이용 :

· 돌의 이용 :

07

형균이는 흐르는 물에 의해 변화하는 땅의 모습을 관찰하기 위해 다음과 같이 유수대를 설치한 후, 물을 흘려보내며 변화를 관찰하였다.

다음 중 형균이가 관찰한 사실로 바른 것을 모두 고르시오.

① 물길의 바닥에는 흙이 아주 많다.
② 유수대의 위쪽은 물길이 좁고 깊게 패였다.
③ 유수대의 아래쪽은 물길이 넓고 흙과 모래가 깎인다.
④ 물이 흐르다가 자갈을 만나면 물길이 바뀌어 흐른다.
⑤ 유수대의 아래쪽은 물길이 넓고 흙과 모래가 쌓여 있다.

08

큰 비나 무분별한 산림 벌채 등에 의해 흙이 보호되지 않으면, 우리의 생명과 재산상의 막대한 피해를 입게 된다. 흙이 씻겨져 내려가는 것을 최대한 줄이고, 흙을 보호하는 방법에는 무엇이 있을까? 우리 주변에서 흙을 보호하기 위한 방법을 찾아 3가지 이상 쓰시오.

STEP BY STEP

09

다음은 '돌과 물'이라는 동요의 노랫말이다. 다음을 보고, 물음에 답하시오.

바위돌 깨뜨려 돌덩이
돌덩이 깨뜨려 돌맹이
돌맹이 깨뜨려 자갈돌
자갈도 깨뜨려 모래알

(1) 위 동요의 노랫말처럼 바위가 약해져서 부스러지게 되는 경우가 있다. 사람의 힘이 아닌 자연의 힘으로 바위가 부스러지게 되는 예를 3가지 쓰시오.

(2) 돌과 흙을 이용해서 집을 만들 때 돌과 흙을 집의 어느 부분에 사용하면 좋을지 쓰고 그 이유를 설명하시오.

· 돌을 사용하면 좋은 곳과 그 이유 :

· 흙을 사용하면 좋은 곳과 그 이유 :

STEP BY STEP

10

다음은 조건을 다르게 하여 유수대를 장치한 그림이다. 그림을 보고, 물음에 답하시오.

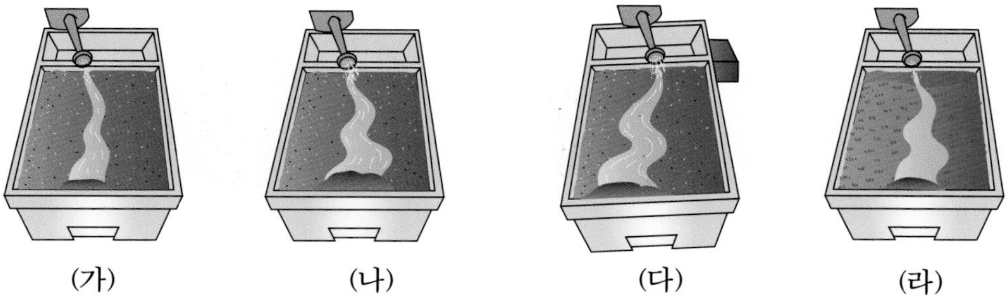

(1) 다음 제시된 상황에서 흐르는 물에 의해 땅의 모습이 어떻게 변화하는지 알고 싶다. (가)~(라) 중에서 비교해야 할 유수대의 기호를 쓰시오.

· 물의 양을 다르게 했을 때 땅의 모습 :

· 식물이 있고 없음에 따른 땅의 모습 :

· 기울기를 다르게 했을 때 땅의 모습 :

(2) 흙의 운반에 영향을 주는 것을 3가지 쓰시오.

문제해결력 키우기

11 다음은 승민이가 지난 여름 수집한 돌들이다.

위 돌들을 기준을 세워 2단계로 분류하시오.

12 다음은 운동장의 흙과 화단의 흙을 비교, 관찰하는 사진이다.

(가)

(나)

(다)

(라)

위의 관찰 결과에 대한 설명으로 옳은 것을 모두 고르시오.

① (가)의 흙은 (나)의 흙보다 더 잘 뭉쳐지므로 운동장의 흙이다.
② (다)의 흙은 (라)의 흙보다 물위에 뜨는 것이 적으므로 운동장의 흙이다.
③ 화단의 흙이 운동장의 흙보다 색깔이 더 검고 부드럽다.
④ 암석이 검은 제주도에서는 운동장과 화단의 흙이 모두 어두운 색일 것이다.
⑤ (다) 흙에서는 (라)와 다르게 나뭇잎이나 식물의 부스러기가 잘 관찰될 것이다.

창의력 키우기

01

흐르는 물을 자갈이나 모래 등을 운반하여 지표의 낮은 곳에 쌓이게 하거나 바다로 흘러들게 한다. 다음 유수대의 모습을 보고 물음에 답하시오.

- 유창성
- ✓ 융통성
- 독창성
- ✓ 정교성

(1) 위 실험에서 흙이 가장 많이 깎이는 곳은 A~C 중 어디 인가?

(2) 위 실험에서 흙이 가장 많이 쌓이는 곳은 A~C 중 어디 인가?

(3) 이 유수대가 강이고 실제로 이 과정이 아주 오랫동안 일어나면, 강의 모양은 어떻게 될지 쓰시오.

02

바위나 돌은 여러 가지 원인에 의하여 풍화를 받아 모래나 흙으로 바뀐다. 다음은 지구상의 여러 곳에서 일어나는 암석의 풍화의 흔적을 나타낸 사진이다.

- 유창성
- ✓ 융통성
- ✓ 독창성
- 정교성

(가)

(나)

그림에서 (가)와 (나)는 모두 바람의 영향으로 풍화를 받은 암석이다. (가)는 바람에 의해 사막 바닥을 날아다니는 모래와 먼지가 큰 바위의 아랫부분을 집중적으로 깎아 그림처럼 만들어졌다. 또한 (나)는 바람에 날리는 모래가 지면에 있는 볼록한 면을 깎아서 몇 개의 평탄한 면을 이룬 암석으로 삼릉석이라 하는데 두 암석은 건조한 사막 지대에서 잘 만들어진다.

(1) 두 그림의 공통점은 무엇인가?

(2) 두 그림의 풍화의 원인으로 생각되는 것을 2가지 쓰시오.

(3) 암석이 점차 둥글게 되어가는 과정을 그림으로 표현하시오. 처음의 암석은 각이진 바위였다고 가정한다.

01 1969년에 달에 착륙한 아폴로 11호의 우주인은 달에 발자국을 남겼다. 그 후 몇 십 년이 지난 지금도 달에 우주인이 남긴 발잘국은 아직도 선명하게 남아 있다. 다음 물음에 답하시오

(1) 30년 이상 지난 지금도 달에 우주인이 남긴 발자국이 아직도 선명하게 남아 있는 이유는 무엇인지 쓰시오.

(2) 지구에서 암석이 풍화하는 데는 식물과 물, 온도 등의 영향을 받는다, 달의 낮과 밤의 온도차이는 지구와는 비교가 되지 않을 정도로 극심하다. 그런데 밤과 낮의 기온차가 적은 지구에서의 풍화 속도가 밤과 낮의 기온차가 큰 달에서의 풍화 속도보다 빠른 까닭은 무엇일까?

"
가루 물질의 특징은 무엇일까?

공사장의 모래, 시멘트, 빵가루, 밀가루, 설탕 가루, 소금 가루를 비롯
하여 주변에는 우리가 모르는 가루 물질들도 많이 있다.
가루 물질들의 특징은 무엇일까?
"

5

가루 물질

개념다지기

쏙 쏙 빈칸을 채워 개념을 완성하세요!

● 가루가 되면 좋은 점
가루 물질은 고체 물질일 때보다 사용하기 편리하고, 통에 넣어 보관하거나 운반하기 쉽다.

● 가루 물질의 관찰
가루 물질을 관찰할 때에는 흰 종이 위에서 가루의 크기를 관찰하거나, 손으로 바람을 일으켜 냄새를 맡거나, 유리막대로 찍어 맛을 보는 등의 방법을 사용한다.

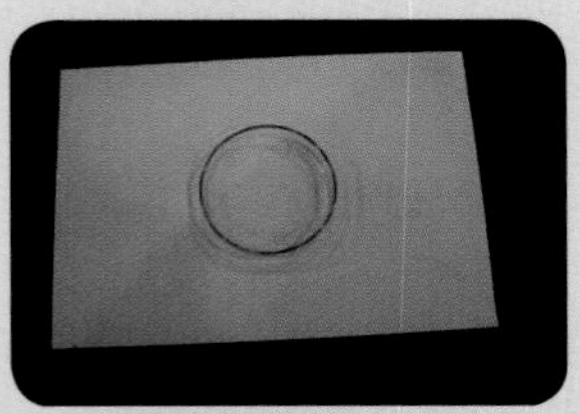

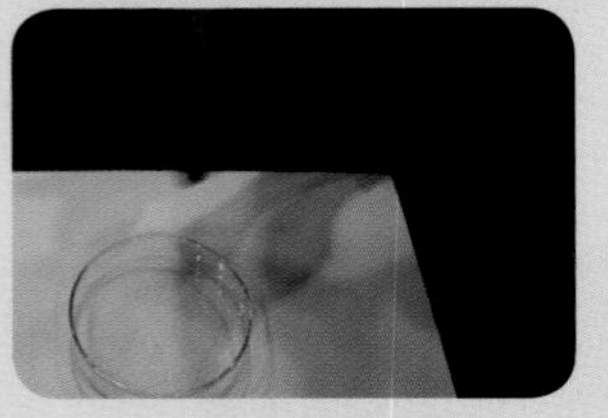

▲ 가루 물질의 관찰

● 과학단어
★물체 어떤 용도로 쓰기 위해 만든 것으로 구체적인 형태를 가지고 있는 것
★물질 물체를 이루고 있는 재료. 질량을 가지고 있으며 공간을 차지하는 것들을 말하며, 물질은 고체, 액체, 기체의 세 가지 상태로 존재함

❶ 우리 주변의 가루 찾기

(1) 가루 : 딱딱한 물건을 보드라울 정도로 잘게 부수거나 갈아서 만든 것

(2) 여러 가루 물질 : 우리 주위에는 여러 가루 물질들이 있다. 다음 *물체에서 찾을 수 있는 가루 *물질들은 무엇일까?

밀가루, 이스트, 설탕, 소금, 우유 분말 등

찹쌀가루, 소금, 설탕, 콩가루 등

시멘트 가루(석회석 가루), 모래 가루, 황토, 숯가루 등

원두 가루, 설탕, 프림 등

분필 가루(석회 가루) 등

파우더 가루, 볼터치 가루, 아이쉐도우 가루 등

❷ 가루 물질의 관찰

(1) 가루 물질을 관찰하는 방법

색깔	페트리접시 밑에 ❶ ______ 를 대고 관찰한다.
냄새	손으로 코쪽으로 바람을 일으켜 냄새를 맡는다.
촉감	손으로 만져본다.
알갱이의 크기와 모양	돋보기로 살펴본다.
맛	유리 막대에 조금 찍어 혀 끝에 살짝 대어 맛을 본 후 뱉어낸다.

(2) 여러 가지 가루 물질의 특징

구분	설탕	소금	녹말	탄산수소나트륨	황산 구리
	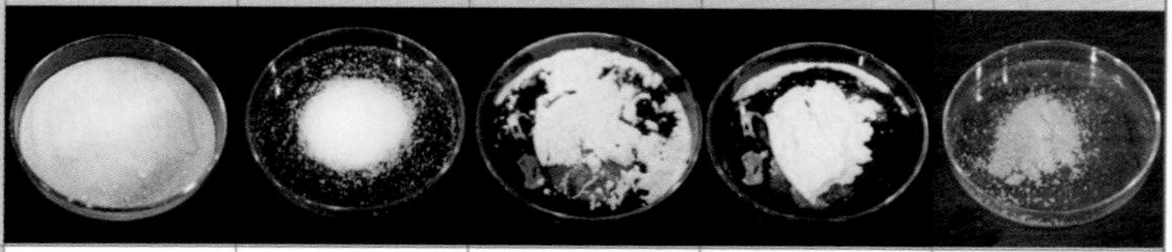				
색깔	흰색	흰색	흰색	흰색	❷
알갱이의 크기	중간 정도	비교적 큼	고운 가루	고운 가루	중간 정도
촉감	깔깔함	깔깔함	부드러움	부드러움	깔깔함
가열했을 때	녹은 후 끓음 색깔이 갈색으로 변하고 냄새가 남	탁탁 소리를 내며 튀고, 모양은 변하지 않음	색깔이 변하고 냄새가 남	냄새, 모양의 변화가 거의 없음	푸른색이 희게 변하며 가루가 됨
아이오딘 용액과 반응	변화 없음	변화 없음	❸ 으로 변함	변화 없음	변화 없음
식초와의 반응	변화 없음	변화 없음	변화 없음	부글거리며 거품이 생김	변화 없음
물에 녹였을 때	물에 녹아 투명해짐	물에 녹아 투명해짐	뿌옇게 흐려지며 가라앉는 것이 있음	녹긴 하나 시간이 걸림	물에 녹아서 파랗게 투명해짐

❸ 가루 혼합물에 들어 있는 가루의 종류 알아내기

해결해야 할 문제 파악하기 → 결과를 미리 예상해 보기 → 결과를 알 수 있는 실험 방법 알아보기 → 실험 및 실험 결과 기록하기 → 예상한 것과 실험 결과 비교하기

① 색깔, 알갱이 모양 등을 관찰하여 가루 물질을 *예상한다.
② 가루 물질을 확인하기 위한 실험 방법 및 순서를 계획한다.
③ 계획한 순서대로 실험하고 ❹ 를 기록한다.
④ 실험 결과를 비교하여 가루 혼합물 속의 가루 물질이 무엇인지 알아낸다.

예 녹말과 설탕 혼합물의 성분 물질 알아내기

예상되는 물질	실험 계획	실험 결과	들어 있는 물질
녹말, 설탕	① 맛을 본다. ② 물에 녹인다. ③ 아이오딘 용액을 떨어뜨린다.	① 단맛이 있다. ② 물에 넣으니 뿌옇게 된다. ③ 보라색으로 변한다.	녹말, 설탕

알코올램프 사용 시 주의할 점

① 알코올램프에 알코올을 $\frac{2}{3}$ 정도만 채운다.
② 알코올을 채워 넣을 때에는 불을 끈 후 깔때기를 이용한다.
③ 성냥이나 라이타를 켤 때에는 사람이 없는 쪽을 향한다.
④ 알코올램프의 불이 켜진 채로 들고 옮기지 않는다.
⑤ 알코올이 쏟아져 불이 났을 경우에는 모래나 젖은 걸레로 덮어서 불을 끈다.

▲ 알코올램프에 알코올 넣기

녹말

녹말은 맛이나 냄새가 없는 흰색 가루로 물에는 녹지 않는다. 녹말에 뜨거운 물을 붓거나 물을 부어 가열하면 녹말 입자는 팽창하여 점성이 강한 액체, 즉 풀이 된다. 또 녹말에 아이오딘 용액*을 가하면 보라색으로 변한다.

▲ 녹말 가루

과학단어

★용액 물질이 물에 녹아 투명한 액체가 된 상태. 설탕물, 소금물 등이 있다.

★예상 어떤 일이 일어나기 전에 미리 생각하여 둠

개념다지기

쏙쏙 빈칸을 채워 개념을 완성하세요!

❹ 가루를 물에 넣어 관찰하기

(1) 우리 생활에서 가루를 물에 넣어 사용하는 경우

▲ 가루 비누 빨래 : 가루 비누를 물에 녹여 빨래를 한다.

▲ 김장할 때 : 소금을 물에 녹여 배추를 절인다.

▲ 코코아를 탈 때 : *코코아 가루를 물에 녹인다.

▲ 국에 소금 넣기 : 국에 소금을 넣어 간을 맞춘다.

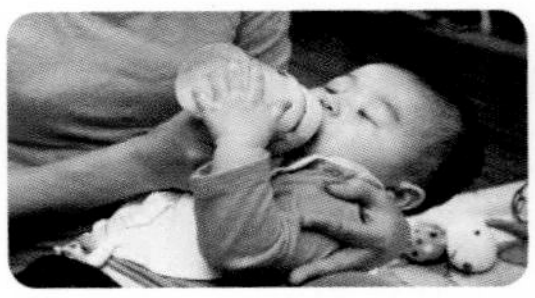

▲ 분유 먹이기 : *분유를 물에 타서 아기에게 먹인다.

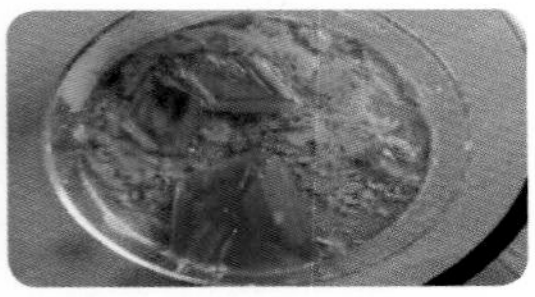

▲ 황산 구리 결정 만들기 : 황산 구리 가루를 물에 녹여 천천히 냉각시킨다.

(2) 가루를 물에 넣어 관찰하기

구분	가루를 물에 넣고 저었을 때	가만히 놓아두었을 때
설탕	맑고 투명해진다	맑고 가라앉는 것이 없다
분유	물과 가루가 섞여 흰색으로 된다	흰색이고 가라앉는 것이 없다
코코아	물과 가루가 섞여 고동색이 된다	고동색이고 가라앉는 것이 없다
미숫가루	물이 뿌옇게 되고 가루가 떠 있다	윗물은 뿌옇고 가라앉은 것이 많다
소금	맑고 투명해진다	맑고 가라앉는 것이 없다

(3) 가루를 물에 넣어 관찰하기 : 물에 넣어 한참 동안 놓아두었을 때 가라앉는 것이 없으면 ❺ ______ 가루이고, 가라앉는 것이 있으면 ❻ ______ 가루이다.

① 물에 녹는 가루 - 소금, 설탕, 분유, 코코아 등

② 물에 녹지 않는 가루 - 미숫가루, 밀가루 등

❺ 소금을 물에 녹이기

(1) 소금을 물에 계속 녹이기

① 물에 소금을 한 숟가락 넣고 저어 주었을 때 : 소금이 보이지 않고 밑에 가라앉은 것도 없다.

② 물을 저으면서 소금을 계속 넣었을 때 : 어느 정도까지 소금이 녹다가 더 이상 녹지 않고 밑에 가라앉는다.

③ 물을 더 붓고 저어 주었을 때 : 밑에 가라앉아 있던 소금이 모두 녹는다.

● 김장

채소가 나지 않는 겨울 동안 먹기 위해 미리 김치를 담가 두는 것

▲ 여러 사람이 함께 김장하는 모습

● 김장할 때 김치를 절이는 이유

김치를 소금으로 절이면 채소에서 물이 빠지면서 풋내가 제거되는 동시에 미생물 중 김치를 물러지게 하는 잡균의 번식을 막고, 젓산균이나 효소가 생육하기 쉬운 환경을 만들어 이들의 상호작용으로 김치가 알맞게 숙성되도록 하기 위해서이다.

● 약숟가락* 사용법

① 약숟가락에 물이 묻지 않도록 한다.

② 반드시 한 숟가락으로는 한 물질만 덜어내야 한다.

③ 적은 양의 물질을 덜어낼 때에는 작은 쪽 숟가락을 사용한다.

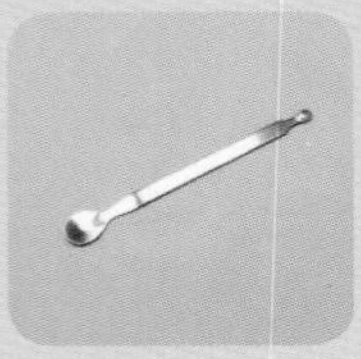

▲ 약숟가락

● 과학단어

★분유 가루 우유

★코코아 카카오 나무의 열매를 빻아서 만든 가루

★약숟가락 가루 물질을 덜어낼 때 사용하는 숟가락

알 수 있는 사실	· 일정한 양의 물에 녹을 수 있는 소금의 양은 한정되어 있다. · 물의 양이 많아지면 녹을 수 있는 소금의 양도 많아진다.

(2) 용해와 용액

① ❼ ________ : 한 가지 이상의 물질이 액체에 투명하게 녹아 있는 것이다.

예 설탕물, 소금물 등

② ❽ ________ : 물질이 액체에 녹는 현상

예 소금이 물에 용해되어 소금물 용액이 되었다.

유리막대로 젓는 법

① 유리막대의 끝 부분을 잡고 돌리듯이 젓는다.

② 유리막대가 비커의 바닥이나 벽에 부딪히면 깨지기 쉬우므로 조심해서 젓는다.

③ 너무 빨리, 세게 저어 비커 안의 물이 튀지 않도록 조심한다.

▲ 유리막대

❻ 가루를 물에 빨리 녹이는 방법

(1) 가루를 여러 조건에서 녹이는 실험하기

	같게 해 주어야 할 조건	다르게 해 주어야 할 조건
젓는 빠르기를 달리하여 녹이기	물의 양, 물의 온도, 설탕의 양, 설탕을 넣는 시점, 저어주는 원의 크기 등	젓는 빠르기
물의 온도를 달리하여 녹이기	물의 양, 젓는 빠르기, 설탕의 양, 설탕을 넣는 시점, 저어주는 원의 크기 등	물의 온도
알갱이의 크기에 따른 녹는 빠르기 비교하기	물의 양, 물의 온도, 설탕의 양, 설탕을 넣는 *시점, 젓는 빠르기, 저어주는 원의 크기 등	설탕 알갱이의 크기 (*각설탕과 가루 설탕)

(2) 가루를 여러 조건에서 녹이는 실험의 결과

① 젓는 빠르기를 달리 할 때 : 빨리 저어줄수록 더 빨리 녹는다.

② 물의 온도를 달리 할 때 : 찬물보다 따뜻한 물에서 더 빨리 녹는다.

③ 알갱이의 크기가 다를 때 : 각설탕보다 가루 설탕이 더 빨리 녹는다.

과학단어

★시점 무엇인가를 하는 순간

★각설탕 설탕을 직육면체 모양의 덩어리로 만들어 놓은 것

◀ 각설탕

SPEED CHECK!

기본확인문제

1. 보관하거나 운반하기 쉬운 것은 (가루 물질, 고체 물체) 이다.
2. 가루 물질을 맛볼 때에는 (손끝으로, 유리막대로) 조금 찍어 혀 끝에 살짝 댄다.
3. 부드러운 촉감을 나타내는 가루 물질은 (녹말, 황산 구리) 이다.
4. 식초와 반응시켰을 때 거품이 발생하는 가루 물질은 (녹말, 탄산 수소 나트륨) 이다.
5. 물에 녹아서 파랗게 투명해지는 물질은 (황산 구리, 탄산 수소 나트륨) 이다.
6. 가루 혼합물에 들어 있는 물질의 종류를 알아낼 때는 문제 파악 → 결과 예상 → (   ) → 실험 결과 기록 → 실험 결과 비교하기 순서로 한다.
7. 가루를 물에 넣었을 때 녹지 않는 것은 (코코아, 분유, 밀가루) 이다.
8. 설탕물, 소금물은 (용매, 용질, 용액) 이다.
9. 온도가 같은 일정량의 물에 녹을 수 있는 소금의 양은 (일정하다, 일정하지 않다.)
10. 같은 온도이고. 젓는 빠르기가 같다면 (각설탕, 가루 설탕) 이 물속에서 더 빨리 녹는다.

개념다지기 정답 | ❶ 흰종이 ❷ 푸른색 ❸ 보라색 ❹ 실험 결과 ❺ 물에 녹는 ❻ 물에 녹지 않는 ❼ 용액 ❽ 용해

탐구력 키우기

탐구1. 밀가루 불꽃놀이

탐구과정

준비물
밀가루, 깔때기, 약숟가락, 양초, 고무 호스, 점화기 등

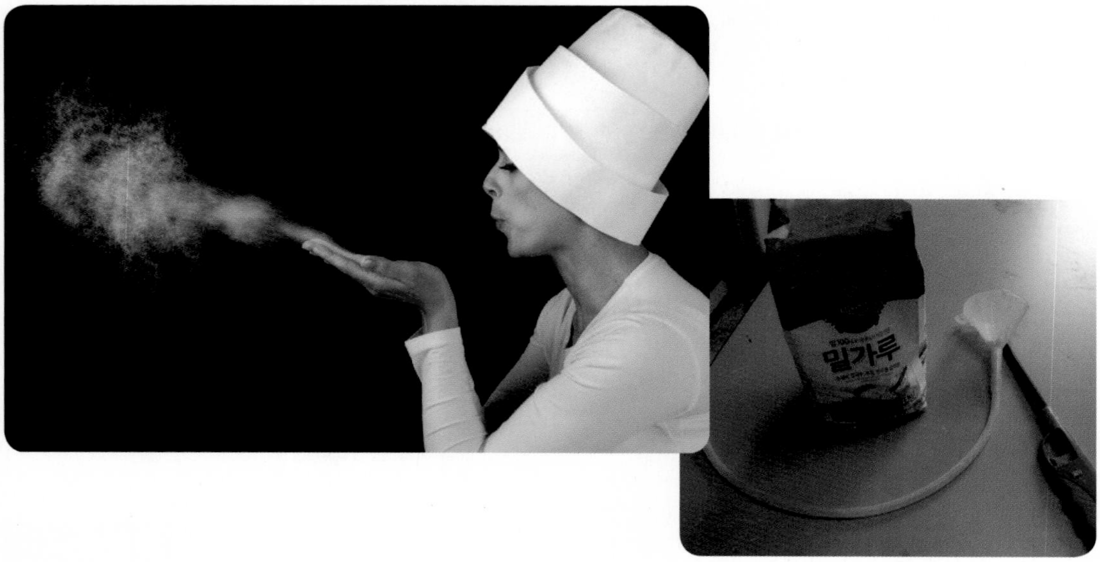

① 깔때기를 준비하고 약 1m 길이의 고무 호스를 깔때끼의 뾰족한 부분에 끼운다.

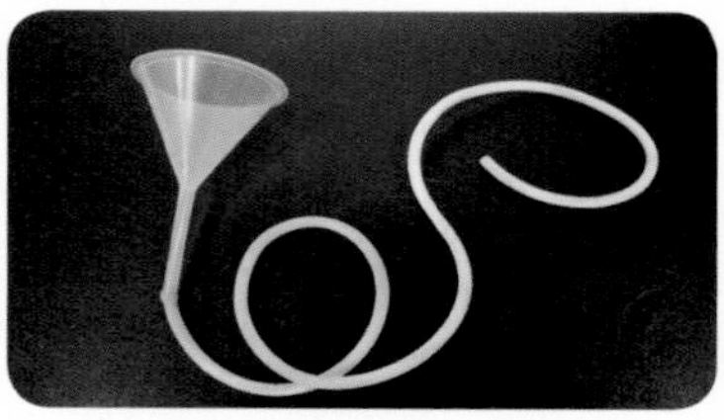

② 깔때기 입구 쪽에 밀가루를 2~3 스푼을 넣되, 고무 호스로 들어가지 않게 한다.

③ 깔때기의 넓은 입구 쪽에 촛불을 놓고 반대편 호스 입구에 입을 대고 밀가루가 날려서 촛불에 갈 수 있도록 가볍게 분다.

탐구결과

1. 밀가루가 촛불과 만나 어떻게 되었는지 서술해 보자.

2. 왜 이런 일이 일어났는지 그 원인을 적어 보자.

탐구문제

1. 폭발이 일어나기 위해서 반드시 필요한 것은 무엇일지 〈보기〉에서 찾아 ○표 하시오.

보기

ㄱ. 고무 호스 ( )	ㄴ. 산소 ( )
ㄷ. 깔때기 ( )	ㄹ. 발화점 이상의 온도 ( )
ㅁ. 촛불 ( )	

2. 밀가루가 뭉쳐 있을 때와 가루 물질일 때 중 어느 때가 폭발이 잘 되겠는가? 그 이유를 산소와 연관지어 설명하시오.

01 빵을 만들 때는 설탕, 베이킹 파우더, 밀가루 등의 여러 가지 가루 물질이 사용된다. 이처럼 우리 주위에서 가루 물질이 사용되는 예를 2가지 찾고, 어떤 가루 물질이 사용되었는지 쓰시오.

예 빵 만들 때 - 설탕, 베이킹 파우더, 밀가루

02 민재는 여러 가지 가루 물질을 가열했을 때의 모습을 관찰하기 위해 알코올 램프를 사용하였다. 다음 중 민재의 알코올 램프 사용법으로 바른 것을 모두 고르시오.

① 불이 붙어 있는 알코올 램프를 들어 옆으로 옮겼다.
② 깔때기를 사용하여 알코올 램프에 알코올을 가득 담았다.
③ 점화 장치로 알코올 램프의 심지를 스치듯이 하여 불을 붙였다.
④ 알코올 램프가 넘어져서 불이 붙었는데, 불을 끄기 위해 알코올을 부었다.
⑤ 알코올 램프의 뚜껑을 덮어 불을 끈 후 다시 열어 기체를 날려 보내고 뚜껑을 덮어서 보관하였다.

03

민수는 분유, 설탕, 코코아, 소금, 미숫가루를 각각 물에 한 숟가락씩 넣고 저은 후, 가만히 놓아 두고, 시간이 흐른 뒤 어떤 변화가 일어났는지 관찰하였다. 다음 중 민수가 한 실험의 결과를 정리한 내용으로 바르지 않은 것은?

① 분유는 물에 가라앉는 것이 없으나 투명하지 않으므로 물에 녹은 것이 아니다.
② 설탕은 처음 맑은 물 그대로이고 밑에 가라앉은 것이 없으므로 물에 녹은 것이다.
③ 소금은 처음 맑은 물 그대로이고 밑에 가라앉은 것이 없으므로 물에 녹은 것이다.
④ 코코아는 가루의 색깔이 물에 나타나지만 밑에 가라앉는 것이 없으므로 물에 녹은 것이다.
⑤ 미숫가루는 시간이 지남에 따라 윗물은 맑아지고 밑에 가루가 많이 가라앉은 것으로 보아 물에 녹지 않은 것이다.

04

인혜와 지현이는 똑같은 모양과 크기의 사탕을 가지고 사탕 빨리 녹이기 대회를 하였다. 경기의 규칙은 다음과 같다.

〈경기 규칙〉
1. 같은 개수로 주어진 사탕을 모두 사용한다.
2. 사탕이 모두 녹을 때까지 걸린 시간의 순서로 순위를 정한다.
3. 물의 양은 비커 한 개로 하며, 물이 밖으로 흘러 넘쳐서는 안된다.

다음 중 사탕을 빨리 녹일 수 있는 방법을 모두 고르시오.

① 물의 양을 줄였다.
② 물을 천천히 저어 주었다.
③ 사탕을 잘게 부순 후 녹였다.
④ 차가운 물을 사용하여 녹였다.
⑤ 따뜻한 물을 사용하여 녹였다.

05

다음 보기는 여러 가지 가루 물질을 관찰한 결과이다.

보기

a. 색깔이 희다.
b. 알갱이의 크기가 작다.
c. 아이오딘 용액을 떨어뜨리면 보라색으로 변한다.
d. 식초를 넣으면 거품이 생긴다.
e. 가열하면 캐러멜 냄새가 난다.
f. 가열하면 '탁탁' 소리를 내면서 튄다.

은재는 위의 결과를 바탕으로 여러 가지 가루 물질을 다음과 같이 분류해 보았다. 다음 (가)~(다)에 들어갈 알맞은 기준을 〈보기〉에서 찾아 기호를 쓰시오.

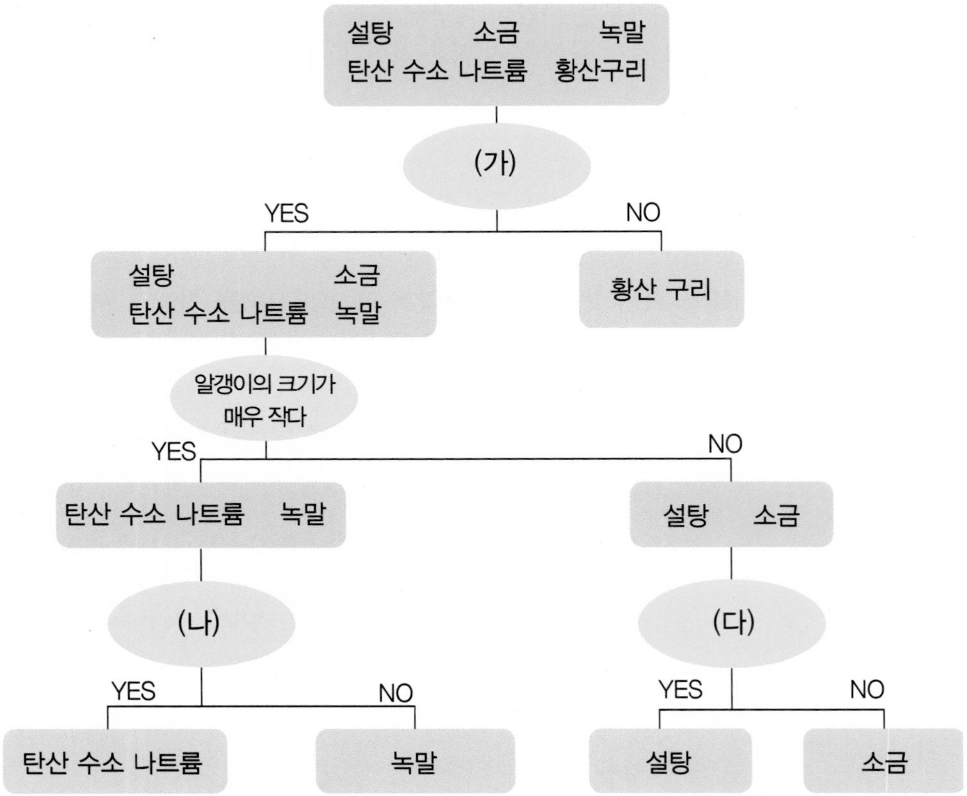

06

달콤한 것을 좋아하는 지연이와 세연이는 설탕물을 먹고 싶어서 설탕 한숟가락을 물에 넣고 저어 투명한 설탕물을 만들었다.

그런데 지연이와 세연이는 설탕은 위에서부터 녹기 때문에 설탕물의 윗부분이 가장 달다며 먼저 먹겠다고 다투는 것이었다. 이 의견이 맞는지 틀리는지 이유와 함께 쓰시오.

07

설탕물을 만들기 위해 다음과 같이 설탕을 물에 넣고 유리 막대로 저어주었다.

설탕을 물에 넣고 유리 막대로 저은 후 관찰하면 설탕이 보이지 않게 된다. 다음 중 그 이유를 바르게 설명한 학생은 누구일까?

① 진호 : 설탕이 사라졌기 때문일거야.
② 명건 : 설탕이 물로 바뀐 것이 아닐까?
③ 지용 : 설탕이 물에 녹았기 때문이야.
④ 수연 : 설탕이 투명해서 보이지 않는 것일 뿐이야.
⑤ 현도 : 보이지는 않지만 설탕이 가라앉아 있기 때문이야.

08 무한이는 길을 지나다 포장마차에서 호떡을 구워서 파는 것을 보았다. 호떡은 뜨겁게 달군 후 기름을 두른 철판 위에서 설탕이 든 밀가루 반죽을 구워서 만든다. 호떡을 만들 때 생기는 변화에 대한 설명으로 옳은 것을 보기에서 모두 고르시오.

보기

a. 밀가루 반죽을 가열하면 갈색으로 변한다.
b. 철판 위의 기름은 밀가루 반죽과 만났을 때 갈색이 된다.
c. 밀가루 반죽 안의 설탕은 가열 후에도 가루 상태로 남아 있다.
d. 밀가루 반죽에 탄산 수소 나트륨을 넣으면 가열 후 호떡이 부풀어 오른다.

09 다음은 여러 가지 가루 물질들을 나열한 것이다. 제시된 가루 물질 중 네 명의 학생은 같은 가루 물질을 관찰하고 나머지 한 명은 다른 가루 물질을 관찰하였다. 다른 가루 물질을 관찰한 한 명은 누구일까?

설탕, 소금, 녹말, 탄산 수소 나트륨, 황산 구리

① 지우 : 흰색이다.
② 진안 : 촉감이 부드럽다.
③ 규리 : 가열하면 검게 변한다.
④ 정완 : 식초와 반응하여 거품을 낸다.
⑤ 현우 : 아이오딘 용액을 떨어뜨리면 보라색으로 변한다.

STEP BY STEP

10 민석이는 물이 든 비커에 소금을 넣어 녹이면서 소금이 물에 녹는 모습을 관찰하였다.

▲ 비커에 물

▲ 약숟가락으로 소금을 넣는 모습

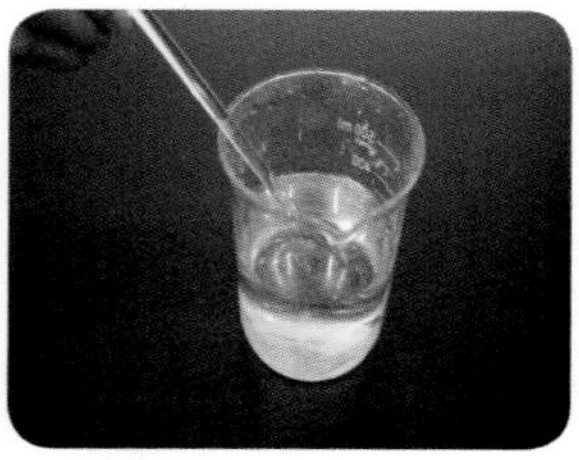

▲ 소금물

(1) 소금을 한 숟가락 넣었을 때의 변화를 바르게 설명한 것은?

① 물의 양이 늘어난다.
② 소금이 물 위에 뜬다.
③ 물이 뿌옇게 흐려진다.
④ 소금이 물 아래쪽으로 가라앉는다.
⑤ 소금이 물에 녹아 보이지 않는다.

(2) 소금을 한 숟가락씩 계속 넣으면 소금이 더 이상 녹지 않고 비커 바닥에 가라앉는다. 이때 가라앉은 소금을 녹일 수 있는 방법을 2가지 적어 보자.

STEP BY STEP

11 가연이는 어떤 가루 혼합물을 관찰한 결과를 가지고 다음과 같이 스무 고개 문제를 만들어 친구들과 게임을 하였다. 물음에 답하시오.

〈승현이가 낸 스무 고개 문제〉

'이것'이 무엇인지 맞추어 보시오.

① 이것은 두 가지 가루 물질이 섞여 있다.
② 이것은 모두 흰색이다.
③ 이것은 사람들이 음식할 때 자주 사용하는 가루이다.
④ 이것은 만지면 까칠한 것과, 부드러운 것이 섞여 있다.
⑤ 이것 중에는 반짝거리는 것도 있고, 그렇지 않은 것도 있다.
⑥ 이것에 식초를 떨어뜨렸더니 아무런 변화가 없다.
⑦ 이것을 가열하니 녹으며 누렇게 되다가 검게 탄다.
⑧ 이것에 아이오딘 용액을 떨어뜨렸더니 보라색으로 변했다.
⑨ 이것 중에는 단 맛이 나는 것도 있다.

(1) 가연이가 낸 문제의 정답인 이것은 무엇인지 쓰시오.

(2) 정답이 소금과 탄산 수소 나트륨의 혼합물이 되도록 스무 고개 문제를 만들어 보시오. 단, 결정적인 힌트가 될 수 있는 문제는 아래쪽에 위치하도록 만들어야 한다.

STEP BY STEP

12

다음은 종류가 서로 다른 4가지 가루가 온도에 따라 물 100g에 최대로 녹는 양을 나타낸다. 물음에 답하시오.

	0℃	20℃	40℃	100℃
소금(g)	35.7	36	36.6	39.8
설탕(g)	179.2	203.9	238.1	487.2
붕산(g)	2.7	5.0	8.7	40.3
백반(g)	3.0	5.9	11.8	154.0

▲ 온도에 따라 물 100g에 최대로 녹는 용질의 양(g)

(1) 40℃ 물 100g 이 든 비커에 소금, 설탕, 붕산, 백반 가루를 각 40g씩 넣었다. 시간이 지난 후 각 비커에서 일어나는 변화를 써 보시오.

① 소금을 넣은 비커 :

② 설탕을 넣은 비커 :

③ 붕산을 넣은 비커 :

④ 백반을 넣은 비커 :

(2) (1)에서의 물에 녹지 않은 가루들을 녹일 수 있는 방법을 모두 써 보시오.

(3) 위 (1)과 (2)를 보고 알 수 있는 사실을 2가지 쓰시오.

창의력 키우기

01 농도가 각각 다른 설탕 용액이 4개의 비커에 담겨 있다. 용액 속에 똑같은 메추리알을 살짝 올려 놓았더니 아래 그림과 같은 상태가 되었다.

- 유창성
- ✓ 융통성
- 독창성
- ✓ 정교성

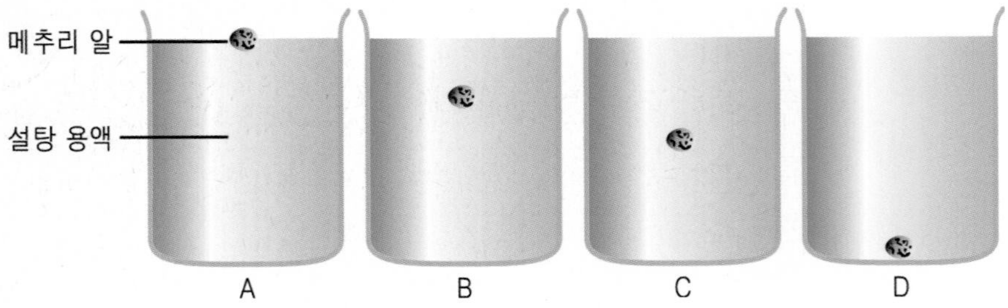

이 결과에 대한 설명으로 옳은 것을 〈보기〉에서 모두 고르고 그 이유를 쓰시오.

보기

ㄱ. A 용액은 D 용액보다 진하다.
ㄴ. D 용액은 C 용액 보다 진하다.
ㄷ. A 용액에 D 용액을 섞으면 메추리알이 아래로 가라앉는다.
ㄹ. A 용액을 장시간 방치해도 메추리알이 계속 수면 위에 떠 있을 것이다.

02

- ✔ 유창성
- 융통성
- ✔ 독창성
- 정교성

테이블 위에 투명한 물이 담긴 컵이 2개 놓여 있다. 이 컵 중 하나는 설탕물이고 다른 하나는 소금물이지만 둘 다 투명하여 어느 것이 소금물이고 어느 것이 설탕물인지 알 수 없다. 설탕물과 소금물을 구별하는 방법을 5가지 이상 쓰시오.

01 사막은 건조한 모래로 이루어져 낮 기온은 너무 높고 밤 기온의 너무 차며, 비도 내리지 않는다. 식물은 기껏 가시가 많은 선인장 정도이므로 생물이 살아가기엔 척박한 환경이다. 더구나 모래 언덕이 옮겨갈 정도의 모래 폭풍이 불면 온통 모래 천지가 되어 보통의 생물을 생존할 수가 없다. 그런데 낙타는 이러한 혹독한 환경에서 적응하여 살아가는 몇 안되는 동물 중 하나이다. 낙타 몸의 각 부분들은 그러한 환경에 잘 적응되어 있다.

▲ 사막에서 생활하는 낙타

▲ 낙타의 발

▲ 낙타의 눈, 귀, 코, 입

낙타 몸의 각 부분들은 사막 환경에서 어떻게 적응되었는지 용도를 적어 보자.

① 혹 :
② 밝은 털 :
③ 긴 다리 :
④ 발 :
⑤ 무릎 :
⑥ 입술 :
⑦ 콧구멍 :
⑧ 긴 눈썹 :
⑨ 귀 :

“

강과 바다의 모습을 관찰해 보자.

계곡에서 가파르게 흐르던 강물은 평지에 도달하면 뱀처럼 구불구불
흐르다가 우각호를 만든다. 우리나라의 우각호는 어디에 있을까?
또 침전물이 쌓이는 깊은 바다 속의 모습은 어떠할까?

”

6

강과 바다

개념다지기

쏙쏙 빈칸을 채워 개념을 완성하세요!

● 강에 의한 여러 지형의 특징

상류	
V자 계곡	폭이 좁은 V자 모양의 계곡
선상지	산지에서 평지로 가면서 유속이 느려져 모래, 자갈 등의 퇴적물이 쌓여 만들어진 부채꼴 모양의 지형

V자 계곡

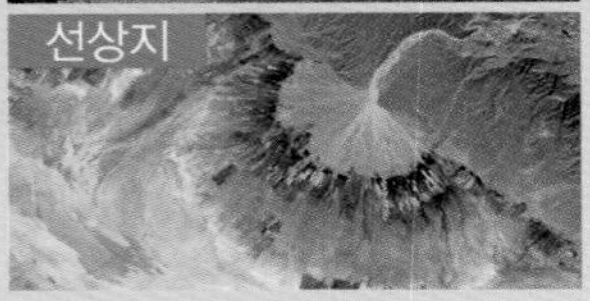
선상지

중류	
곡류	물의 흐름이 느려 구불구불한 모양으로 흐르는 것
우각호	곡류였던 일부분이 떨어져 나와 생긴 소뿔 모양의 호수

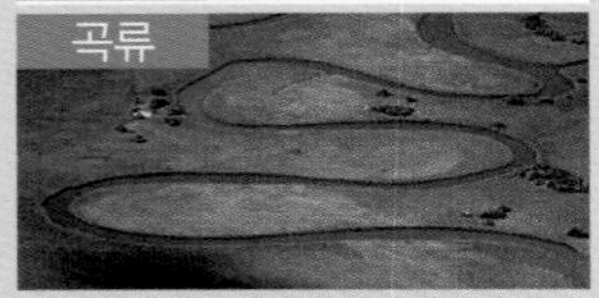
곡류

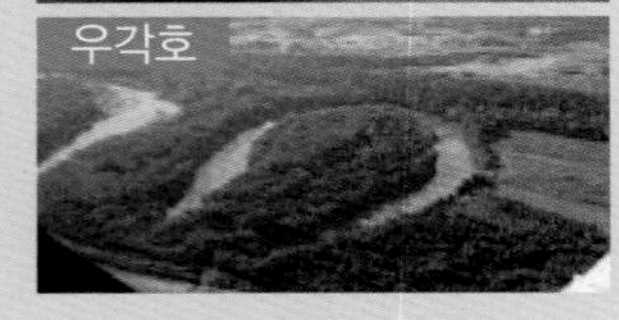
우각호

하류	
삼각주	강물이 바다로 흘러 들어가는 곳에서 퇴적물이 삼각형 모양으로 쌓인 지형

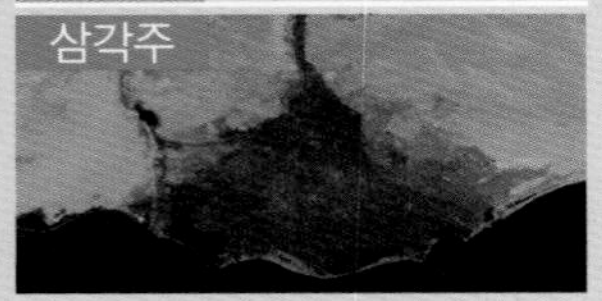
삼각주

● 과학단어

★하구둑 강물이 바다로 흘러드는 강어귀를 막아 바닷물이 강으로 들어오지 못하도록 막아 놓은 둑

❶ 여러 곳의 강의 모습과 특징

(1) 강의 상류

① 모양 : 강의 폭이 ❶ ______, 경사가 ❷ ______

② 물의 흐름 : 물의 양이 적고, 빠름

③ 흐르는 물이 하는 일 : 침식 작용

④ 주변의 모습 : 폭포, 댐, 산골 마을

(2) 강의 중류

① 모양 : 강의 폭이 넓고 구불구불하며, 경사가 급하지 않음

② 물의 흐름 : 상류보다 물이 많으며, 흐름이 느림

③ 흐르는 물이 하는 일 : 운반 작용

④ 주변의 모습 : 과수원, 목장, 넓은 논

(3) 강의 하류

① 모양 : 강의 폭이 더욱 넓으며, 경사가 거의 없음

② 물의 흐름 : 물의 양이 매우 ❸ ______, 흐름이 아주 ❹ ______

③ 흐르는 물이 하는 일 : 퇴적 작용

④ 주변의 모습 : 큰 모래 사장, 모래 채취장, *하구둑

❷물에 의한 땅 모양의 변화 관찰하기

(1) 물에 의한 땅 모양의 변화

① *유수대에서 물이 흘러가는 모양은 구불구불하다.
② 유수대의 위쪽은 물길이 좁고 깊으며, 아래쪽은 얕고 넓다.
③ 흙이 깎이는 곳은 유수대의 위쪽과 굽이쳐 흐르는 물의 5 ______ 쪽이고, 흙이 쌓이는 곳은 유수대의 아래쪽과 굽이쳐 흐르는 물의 6 ______ 쪽이다.

(2) 조건을 달리하여 실험하기

달리한 조건	결과
물의 양을 많게 할 때	위쪽의 흙을 더 많이 깎아 아래로 운반하여 쌓이게 한다.
돌을 놓아 흐르는 길을 방해할 때	물이 돌을 돌아서 흐른다. 물이 흐르는 길이 더 굽어진다.
유수대의 경사를 급하게 할때	물의 흐름이 더 빨라져서 흙을 더 많이 깎아 운반하여 쌓이게 한다.

❸강과 유수대 비교하기

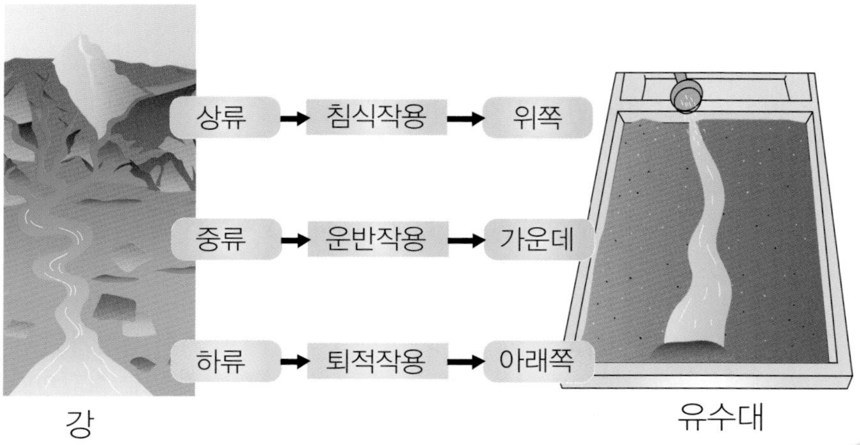

흐르는 강물의 작용

① 침식 작용 : 빠르게 흐르는 물은 강 바닥이나 강 주변을 패이게 한다.
② 운반 작용 : 흐르는 물은 여러 가지 알갱이들을 하류쪽으로 운반한다.

③ 퇴적 작용 : 흐르는 물에 의해 침식되어 강의 상류로부터 운반된 물질이 가라앉아 쌓이는 작용이다. 강의 상류보다 물 흐름의 속도가 느려지는 강 하류일수록 많이 가라앉아 쌓이며, 무거운 것부터 가벼운 것의 차례로 가라앉는다.

곡류천의 생성과 변화

① 직선 모양의 하천은 침식과 퇴적 작용이 일어나면서 굽은 하천으로 변한다.
② 시간이 지남에 따라 물의 흐름이 빠른 바깥쪽에서는 침식 작용이 일어나고, 물의 흐름이 느린 안쪽에서는 퇴적작용이 일어나면서 구부러짐이 더 심해진다.
③ 구부러짐이 심해지면서 일부분이 떨어져 남게 되어 소뿔 모양의 호수(우각호)가 생기기도 한다.

▲ 곡류천과 우각호

강의 폭과 경사

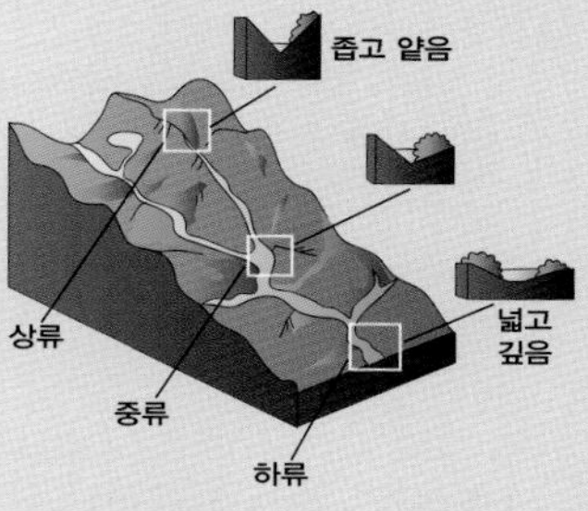

과학단어

★유수대 흐르는 물의 작용을 알아보기 위한 실험 장치

개념다지기

쏙 쏙 빈칸을 채워 개념을 완성하세요!

● 음향 측심법

배에서 바다 속으로 음파를 발사하여 음파가 바다 밑바닥에 반사되어 오는 시간을 측정하여 바다의 수심을 측정한다.

$$수심 = \frac{초음파의\ 속도}{} \times \frac{걸린시간}{2}$$

● 수조 속 땅 모양을 알아보기

1

수조 속에 울퉁불퉁한 모양으로 모래를 넣고 천천히 물을 붓는다.

2

수조 옆면을 종이나 호일로 가린다.

3

자를 이용하여 수조의 한 쪽 끝부터 일정한 간격으로 물의 깊이를 잰다.

4
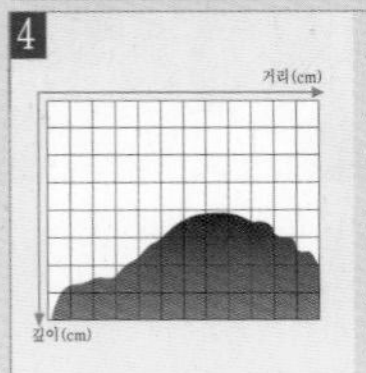

측정 결과를 토대로 그래프를 그리고, 수조 속 땅 모양을 추리해 본다.

결과 : 그래프의 선 모양은 수조 속의 땅 모양과 거의 비슷하다.

● 우리 나라의 해저 지형

① 동해 : 대륙붕을 지나 경사가 급한 대륙 사면이 나타나며, 수심이 1000m 이상인 깊은 바다이다.
② 서해 : 평균 수심은 약 44m로 대륙붕으로만 되어 있다. 수십 개의 섬과 넓은 갯벌이 발달되어 있다.
③ 남해 : 200m 이내의 대륙붕이며, 남쪽과 동쪽으로 갈수록 깊다.

● 과학단어

★초음파 사람이 들을 수 없는 20,000Hz 이상의 높은 떨림을 가진 소리

❹ 바다 밑의 땅 모양 알아보기

(1) 바다 밑의 땅 모양을 알 수 있는 방법

추 이용

추를 매달아 바다 속에 넣어 깊이를 잰다. 조류나 바닷물의 영향 등으로 정확도가 떨어지는 단점이 있다.

잠수정 이용

잠수정을 타고 내려가서 알아보거나, 무인 잠수정을 이용한다.

초음파★ 이용

바다의 표면에서 초음파를 보내어 돌아오는 시간을 재어 측정한다. 현재 가장 많이 사용되는 방법이다.

(2) 바다 밑의 땅 모양

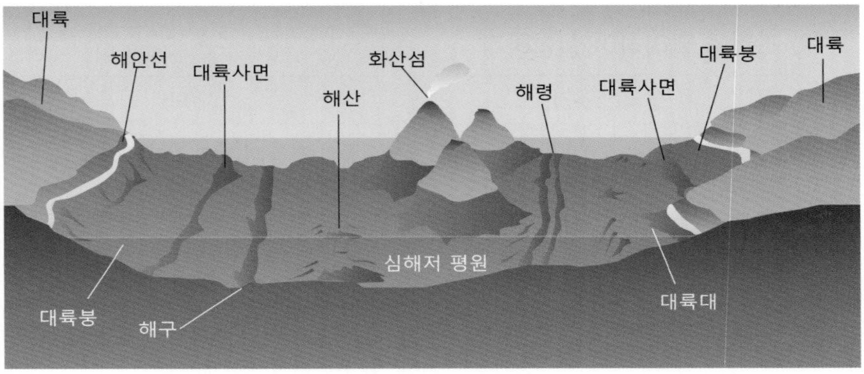

① ❼ ________ : 해안선으로부터 깊이가 200m 정도 되는 곳까지의 경사가 극히 완만한 곳으로 전체 해양 면적의 9%를 차지한다.
② 대륙사면 : 대륙붕 끝에서 깊이가 2500m되는 곳까지의 바다로 비교적 폭이 좁고 경사가 급하다.
③ 대륙대 : 대륙사면의 끝 부분에서 시작되며, 대륙사면보다 작은 경사를 가지며 심해저로 연결된 지형이다.
④ 심해저 평원 : 깊이가 3000~6000m정도로 바다 면적의 대부분을 차지하는 넓고 평탄한 지역이다.
⑤ ❽ ________ : 수심이 6000~11000m 되는 V자형의 좁고 깊은 골짜기이다.
⑥ 해령 : 주위보다 높은 산맥을 이루는 부분으로 높이가 4000m 이하이며, 해저 산맥이라고도 한다. 지진이나 용암 분출에 의해 생기기도 한다.
⑦ 해산 : 화산활동으로 만들어진 섬으로 수면 아래 잠겨 있는 화산이다.

(3) 바다 밑의 땅과 육지의 같은 점과 다른 점

같은 점	바다 밑도 육지처럼 울퉁불퉁한 곳, 평평한 곳, 높은 산, 언덕 등이 있다.
다른 점	바다 밑의 땅은 육지보다 더 험하고 진흙으로 되어 있다.

❺ 바다 주변의 모습과 특징

(1) 해수의 작용

① 육지가 바다 쪽으로 나온 "곶"은 침식 작용이 활발하다.

② 바다가 육지 쪽으로 들어간 "만"은 퇴적 작용이 활발하다.

③ 침식 · 퇴적 작용에 의해 해안선은 점차 단조로워진다.

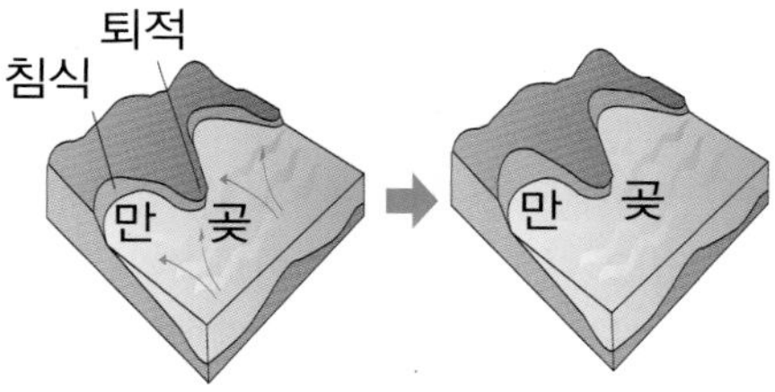

(2) 해수의 작용에 의한 지형

① ⑨ ________ 에 의한 지형

지형	특징
*해식 절벽	해안 지역이 파도에 의해 깎여 만들어진 절벽
해식 동굴	파도에 의해 침식되어 해식 절벽에 만들어지 동굴
해식 대지	해식 절벽 아래의 해수면 밑에 만들어진 편평한 대지

② ⑩ ________ 에 의한 지형

지형	특징
퇴적 대지	해식 대지 바깥쪽에 침식된 물질들이 쌓여 생긴 지형
해빈	침식에 의해 깎인 물질이 해식 대지 위에 쌓인 것

● 바다 주변의 지형

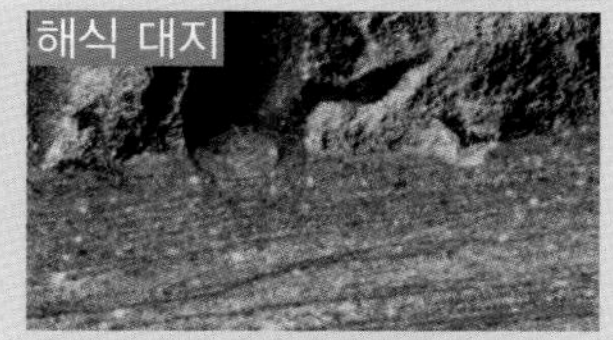

● 과학단어

★해식 바닷물의 운동에 의해 해안과 그 부근의 얕은 바다밑 땅에서 일어나는 침식 작용으로, 해식이 일어나는 가장 주요한 원인은 바람 때문이다.

SPEED CHECK!

기본확인문제

1. 강의 (상류, 중류, 하류) 에는 바위와 큰 돌이 많으며 폭포를 볼 수 있다.
2. 주변에 과수원과 목장, 넓은 논과 밭이 있는 곳은 강의 (상류, 중류, 하류) 이다.
3. 유수대에 물이 흐를 때, 구부러져 흐르는 물길의 안쪽은 (퇴적, 침식) 작용이 활발하다.
4. 바다 밑의 땅 모양을 알아보기 위해 오늘날에는 (추, 초음파) 를 보내어 돌아오는 시간을 측정한다.
5. 대체로 육지 부근의 바다는 비교적 (얕다, 깊다).
6. 강의 상류에서는 (침식, 퇴적) 작용이 주로 일어난다.
7. 유수대에 물을 흘려보내면, 시간이 지날수록 물길이 더 (곧아, 구불구불해) 진다.
8. 바다 밑의 땅도 육지처럼 울퉁불퉁한 곳, 높은 산, 언덕, 평지등이 (있다, 없다).
9. 해수의 (침식, 퇴적) 에 의한 작용으로 형성된 지역으로 해식절벽, 해식대지, 해식동굴이 있다.

개념다지기 정답 | ❶ 좁고 ❷ 큰돌 ❸ 넓고 ❹ 느림 ❺ 바깥 ❻ 안 ❼ 대륙붕 ❽ 해구 ❾ 침식 ❿ 퇴적

탐구1. 강 주변의 지형 모형 만들기

탐구과정

준비물
스테아르산, 유성물감, 자, 하드보드지, 칼, 셀로판테이프, 모래상자, 삽발이, 쇠그물망, 투명필름판, 이쑤시개, 색종이, 면장갑

① 스테아르산을 150g 중탕하여 녹인다.
② 스테아르산을 녹이는 동안 유수대를 만든다. 유수대는 4절지 하드보드지를 이용하여 가로 × 세로 × 높이를 10cm × 50cm × 5cm 로 만들고 유수대 아래쪽은 투명필름판을 접어서 고정시킨다.
③ 녹인 스테아르산에 유성 물감(가능하면 푸른색)을 떨어뜨린다.
④ 유수대에 모래를 넣고 펼친다. 이때, 모래를 평평하게 만들지 말고 군데군데 굴곡지게 만든다.
⑤ 유수대 위쪽 끝에 모래 언덕을 만들고, 녹인 스테아르산을 천천히 붓는다. 녹인 스테아르산에 손이 데이지 않도록 주의한다.
⑥ 색종이와 이쑤시개를 이용하여 깃발의 형태로 강 주변의 지형과 비교하여 각 명칭을 표시한다.

탐구결과

1. 스테아르산이 지나간 상류, 중류, 하류의 모습은 처음과 어떻게 달라졌는가?

상류	
중류	
하류	

2. 실제 강 주변의 지형과 유수대의 지형을 비교하여 적어 보자.

강의 상류와 유수대의 윗부분	강의 하류와 유수대의 아랫부분

탐구문제

1. 이 모형 실험으로 알 수 있는 강물의 하는 일은 무엇인가?

탐구2. 파도에 의한 해안선 변화

탐구과정

① 모래를 쟁반에 붓고 굴곡이 지도록 해안선의 모양을 만든후 처음의 모양을 유성펜으로 쟁반 바닥에 그려 준다.
② 해안선이 드러나도록 물을 붓고 모래가 없는 쪽에서 책 받침이나 자를 이용해 계속 파도를 일으켜 모래 알갱이가 어디로 움직이는지 자세히 살펴본다.
③ 달라진 해안선의 모습을 쟁반에 그린다.

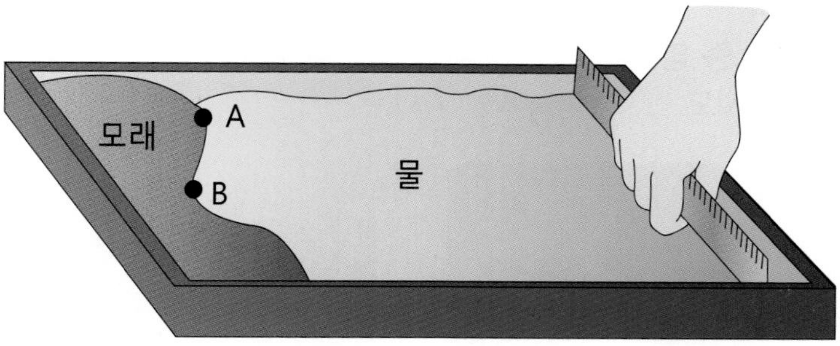

탐구결과

1. 파도를 일으켰을 때 모래의 이동 방향은 (A / B)쪽에서 (A / B)쪽으로 이동한다.
2. 바다 쪽으로 돌출된 부분인 A는 (①　　　　　)으로, 파도에 의한 (②　　　　　) 작용이 활발하다.
3. 육지 쪽으로 들어간 부분인 B는 (③　　　　　)으로, 파도에 의한 (④　　　　　)작용이 활발하다.

탐구문제

1. 다음 그림은 어느 해안 지역을 나타낸 것이다.

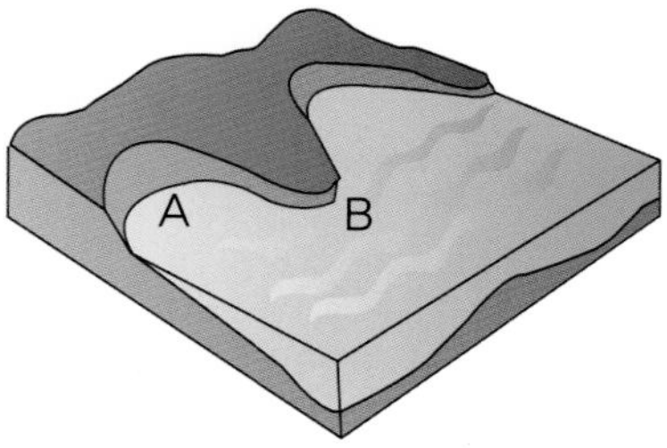

위 그림에 대한 설명으로 옳지 않은 것은?

① A 지역을 만이라고 한다.
② A 지역은 다른 곳에 비해 파도의 힘이 약하다.
③ B 지역에서는 침식 작용이 활발하다.
④ 항구나 해수욕장은 주로 B와 같은 곳에 발달한다.
⑤ 오랜 세월 후 이 지역의 해안선 모양은 단조로워진다.

01 다음은 명희가 사는 지역의 강 주변의 모습을 사진으로 찍은 것이다.

다음 중 명희가 사는 지역에서 볼 수 있는 또 다른 모습이라고 생각되는 것을 모두 고르시오.

①

②

③

④

⑤

02 혜진이는 강과 바다에 대해 조사한 후, 다음과 같은 조사 보고서를 작성하였다. 혜진이가 작성한 조사 보고서의 내용 중 적당하지 않은 것은?

조사 보고서		
①	제목	강과 바다는 우리 생활에 어떤 도움을 줄까?
②	조사 날짜	20xx.x.x ~ x.x
③	조사 방법	신문, 서적, 인터넷 검색
④	조사 결과	1. 강이 우리 생활에 주는 도움 2. 바다가 우리 생활에 주는 도움 3. 강과 바다에 대해 그 밖에 알고 싶은 점
⑤	조사 결론	강과 바다는 우리 생활에 많은 이로움을 주므로 잘 보존해야 한다.

03

다음은 지현이가 할머니 댁에 다녀와서 적은 일기 내용 중 일부이다.

> 201X. 8월 3일 맑음
>
> 오늘은 할머니 댁에 가는 날이다. 할머니 댁에 도착하니 할머니는 집에 계시지 않았다. 그래서 나는 할머니를 찾기 위해 집 주변을 둘러보았다. 할머니께서는 시냇물 건너편에 있는 나무 그늘 밑에서 낮잠을 주무시고 계셨다. 나는 시냇물을 건너가기로 마음을 먹었다. 시냇물에 발을 딛어 몇 발자국 가자, 물이 허벅지 높이까지 올라왔다. 물살도 매우 세서 덜컥 겁이 났다. 중심을 잘 잡으며 조심조심 발을 옮겼다. 열 발자국 가자, 점점 물이 얕아지고, 물이 흐르는 속도도 느려졌다. 드디어 냇물을 건너는 데 성공했다. 물에 젖은 나를 본 할머니는 웃으면서 반겨주셨다.

다음 중 지현이가 건넌 시냇물의 위치와 방향이라고 생각되는 곳의 기호를 쓰시오.

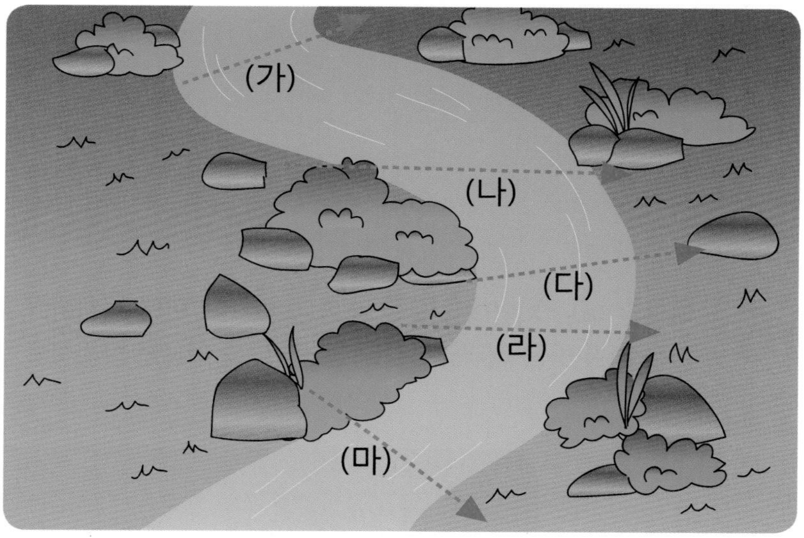

04

바다 밑의 땅은 어떻게 생겼을까? 바다는 물이 깊기 때문에 바다 밑의 모양을 확인하기 어렵다. 바다 밑 땅 모양을 확인할 수 있는 방법을 3가지 쓰시오.

05 다음 그림 (가)는 강의 상류 지역에서 볼 수 있는 선상지이고, (나)는 강의 하류 지역에서 볼 수 있는 삼각주의 모습이다. 두 지형의 공통점을 2가지 쓰시오.

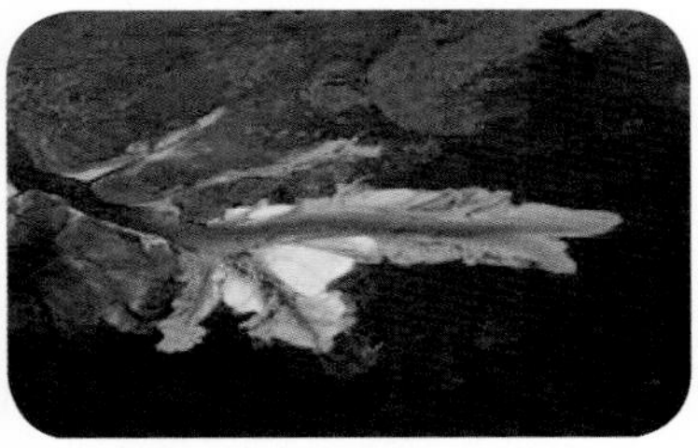

06 다음은 어느 지역의 강물이 흐르는 모습을 찍은 사진이다. A~D 중 강물의 속도가 가장 빠른 곳은 어디인지 기호를 쓰고, 그 이유를 밝히시오.

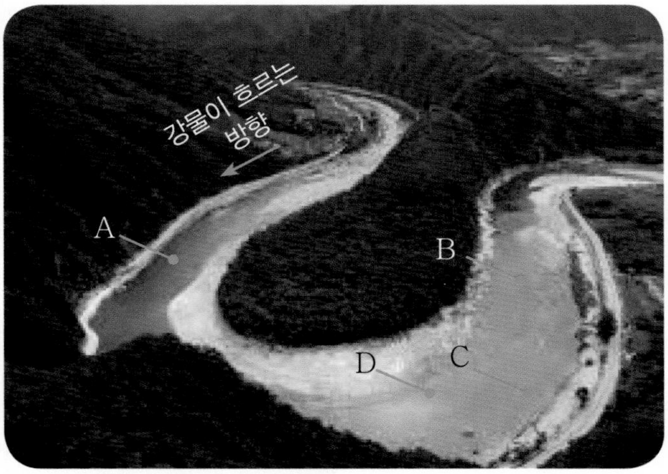

07

수정이는 강의 여러 곳의 특징에 대해 조사한 후, 다음과 같이 강의 상류(A), 중류(B), 하류(C)의 일반적인 특징들을 그래프로 간단히 나타내었다. 다음 중 A~C 지점의 특징을 나타낸 그래프로 바른 것을 모두 고르시오.

①
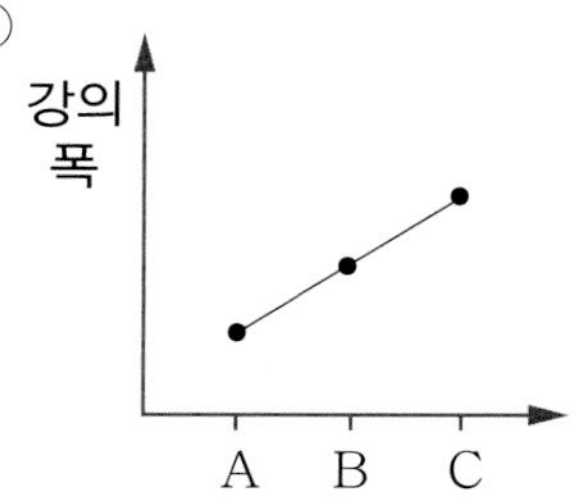

②
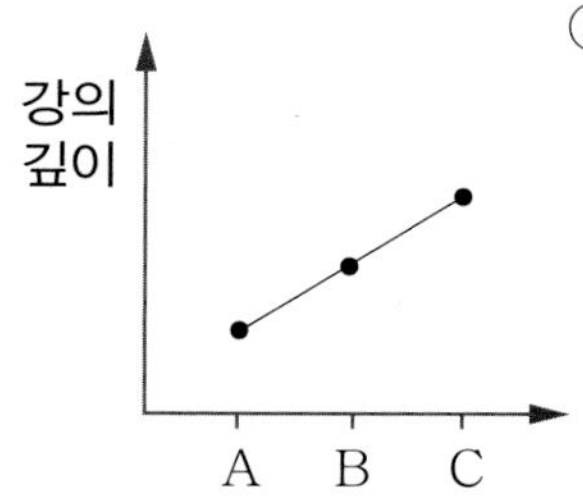

③
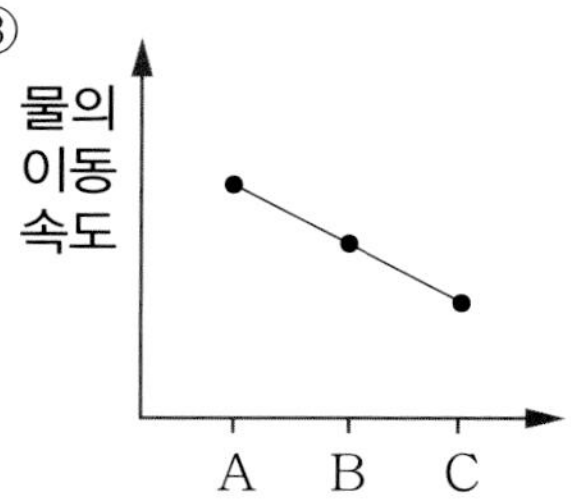

④
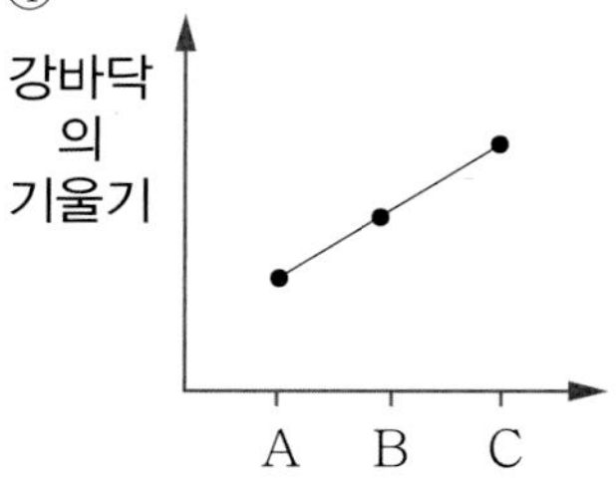

⑤
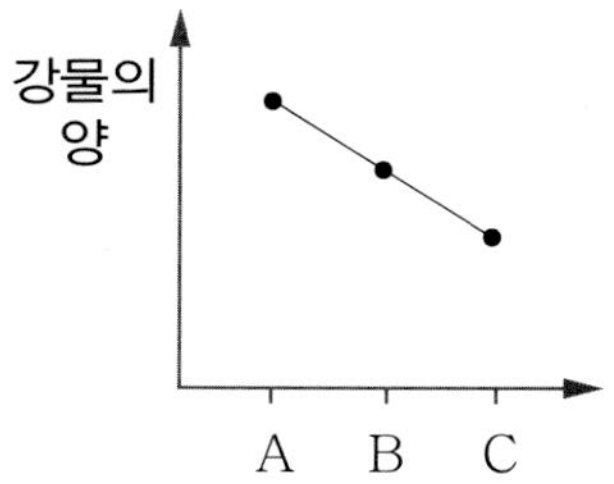

08

다음 설명에 해당하는 곳을 찾아 기호를 쓰시오.

> 바다 밑에서 주위보다 높은 산맥을 이루는 부분으로, 해저 산맥이라고도 부른다.
> 높이는 보통 4000m 이하이며, 지진이나 용암 분출에 의해 생기기도 한다.

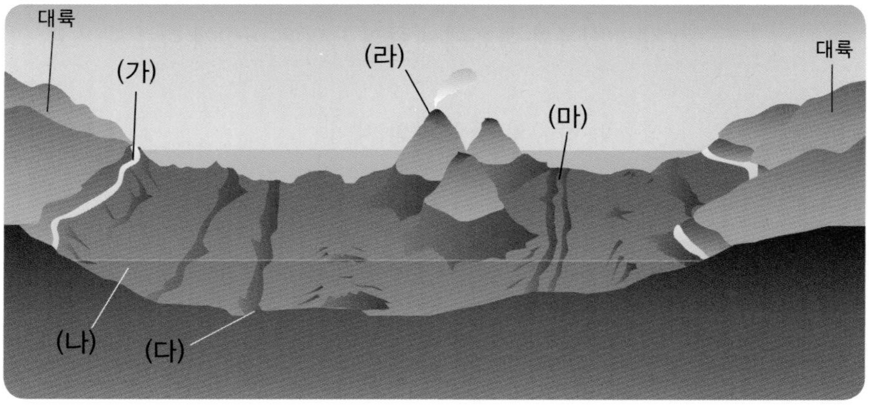

STEP BY STEP

09 다음 강 모양과 강 주변에 관한 물음에 답하시오.

(1) 강의 상류에서 하류로 가면서 강의 폭과 경사, 물의 양과 빠르기가 어떻게 변할지 쓰시오.

· 강의 폭과 경사:

· 물의 양과 빠르기:

(2) 강의 상류와 하류에서 돌의 모양은 어떻게 다른지 쓰고, 그 이유를 설명하시오.

· 상류와 하류의 돌 모양의 차이:

· 이유:

STEP BY STEP

10 다음 그림과 같이 수조에 흙을 반 정도 채우고 그 위에 물을 넣은 후 깊이를 재는 실험을 하였다. 물음에 답하시오.

(1) 다음 그래프는 수조의 가로 방향 중 어느 한 부분을 선택하여 깊이를 잰 결과를 그래프로 나타낸 것이다. 그래프에 빗금을 쳐서 수조 속의 땅 모양을 나타내 보시오.

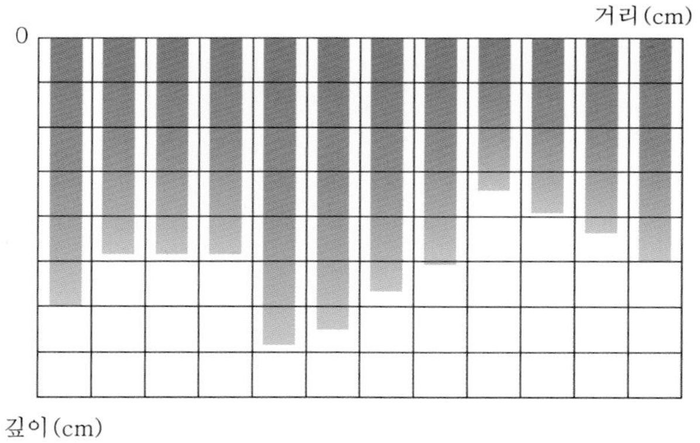

(2) 이 그래프만으로는 수조 속의 흙이 쌓여 있는 모습을 정확하게 알 수 없다. 그 이유를 적고, 수조 속의 땅 모양을 정확히 알아내기 위한 방법을 쓰시오.

· 이유:

· 방법:

STEP BY STEP

11 그림 (가)는 강의 어느 지점에서 강바닥의 모양을 조사해서 얻은 단면을 나타낸 것이고, 그림 (나)는 유수대에서 물이 흘러내리는 실험을 나타낸 것이다. 다음 물음에 답하시오.

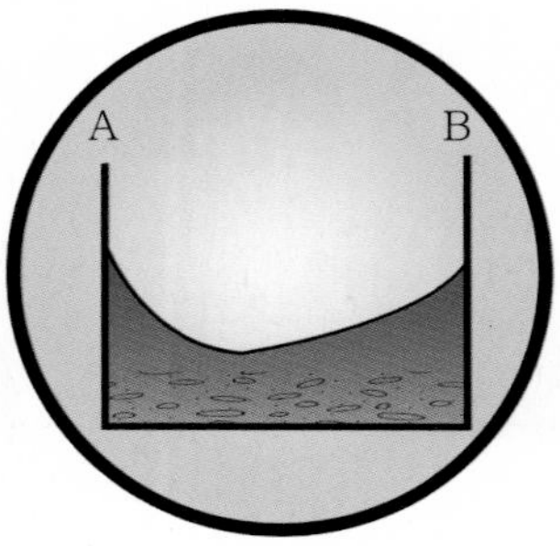

그림 (가)

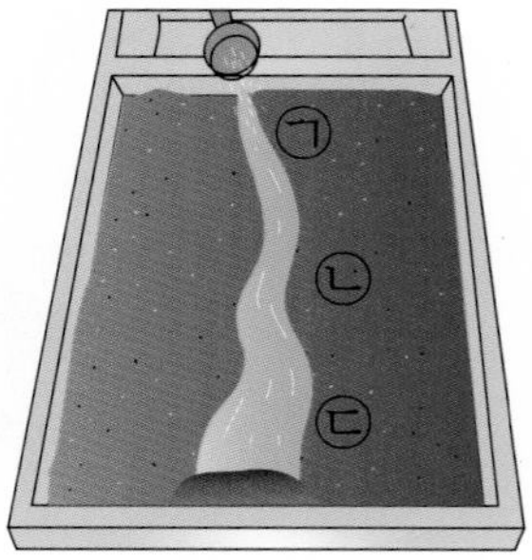

그림 (나)

(1) 그림 (가)의 A와 B 지역에 같은 크기, 모양, 재질의 종이배를 동시에 띄우면, 어느 쪽 배가 더 빨리 움직일까?

(2) 그림 (가)의 A지역에서 일어나는 현상이 그림 (나)에서 잘 나타나는 곳은 ㉠~㉢ 중 어디인가? 그렇게 생각한 이유를 쓰시오.

· 잘 나타나는 곳:

· 이유:

STEP BY STEP

12 다음은 곡류가 생성되는 과정을 그림으로 나타낸 것이다. 물음에 답하시오.

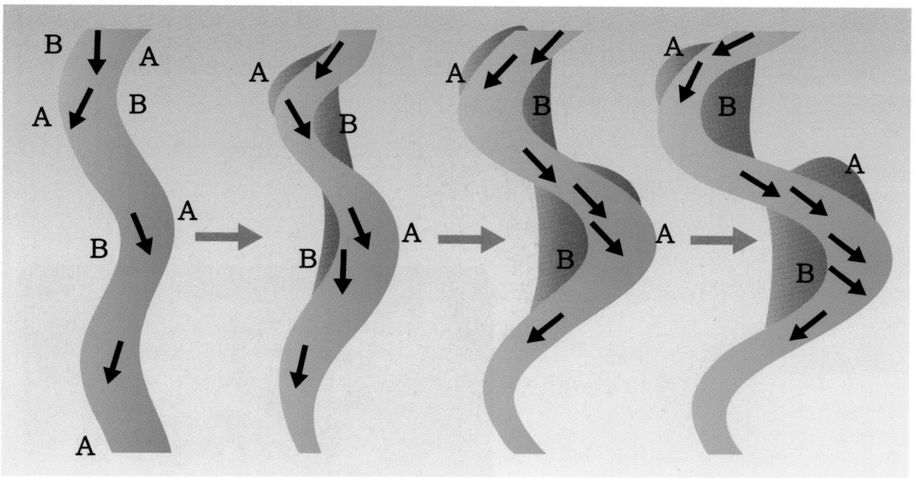

(1) 위와 같은 곡류를 볼 수 있는 곳은 강의 상류, 중류, 하류 중 어디인지 쓰시오.

(2) 강물이 흐르면서 A와 B에서 일어나는 작용을 쓰고, 이러한 작용이 일어나는 이유를 설명하시오.

01 다음은 어떤 해저 지형과 관련된 기사를 요약한 것이다. 다음 물음에 답하시오.

- 유창성
- ✓ 융통성
- 독창성
- ✓ 정교성

A. 해양 연구원 이모 박사는 연구 과제로 유인 잠수정을 타고 국내 최초로 수심 5044m의 태평양 해저를 탐사하였다.
B. 해양 수산부는 태평양에 있는 우리나라 단독 개발 광구에서 200조원 규모의 망가니즈 단괴를 발견하였다고 한다.

▲ 망가니즈 단괴 : 망가니즈를 주성분으로 하는 덩어리를 말하는 것이다. 형태 모양은 둥글고 흑갈색이며, 크기는 몇 mm 에서 몇 cm 가 보통이지만, 2m 에 이르는 거대한 것도 있다

(1) 위의 내용에서 공통적으로 해당되는 해저 지형은?

(2) 위의 내용에 대한 설명으로 옳은 것을 〈보기〉에서 모두 고르시오.

〈 보기 〉

ㄱ. 망가니즈 단괴는 심해저 평원이 발달한 해저 지형에서 발견할 수 있다.
ㄴ. 망가니즈 단괴는 태평양에서만 발견되는 광물 자원이다.
ㄷ. 인공 위성을 이용하여 해양 탐사를 하면 망간 단괴를 발견할 수 있다.

02

✓ 유창성
✓ 융통성
독창성
정교성

바다 밑의 땅 모양을 관찰하기 위해서 현재 가장 많이 사용되는 방법은 초음파를 이용한 음향 측심법이다. 음향 측심법은 바다의 표면에서 음파를 보내 바다 속 땅에 반사되어 돌아오기까지의 시간을 재어 수심을 측정한 방법이다. 우리 생활에서 이와 같은 원리를 적용할 수 있는 예를 찾아 3가지 쓰시오.

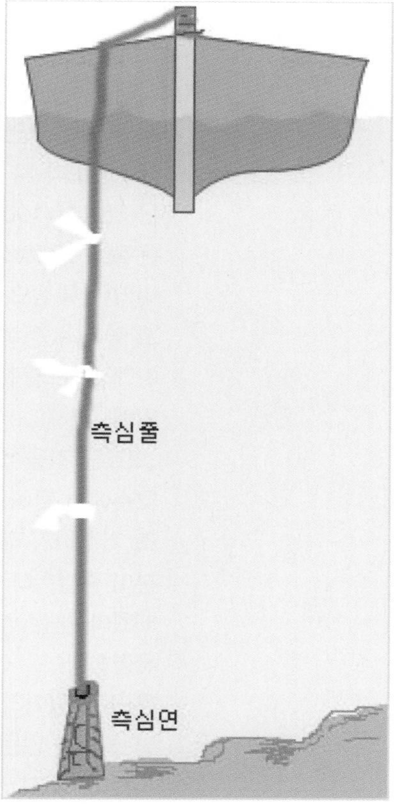

03

✓ 유창성
융통성
✓ 독창성
정교성

다음 그림과 같이 속이 보이지 않는 상자가 있다. 이 상자 안에 무엇이 들어 있는지 확인할 수 있는 방법을 최대한 많이 써 보시오.

01 다음의 읽을거리를 읽고 물음에 답하시오

사해(死海)는 이스라엘과 요르단의 국경에 있는 함수호로 면적이 1020km^2, 길이 77km, 폭 16km, 표면적 950km^{2}인 사해는 그 수면이 평균 해수면보다 약 400m 가량 낮다. 바다의 평균 염분량은 35‰(1/1000 단위) 정도인데 반해 사해의 염분량은 280~330‰ 정도가 된다.

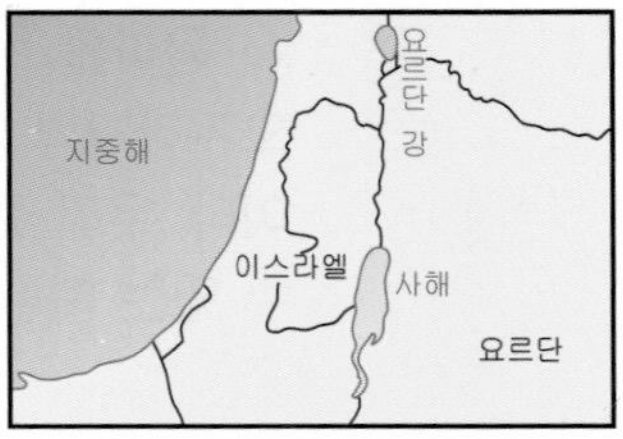

< 사해의 위치 >

이러한 특징으로 인해 성경에서는 염해(Salt Sea)라고 불리며, 동쪽의 바다라 하여 '동해', 또는 '아라비아해'로도 불렸다. 생물이 전혀 살 수 없는 환경으로 인해 '사해(Dead Sea)'라고 불린다.

요르단 강을 비롯한 여러 강에서 강물이 유입되지만 호수에서 물이 빠져 나갈 수 있는 유출구는 없다. 건조 기후이기 때문에 유입 수량과 거의 같은 양의 수분이 증발한다. 이로 인해 염분의 함유율이 높아지게 되었다. 높은 염분 농도로 인해 바닷물에 몸을 담그면 인체가 전혀 가라앉지 않는 것으로 유명하다. 또, 여름철에는 염분이 거의 포화 상태가 되어 바다 위에 결정으로 떠 있는 많은 소금 덩어리들을 볼 수 있다.

별 쓸모가 없는 곳으로 생각되었던 사해에는 무궁무진한 광물 자원이 있다는 사실이 밝혀졌다. 그 예로 중요한 공업 원료인 브로민(Br)은 전 세계 소비량의 26%가 사해에서 산출되고 있으며 전 세계가 앞으로 1천 년을 사용하고도 남을 양이 함유되어 있다고 한다. 또한 포타슘(K)의 매장량은 100년 간 전 세계 소비량을 충족할 수 있을 정도라고 한다. 포타슘은 비누, 비료 등을 만드는데 사용되고 있다.

사해의 물은 피부병에 특효약일 뿐만 아니라 관절염 등 여러 가지 통증 완화에도 특효가 있는 것으로 밝혀져 많은 이들이 치료를 위해 이곳을 찾고 있다. 더구나 사해 지역의 공기 중에는 산소가 10% 가량 더 포함되어 있어서 사해 수면에서 증발하는 수증기와 함께 심신을 건강하게 해 주는 효과가 있다고 한다. 게다가 사해의 진흙은 미용제로 각광받고 있다. 일찍이 이집트 여왕인 클레오파트라는 사해 진흙을 미용에 이용하였다고 한다. 오늘날 사해 근처의 공장에서는 사해 진흙으로 각종 화장품을 만들어 내고 있다.

사해에도 예전에는 물이 있었음이 확인된다. 아주 오래 전에는 적어도 사해 물이 225m 가량 채워져 있었으며 19세기 영국인들이 탐험했을 때도 현재의 수위보다 12m나 높았다고 한다. 오늘날에는 갈릴리 호수로부터 흘러 내려오는 강물을 차단하여 조정하고 있기 때문에 수면이 자꾸 낮아지고 있는 실정이다. 또한 여름철의 수분 증발량도 수면이 낮아지는 중요한 이유 가운데 하나이다.

(1) 사해의 염분이 높은 까닭은 무엇인가?

(2) 사해에서 사람이 물에 뜨는 이유는 무엇인지 쓰시오.

(3) 사해의 광물자원에는 무엇이 있는가?

(4) 사해의 수면이 낮아지는 이유는 무엇 때문인가?

(5) 사람들은 사해를 어떻게 이용하고 있는가?

"

암수한몸인 동물은 어떻게 짝짓기를 할까?

달팽이나 플라나리아, 지렁이와 같은 동물들은
암컷과 수컷의 생식 기관이 한 몸에 있다.
이 동물들은 스스로 자손을 번식하는 것일까?

"

7

동물의 생김새와 암수

개념다지기

쏙 쏙 빈칸을 채워 개념을 완성하세요!

❶ 동물의 생김새와 특징에 따른 분류

동물

등뼈의 유무

- 등뼈가 없음 → 무척추동물
- 등뼈가 있음 → 척추동물

무척추동물

절지동물

- 몸이 마디로 구성
- 단단한 껍데기를 가짐
- 알을 낳아 번식

예 개미, 거미, 가재, 지네 등

개미

환형동물

- 몸에 마디가 있음
- 몸이 긴 원통형
- 다리가 없음
- 알을 낳아 번식

예 지렁이, 거머리, 갯지렁이 등

지렁이

연체동물

- 몸이 연하고 마디와 뼈가 없음
- 아가미 호흡
- 알을 낳아 번식

예 소라, 조개, 문어, 오징어 등

오징어

편형동물

- 몸이 연하고 납작함
- 물이나 축축한 땅에 삶
- 알을 낳아 번식

예 플라나리아, 촌충 등

플라나리아

극피동물

- 몸이 딱딱한 껍데기로 덮여 있음
- 몸은 방사대칭형
- 알을 낳아 번식

예 불가사리, 성게 등

불가사리

강장동물

- 몸이 연하고 발달단계가 아주 낮음
- 입과 항문이 구별되지 않음

예 해파리, 말미잘 등

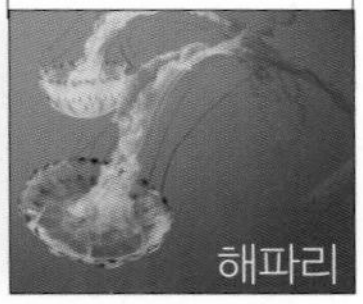

해파리

척추동물

체온 조절

- 체온이 일정함 → 항온동물 (번식방법)
  - 새끼 낳아 젖먹임 → ❶
  - 알을 낳음 → 조류
- 체온이 변함 → 변온동물 (호흡방법)
  - 폐로 호흡 → 파충류
  - *아가미와 폐로 호흡 → 양서류
  - 아가미로 호흡 → 어류

❶ (빈칸)

- 항온 동물
- 폐호흡
- 체내수정
- 새끼를 낳아 젖을 먹여 키움
- 온몸이 털로 덮여 있음
- 예 토끼, 말, 개, 돌고래, 박쥐 등

호랑이

조류

- 항온 동물
- 폐호흡
- 체내수정
- 알을 낳아 번식
- *부리, 날개 있음
- *깃털로 덮여 있음
- 예 독수리, 펭귄, 참새 등

독수리

파충류

- 변온 동물
- 폐호흡
- 체내수정
- 알을 낳아 번식
- 몸이 단단한 비늘로 덮여 있음
- 예 도마뱀, 뱀, 악어, 거북 등

거북

양서류

- 변온 동물
- 어릴적에는 아가미, 성체가 되면 폐호흡
- 체외수정
- 알을 낳아 번식
- 물과 육지에서 모두 생활
- 예 도롱뇽, 개구리 등

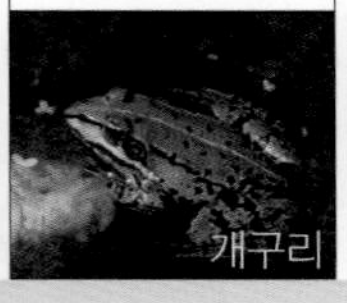

개구리

어류

- 변온 동물
- 아가미 호흡
- 체외수정
- 알을 낳아 번식
- 유선형의 몸
- 물속에서 생활
- 예 붕어, 잉어, 숭어, 고등어 등

금붕어

● 분류 기준을 정하여 동물 분류해보기

기준	방법
몸의 크기	크다/작다
몸 표면의 특징	털/깃털 딱딱/부드러움
다리	있다/없다 다리의 수 (2개/4개/6개 이상)
집에서 키울 수 있는지	키울수 있다/없다
먹이의 종류	초식/육식/잡식

● 과학단어

★부리 새의 주둥이로, 길고 뾰족하며 딱딱한 물질로 되어 있음

★깃털 새의 몸에 붙어 있는 털

★아가미 물에 사는 동물이 숨쉬는 기관

❷ 사는 곳에 따른 동물의 특징

동물은 주변 ❷ ______ 에 *적응하기 때문에 사는 곳에 따라 몸의 색깔과 생김새가 변한다.

· 하늘을 나는 동물
날개가 있으며, 깃털이 있어 날기에 편리하다.

· 땅 위에 사는 동물
땅 위를 기어다니거나 뛰어다니기에 알맞게 다리가 발달하였다.

· 땅속에 사는 동물
땅 속을 움직이기에 알맞게 몸이 길고 매끈하거나 앞발이 발달하였다.

· 숲 속에서 볼 수 있는 동물
숲에서 먹이를 구하며, 눈에 띄지 않도록 *보호색을 띤다.

· 바닷가에서 볼 수 있는 동물
얕은 바닷물 속, 모래, 갯벌에서 먹이를 구한다.

· 물속에 사는 동물
헤엄치기 알맞게 몸이 유선형이며, 아가미가 있다.

❸ 동물의 암수 구분

사자	

암사자	수사자
갈기가 없고, 수컷보다 몸집이 작음	갈기가 있고, 몸집이 큼

게	
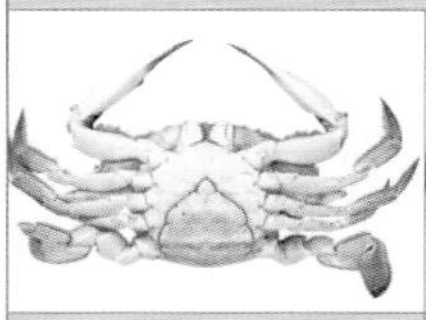	
암게	수게
배판이 넓고 둥근 모양임	배판이 길고 뾰족함

장수풍뎅이	

암컷	수컷
뿔이 없음	뿔이 크게 뻗어 나와 있음

닭	

❸	❹
볏이 작고, 몸의 색깔이 화려하지 않음	볏이 크고, 몸의 색깔이 화려함

● 동물의 생활 방식에 영향을 미치는 요인

① 온도나 계절 : 철새들은 살기 알맞은 곳을 찾아 이동하며 산다.
② 활동 시기 : 올빼미나 박쥐는 천적을 피하기 위해 주로 밤에 활동하며 눈과 귀가 발달되어 있다.
③ 먹이 : 새는 먹이에 따라 부리의 모양이 다르다.
④ 사는 곳 : 사는 곳에서 먹이를 구하기 쉽게 입 모양, 발 모양, 몸 모양이 발달했다.

● 상상의 동물

상상의 동물이란 사람들이 상상으로 만들어 내어 실제로는 존재하지 않는 동물을 말한다. 상상의 동물들은 우리가 모르는 미래를 알려주거나, 어떤 믿음을 주는 수호신 역할을 한다.

▲ 해태, 유니콘

● 암수의 생식기관을 한 몸에 모두 지니고 있는 동물

▲ 달팽이, 플라나리아, 지렁이

● 과학단어

★보호색 동물의 몸색이 주변 환경과 비슷해서 다른 동물들에 발견되기 어려운 색

★적응 환경 조건에 잘 적합하여 성질이 성립

개념다지기

쏙 쏙 빈칸을 채워 개념을 완성하세요!

❹ 동물의 구애 행동과 짝짓기

	*구애 행동과 짝짓기
큰가시고기	수컷이 집을 지어놓고 암컷을 유인하여 알을 낳으면 그 위에 정액을 뿌린다.(체외수정)
백로 	수컷은 암컷의 관심을 끌려고 등과 목에 있는 장식깃을 펼치고, 암컷은 마음에 드는 수컷을 만나면 함께 날개짓도 하고 부리를 맞대기도 한 후 짝짓기를 한다.
사마귀 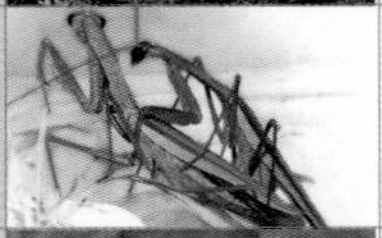	수컷이 암컷에게 조심스럽게 접근하여 짝짓기를 하며, 짝짓기 도중 수컷이 암컷에게 잡혀 먹히기도 한다. 짝짓기가 끝나면 수컷은 재빨리 도망간다.
개구리 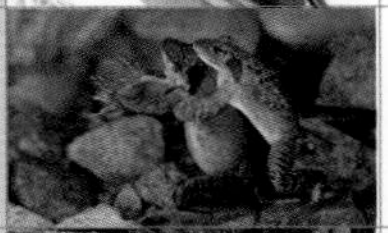	수컷은 울음소리로 암컷을 유인하고 암컷의 등에 올라타 알을 낳을 때까지 꽉 껴안는다. 암컷이 알을 낳으면 수컷은 그 뒤에 정액을 뿌린다.(*체외수정)
공작 	수컷은 화려한 꼬리깃털을 활짝 펼쳐 암컷을 유인하고, 암컷에게 선택된 수컷은 짝짓기를 한다.

동물이 구애 행동과 짝짓기를 하는 까닭

상대방의 관심을 끌기 위해 ❺ ________ 을 하고, 알 또는 새끼를 낳아 대를 이어가기 위해 ❻ ________ 를 한다.

❺ 동물의 짝짓기 후 변화

(1) 동물의 짝짓기 후 변화 : 동물이 짝짓기를 하고 난 후, 일정한 시간이 지나면 ❼ ________ 이나 새끼를 낳는다.

(2) 알을 낳는 동물과 새끼를 낳는 동물

	알을 낳는 동물(난생)	새끼를 낳는 동물(태생)
특징	· 새끼에게 젖을 먹이지 않음 · 알을 낳는 수와 장소는 동물에 따라 다름 · 대체로 몸집이 작은 것들이 많음	· 암컷의 배가 점점 커지고 젖이 커짐 · 새끼를 낳아 젖을 먹임 · 새끼와 어미의 모습이 비슷함 · 몸집이 큰 동물이 많음
종류	닭, 독수리, 사슴벌레, 호랑나비, 개구리, 뱀, 거북, 송사리 등	말, 소, 호랑이, 수달, 기린, 돌고래, 개, 캥거루 등

❻ 동물의 새끼와 어미

(1) 새끼와 어미의 모습이 비슷한 동물 : 소, 팬더, 기린, 수달, 호랑이 등

▲ 팬더의 새끼와 어미

▲ 기린의 새끼와 어미

▲ 돌고래의 새끼와 어미

● 혼인색

짝짓기 전에 수컷의 몸 색깔이 변하는 것을 말한다. 큰가시고기의 수컷은 짝짓기 할 때가 되면 등쪽은 푸른색, 배는 불그스름한 혼인색을 띤다. 큰가시고기 이외에도 피라미, 납자루, 금강모치, 각시붕어, 갈겨니 등이 짝짓기를 할 때가 되면 혼인색이 나타난다.

▲ 평상 시 큰가시고시

▲ 혼인색을 띤 큰가시고기

● 난생 동물

▲ 닭과 닭의 알

▲ 뱀과 뱀의 알

▲ 꼬리나비와 꼬리나비의 알

● 과학단어

★구애 행동 동물이 짝짓기를 하기 전에 하는 행동

★체외수정 몸 밖에서 정자와 난자가 하나로 합쳐지는 현상

(2) 새끼와 어미의 모습이 다른 동물 : 개구리, 초파리, 모기, 매미, 벌 등

올챙이와 개구리	
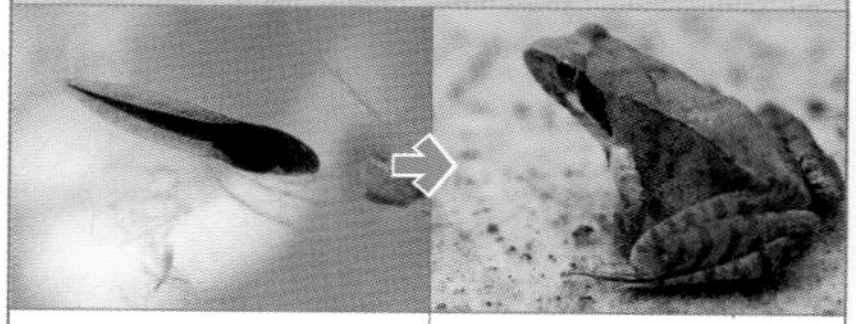	
꼬리가 있고 다리는 없다.	꼬리가 없고 다리가 있다.

초파리 애벌레와 초파리	

날개와 다리가 없고 기어다닌다.	날개와 다리가 있고 날아다닌다.

매미 애벌레와 매미	

날개가 없고, 땅 속에서 산다.	날개가 있어 날아다닌다.

장구벌레와 모기	
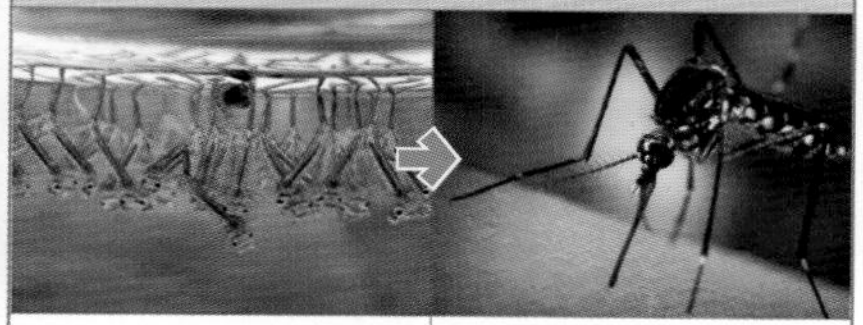	
고여 있는 물속에서 산다.	날개, 긴 다리, 입에는 침이 있다.

❼ 대를 이어 살아가는 동물

(1) 옛날에 살았던 동물이 지금도 살아가고 있는 까닭 : 동물이 짝짓기를 통해 ❽ ________ 를 이어 살아가기 때문이다.

(2) *멸종 위기의 동물들

멸종 위기에 있는 동물의 종류	· 포유류 : 늑대, 호랑이, 수달, 바다사자 등 · 조류 : 황새, 매, 크낙새, 두루미 등 · 곤충류 : 장수하늘소, 물장군, 쇠똥구리 등
멸종 위기에 있는 까닭	· 먹이 부족 · 환경 오염 · 농약 중독 · 밀렵*꾼들의 무분별한 사냥

● 동물의 새끼와 어미 이름

새끼 이름	어미 이름
송아지	소
망아지	말
강아지	개
병아리	닭
올챙이	개구리
노가리	명태
수채	잠자리
장구벌레	모기

● 사라진 동물들

· 사라진 동물 : 공룡, 익룡, 삼엽충, 매머드 등
· 사라진 이유
① 큰 몸집을 유지하기에 먹이가 부족했기 때문에
② 지구 환경의 급격한 변화로 인해 초식 동물이 모두 사라졌기 때문에

● 과학단어
★멸종 생물의 한 종류가 지구상에서 없어지는 것
★밀렵 허가를 받지 않고 몰래 사냥함

SPEED CHECK!
기본확인문제

1. 고래, 박쥐, 호랑이, 토끼 등은 (양서류, 어류, 포유류)에 속하는 동물이다.
2. 돌고래, 상어, 뱀, 달팽이는 다리가 (0개, 2개, 4개, 6개 이상)인 동물이다.
3. 동물은 사는 곳에서 (먹이, 잠자리)를 구하기 쉽게 입 모양, 발 모양, 몸 모양이 발달해 있다.
4. 상상의 동물로 왕이나 위인과 같은 훌륭한 사람으로 비유되는 신성한 동물은 (용, 공룡)이다.
5. 게의 수컷은 배판이 (둥글고, 뾰족하고), 암컷은 배판이 (둥글다, 뾰족하다).
6. 동물이 짝짓기를 하기 전에 하는 행동을 (구애 행동, 체외 수정)이라고 한다.
7. (동물, 식물)은 짝짓기를 통해 대를 잇고, (동물, 식물)은 씨앗을 퍼트려 대를 잇는다.
8. 닭, 사슴벌레, 개구리는 (알, 새끼)을(를) 낳고, 돌고래, 기린, 표범은 (알, 새끼)을(를) 낳는다.
9. 개구리, 모기, 매미는 새끼와 어미의 모습이 (같은, 다른) 동물이다.

개념다지기 정답 | ❶ 포유류 ❷ 환경 ❸ 암컷 ❹ 수컷 ❺ 구애 행동 ❻ 짝짓기 ❼ 알 ❽ 대

탐구력 키우기

탐구1. 동물 분류

탐구과정

동물들은 생김새에 따라 여러 종류로 분류할 수 있다. 다음에 제시된 동물들을 분류해 보자.

탐구결과

1. 위의 동물들을 생김새를 기준으로 분류하려고 한다. 분류 기준을 최대한 다양하게 써 보시오.

2. 위의 동물들을 스스로의 분류 기준으로 나누어 보시오.

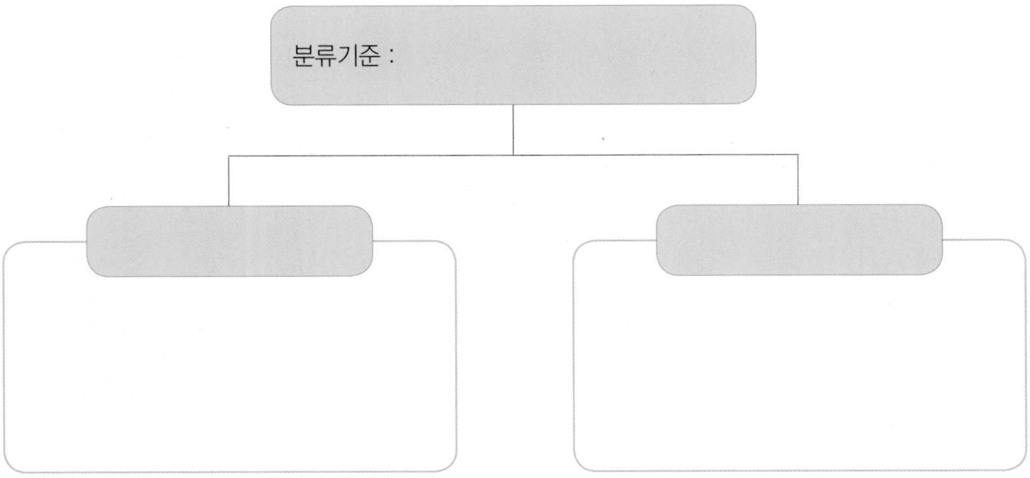

탐구2. 새의 부리

탐구과정

다음은 여러 종류의 새의 부리를 나타낸 것이다.

탐구결과

1. 다음의 A, B, C 그룹 안에 제시된 번호의 새와 부리가 비슷한 것의 번호를 각각 쓰고, 어떤 먹이를 먹을지 오른쪽 먹이 종류와 선으로 연결하시오.

A ①

B ②

C ⑤

작은 벌레

물고기

나무 열매

문제해결력 키우기

01 지구상에는 100만 종 이상의 동물과 50만 종 이상의 식물들이 서식하고 있다. 동물과 식물의 차이점을 3가지 이상 쓰시오.

02 현선이는 물개와 상어에 대해 조사한 후 공통점과 차이점을 정리하였다. 현선이가 물개와 상어의 공통점과 차이점을 정리한 다음 내용 중 바른 것을 모두 고르시오.

물개

상어

① 물개는 알을 낳고, 상어는 새끼를 낳는다.
② 물개와 상어는 모두 물에 살며, 헤엄을 친다.
③ 물개는 손이 있으나, 상어는 지느러미 모양의 기관이 있다.
④ 물개의 눈은 앞쪽을 향하고 있으나, 상어의 눈은 양옆을 향하고 있다.
⑤ 물개는 바다 속 해초류를 먹고 사나, 상어는 물고기나 새우 등을 먹고 산다.

03

승민이와 친구들은 동물이름 알아맞히기 놀이를 하였다. 다음은 승민이가 낸 문제이다.

스무 고개

첫째 고개, 육지에 산다.
둘째 고개, 눈이 2개이다.
셋째 고개, 귀와 꼬리가 있다.
넷째 고개, 다리 수가 4개이다

이 문제의 답이 될 수 있는 동물의 이름을 모두 고르시오.

① 토끼 ② 코끼리 ③ 오징어
④ 초파리 ⑤ 다람쥐

04

연진이는 동물원에서 악어와 개구리의 모습을 보고, 두 동물의 공통점을 조사하였다.

악어

개구리

연진이가 조사한 악어와 개구리의 공통점으로 바른 것을 다음에서 모두 고르시오.

① 척추가 있다.
② 새끼 때 폐로 호흡을 한다.
③ 물이 없는 곳에서는 알을 낳아 부화시킬 수 없다.
④ 피부에 무늬가 있어 다른 동물의 눈에 잘 띄지 않는다.
⑤ 물에 들어간 상태에서 물 밖을 잘 볼 수 있도록 눈이 튀어나와 있다.

문제해결력 키우기

05

다음 사진 속 생물에 대한 설명으로 바른 것을 모두 고르시오.

① 바다 속에 사는 동물이다.
② 바다 속 바위에 붙어서 산다.
③ 광합성을 하여 양분을 만든다.
④ 새끼를 낳아 번식한다.
⑤ 물속의 생물들을 잡아먹는 식물이다.

06

다음 〈보기〉는 여러 가지 동물의 암컷과 수컷의 모습이다.

보기

(가) (나) (다) (라) (마)

(바) (사) (아) (자) (차)

위에서 알맞은 기호를 찾아, 다음 표를 완성하시오.

구분	암컷	수컷
초파리		
사자		
게		
장수풍뎅이		
닭		

07

다음은 유해 야생 동물에 관한 신문 기사의 내용 중 일부이다.

○○시는 까치, 비둘기, 청설모, 멧돼지 등의 유해 동물로 인해 지난 해 16만 4천 750m²의 농작물이 피해를 보았다. ○○시 관계자는 유해 야생 동물들의 급격한 개체 수 증가로 농작물의 피해가 발생하고 있다고 말했다.

이 유해 야생 동물들로부터 농작물의 피해를 줄일 수 있는 방법을 모두 쓰시오.

08

다음 표는 여러 동물이 한 번에 낳는 알의 개수를 나타낸 것이다.

구분	조류		파충류	어류		
동물 이름	종달새	제비	거북	붕어	잉어	뱀장어
한 번에 낳는 알의 개수	4~6	7~8	50~150	10만 ~20만	30만 ~40만	500만 ~1000만

어류가 한 번에 낳는 알의 개수는 파충류나 조류가 한 번에 낳는 알의 개수에 비해 매우 많다. 어류가 알을 많이 낳는 이유를 3가지 쓰시오.

09

다음 〈보기〉는 여러 가지 특징에 따라 동물을 분류한 것이다.

보기

(가) 동물

(나) 동물

(가) 동물과 (나) 동물의 차이점이 무엇인지 예시와 같이 아래의 9가지를 채워 쓰시오.

〈예시〉 (가) 동물은 모두 꼬리가 있지만, (나) 동물은 꼬리가 없다.

(가) 동물은 ______________________, (나) 동물은 ______________________

(가) 동물은 ______________________, (나) 동물은 ______________________

(가) 동물은 ______________________, (나) 동물은 ______________________

(가) 동물은 ______________________, (나) 동물은 ______________________

(가) 동물은 ______________________, (나) 동물은 ______________________

(가) 동물은 ______________________, (나) 동물은 ______________________

(가) 동물은 ______________________, (나) 동물은 ______________________

(가) 동물은 ______________________, (나) 동물은 ______________________

(가) 동물은 ______________________, (나) 동물은 ______________________

STEP BY STEP

10 우리 주변에는 많은 동물들이 살고 있다. 다음 물음에 답하시오.

(1) 우리 주변에서 쉽게 볼 수 있는 동물을 아는 대로 쓰시오. (단, 정해진 시간은 1분이다.)

(2) 동물들을 여러 가지 특징에 따라 다음과 같이 분류하려고 한다. 동물의 분류 기준과 분류 방법을 5가지만 쓰시오.

기준 : 몸의 크기
방법 : 몸집이 개보다 작은 동물과 몸집이 개보다 큰 동물

기준	방법

STEP BY STEP

11 다음은 사막에 사는 여우와 북극에 사는 여우의 모습이다. 물음에 답하시오.

사막여우

북극여우

(1) 사막여우와 북극여우의 생김새를 관찰하고 그 차이점을 3가지 쓰시오.

(2) 사막여우와 북극여우의 생김새가 이러한 차이점을 보이는 이유는 무엇 때문이라 고 생각하는지 자신의 생각을 쓰시오.

STEP BY STEP

12 다음은 동물 (가)~(다)의 구애 행동과 짝짓기를 나타낸 것이다. 다음 물음에 답하시오.

동물 (가)	수컷은 암컷의 관심을 끌려고 등과 목에 있는 장식깃을 펼치고, 암컷은 마음에 드는 수컷을 만나면 날개짓도 하고 부리를 맞대기도 한 후 짝짓기를 한다.
동물 (나)	수컷은 울음소리로 암컷을 유인하고 암컷의 등에 올라타 알을 낳을 때까지 꽉 껴안는다. 암컷이 알을 낳으면 수컷은 그 위에 정액을 뿌린다.
동물 (다)	수컷은 화려한 꼬리 깃털을 활짝 펼쳐 암컷을 유인하고, 암컷에게 선택된 수컷은 짝짓기를 한다.

(1) 위 (가)~(다)에 해당하는 동물의 이름을 쓰시오.

(가) :　　　　(나) :　　　　(다) :

(2) 각 동물이 위 (가)~(다)와 같은 짝짓기를 한 후, 동물들은 어떤 일을 하게 되는가?

(3) 동물들의 구애 행동과 짝짓기를 하는 이유를 쓰시오.

창의력 키우기

01

✓ 유창성
✓ 융통성
독창성
정교성

다음 그림은 멕시코 지역에서 서식하는 프레리 도그의 모습과 프레리도그가 집단 생활하는 터널의 모습을 모형으로 나타낸 것이다. 터널은 길이 약 15m, 너비 약 15cm의 U자 모양이고, 터널의 양쪽 끝은 땅의 표면으로 통하는 입구가 두 군데 있고, 입구 주위에는 흙을 쌓아 볼록하게 땅 위로 솟도록 만들었다.

(1) 프레리 도그가 생활하는 터널의 특징은 무엇인지 쓰시오.

(2) 프레리 도그가 이와 같은 모양의 터널에서 생활 할 때의 이로운 점은 무엇이 있을지 5가지 이상 쓰시오.

02

- 유창성
- ✓ 융통성
- 독창성
- ✓ 정교성

남미의 갈라파고스 제도는 13개의 큰 섬과 6개의 작은 섬 그리고 약 100개의 작은 돌섬(암초)으로 이루어져 있다. 약 200만~500만 년 전에 화산 폭발로 생성되었으며 아직도 화산 활동이 일어나는 섬이 있다. 육지에서 건너온 동식물이 살고 있는 이 섬은 사람들의 출입이 적어 다양한 종의 생물들이 살고 있다.

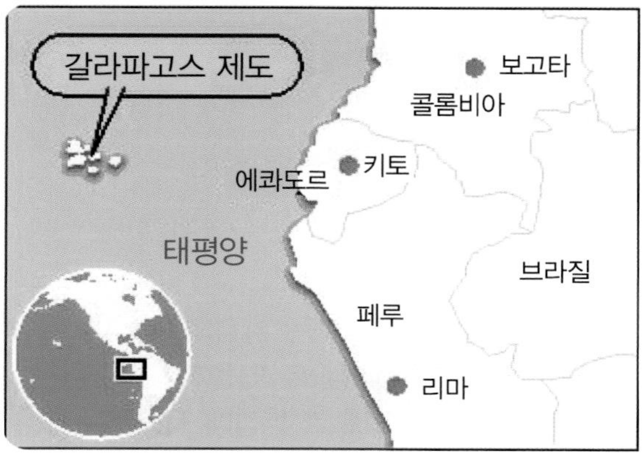

1835년 비글호를 타고 갈라파고스에 도착한 26세의 찰스 다윈은 조상이 같은 14종의 핀치새의 부리 모양이 조금씩 다르다는 사실을 발견했다. 갈라파고스 제도의 각 섬에 살고 있고, 조상이 같은 핀치새의 부리가 이렇게 조금씩 다른 이유는 무엇일지 쓰시오.

01

다음은 사막의 환경에 대한 내용을 나타낸 것이다.

사막의 환경

- 건조하다.
- 기온이 높다.
- 바람이 많이 분다.
- 풀과 나무가 많지 않다.

어느 날 달팽이가 위와 같은 환경의 사막에 떨어졌다. 이 달팽이가 어떤 모양으로 변해야 사막에서 살아남을 수 있을까? 변화된 환경에 적응한 달팽이의 모습을 상상하여 그리고, 어떤 방법으로 환경에 적응하는지 설명하시오.

“

물고기는 어떻게 숨을 쉴까?

사람은 공기 중의 산소를 입과 코로 들이마셔 숨을 쉬고,
개구리는 피부로 호흡한다.
물고기는 어떤 방법으로 숨을 쉴까?

”

8

물에 사는 생물

개념다지기

쏙 쏙 빈칸을 채워 개념을 완성하세요!

❶ 물에 사는 생물 관찰하기

(1) 물에 사는 생물을 *채집 또는 관찰 시 필요한 도구

채집할 때 필요한 도구	관찰할 때 필요한 도구

(2) 연못과 개울의 환경과 생물 비교 : 연못이나 개울의 ❶ ______ 에 따라 사는 생물의 종류도 다르다.

구분		환경적 특성	생물의 종류	
			동물	식물
연못		· 물의 흐름이 거의 없다. · 바닥에는 펄(진흙)이 형성되어 있다.	메뚜기, 게아재비, 물방개, 붕어, 잉어, 송사리 등	수련, 부들, 줄, 마름, 물수세미, 부레옥잠, 생이가래 등
개울		· 물의 흐름이 비교적 빠르다. · 주변에 돌, 자갈, 모래가 있다.	개구리, 뱀, 방아깨비, 피라미, 하루살이, 다슬기, 플라나리아, 소금쟁이 등	버드나무, 줄, 부들, 갈대, 검정말, 나사말 등

● 채집 및 관찰 도구

① 뜰채 : 물에 사는 작은 생물들을 채집할 때 사용한다.
② 모종삽 : 물에 사는 식물의 뿌리를 캘 때 사용한다.
③ 양동이 : 채집 생물을 종류별로 담을 때 사용한다.
④ 붓 : 몸이 연한 작은 생물을 채집하거나 관찰할 때 사용한다.
⑤ 접시 : 작은 생물을 담을 때 사용한다.
⑥ 핀셋 : 작은 생물을 집을 때 사용한다.
⑦ 쌍안경 : 연못의 중심에 있거나 멀리 있는 생물을 자세히 관찰할 때 사용한다.
⑧ 휴대용 기포 장치 : 채집한 생물이 호흡할 수 있도록 물속에 산소를 공급한다.

❷ 연못에서 관찰한 것 나타내기

(1) 연못의 환경 요소 : 물에는 돌, 자갈, 모래 등 생물 이외의 여러 가지 환경 요소들이 있다.

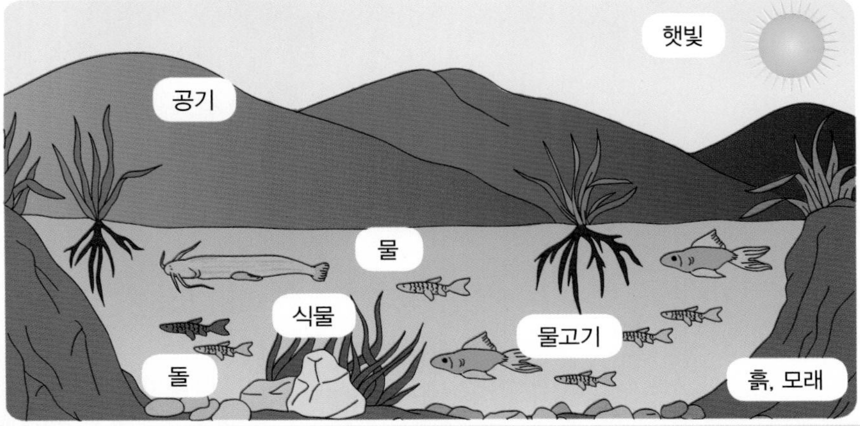

● 생물을 관찰할 때 주의할 점

① 생물을 소중히 다루기
② 생물들의 먹고 먹히는 관계를 고려하여 채집한 것 따로따로 담기
③ 환경이 훼손되지 않도록 정리 정돈 잘하기
④ 필요한 양만큼만 채집하기
⑤ 생물 이외에 물, 돌, 모래 등도 채집하기

● 과학단어

★채집 찾아서 얻거나 캐거나 잡아서 모으는 일

(2) 연못에 사는 생물의 분류

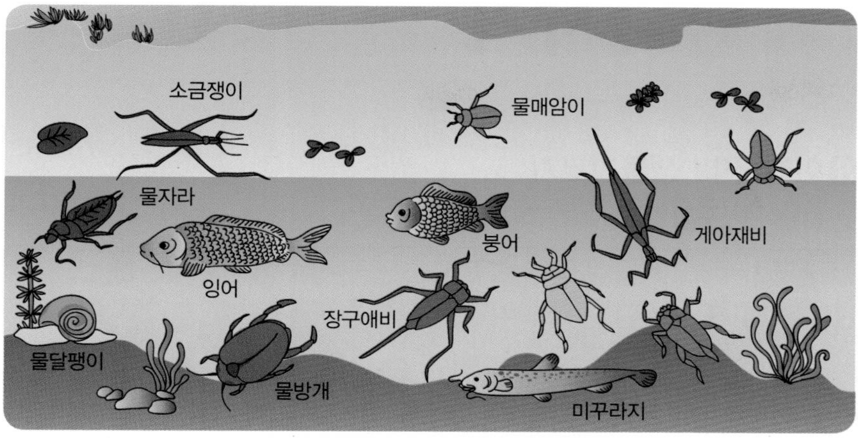

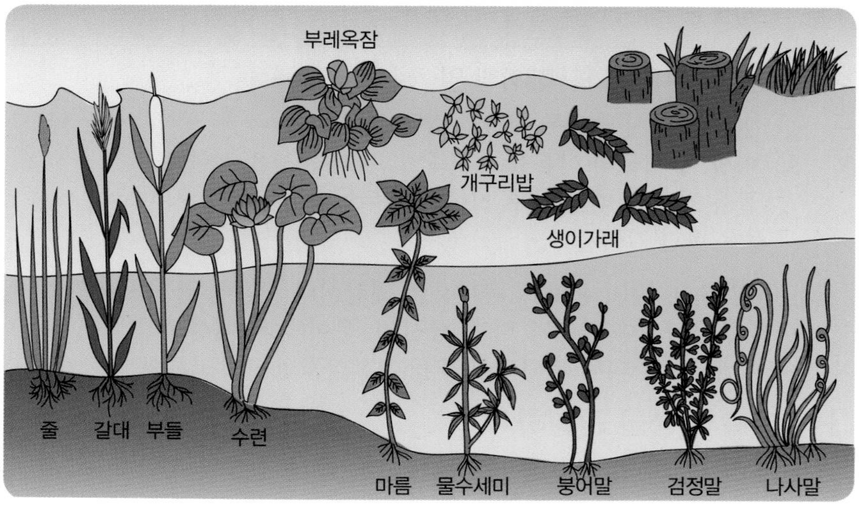

- **생물**
  - **식물**
    - 뿌리는 물속 잎은 물 위: 수련, 마름 — 대체로 잎이 큼
    - 물가: 갈대, 부들, 줄 — 줄기가 발달하여 흙 속에서 옆으로 뻗어 있음
    - 물 위: 개구리밥, 생이가래, 부레옥잠 — 대개의 경우 수염뿌리, 수중에서 양분을 흡수하도록 뿌리가 발달하고 잎이 넓음
    - 물속: 물수세미, 검정말, 붕어말, 나사말 — 잎이 가늘고 여러 개로 갈라져 물의 저항을 적게 받을 수 있는 형태임
  - **동물**
    - 물 위: 소금쟁이, 물매암이 — 몸이 가볍고, ★공기 호흡을 하는 것이 대부분임
    - 물속
      - 헤엄치는 동물: 붕어, 송사리, 미꾸라지, 메기 — 몸이 유선형이며 지느러미가 발달함
      - 기는 동물: 다슬기, 우렁이 — 기어다니거나 붙어 있을 수 있도록 발이나 빨판 등이 발달함

연못에 사는 여러 생물의 모습

▲ 부들

▲ 물수세미

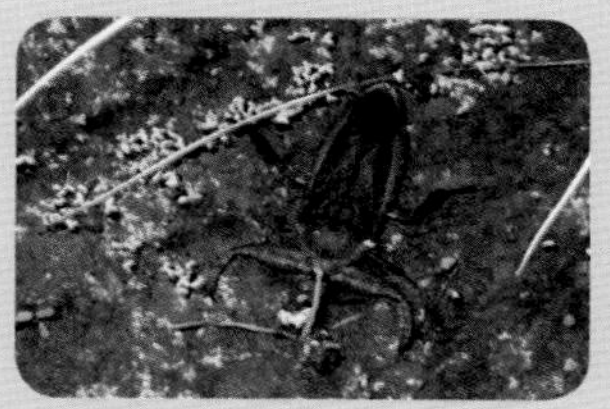
▲ 물장군

▲ 가재

▲우렁이

과학단어

★공기 호흡 공기 중에서 산소를 얻고 이산화탄소를 배출하는 호흡을 말함

개념다지기

쏙 쏙 빈칸을 채워 개념을 완성하세요!

❸ 어항 꾸며 생물기르기

(1) 어항 꾸미기

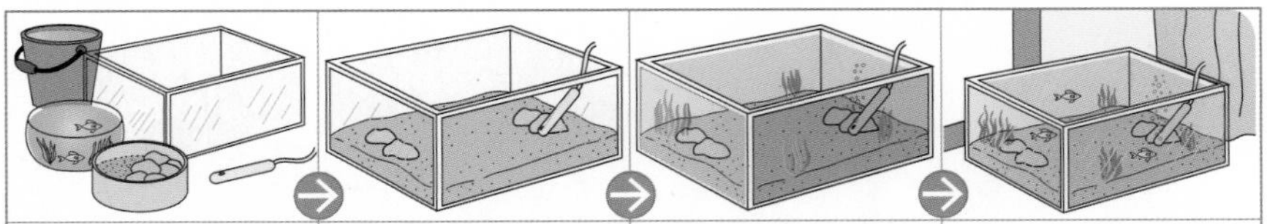

어항 꾸밀 준비를 한다.	어항을 씻고, 돌, 모래, 기포 발생기 등을 넣는다.	물을 조금 붓고, 물풀을 심은 후, 물을 채운다.	기르고 싶은 생물을 넣어 창가에 두고 관찰한다.

(2) 어항을 꾸미고 나서 해야할 일

① 먹이는 남지 않도록 적당한 양을 준다.
② 어항 속 생물의 이름을 지어주고, 관리 순서를 정한다.
③ 물을 갈아줄 때는 하루 전에 받아두었던 수돗물을 사용하여 어항 속의 물을 반만 갈아준다.

(3) 어항 속의 먹이 관계 : 물벼룩은 해캄이나 식물성 플랑크톤을 먹고, 물벼룩은 송사리나 붕어가 먹고, 송사리, 붕어 등의 배설물이나 시체는 어항 속 박테리아에 의해 분해되어 물풀이나 식물성 플랑크톤의 먹이가 된다.

❹ 어항 속의 생물 관찰하기

(1) 물고기(붕어)의 생김새

① 물고기의 몸은 머리, 몸통, 꼬리의 세 부분으로 구별된다.
② 물고기는 비늘로 싸여 있는 몸 부분과 지느러미로 나눌 수 있다.
③ 물고기의 몸통은 물속에서 헤엄치기 알맞은 ❷ ______ 이며, 7장의 지느러미를 이용해 몸의 균형을 유지하면서 헤엄을 친다.
④ 입 1개, 눈 2개, 콧구멍 2개, 아가미 2개가 있으며 몸의 양쪽 옆에는 감각 기관인 ❸ ______* 이 있다.

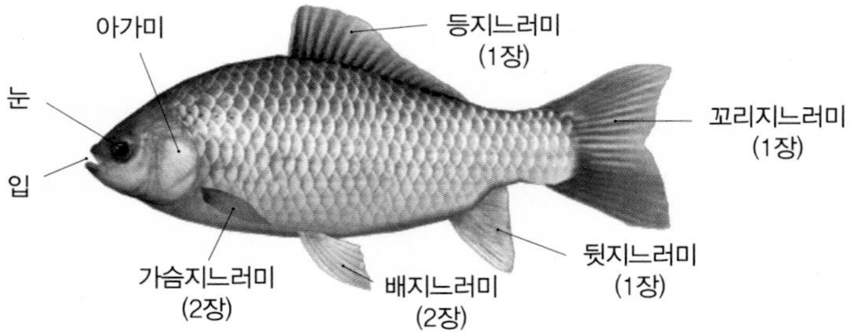

(2) 물고기의 움직임과 지느러미

① 지느러미의 움직임에 따라 앞으로 나아가기도 하고 한 곳에 머무르기도 한다.
② 앞으로 나아갈 때 : 가슴지느러미를 몸에 붙이고, 꼬리지느러미를 좌우로 흔든다.
③ 한 곳에 머물러 있을 때 : 가슴지느러미를 천천히 움직인다.

(3) 물고기의 먹이를 먹는 모습 : 아가미가 닫힐 때 입이 열리며 ❹ ______ 가 들어가고, 입이 닫히면서 아가미가 열리고 ❺ ______ 만 나온다.

● 어항을 꾸밀 때 주의할 점

① 모래와 돌은 깨끗이 씻은 후 사용한다.
② 어항을 씻을 때 세재를 사용하지 않는다.
③ 수초를 잘 심어 물을 부은 후에도 흐트러지지 않게 한다.
④ 물을 붓고 수초를 심을 때 모래나 돌이 흐트러지지 않게 한다.

● 물에 사는 생물들의 호흡

게아재비는 꽁무니에 호흡관이 있어 몸은 물속을 향하고 숨쉬는 기관인 꽁무니의 호흡관을 물 밖으로 내밀어 공기를 들이마신다.

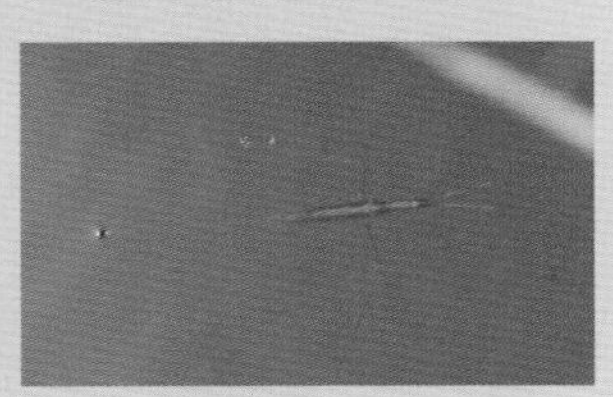

▲ 게아재비

물고기의 호흡 기관인 아가미는 물속의 산소를 효과적으로 흡수할 수 있는 구조로 되어 있다.

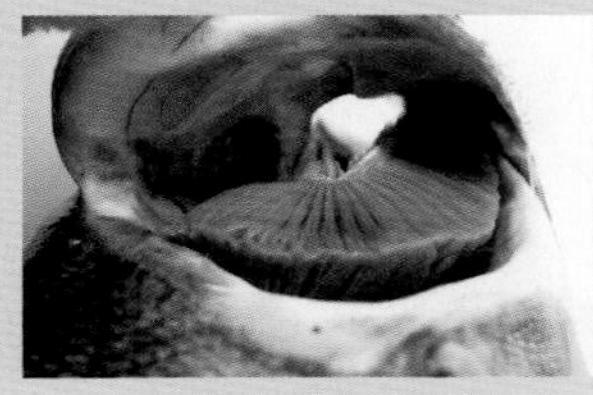

▲ 물고기의 아가미

대부분의 연체 동물은 물에서 녹아 있는 산소와 세포에서 생성된 이산화 탄소 및 다른 노폐물을 아가미에 있는 모세혈관을 통해 효율적으로 교환한다.

▲ 연체동물인 오징어

● 과학단어

★옆줄 물고기의 양옆에 한줄로 늘어서 있는 줄로 감각을 느끼는 기관

❺ 물에 사는 생물의 먹이 관계

(1) 녹조류*의 자람과 햇빛과의 관계 : 물이 든 어항을 창가에 놓아두면 어항이 녹색으로 변한다.→ ❻ ______ 을 받으면 녹조류가 잘 자란다.

(2) 물속 생물의 ❼ ______ 관계 : 물속 생물은 서로 먹고 먹히는 관계 속에서 그 수가 일정하게 유지된다.

❻ 물속 생물과 *환경 관계

햇빛과 녹조류	햇빛은 녹조류를 잘 자라게 한다.
물과 생물	물이 오염되면 생물은 살지 못한다.
온도와 생물	온도가 너무 낮으면 생물의 활동이 둔해지고 너무 높으면 죽을 수도 있다.
공기와 생물	물속에 산소가 부족하면 물속 생물은 숨을 쉴 수 없게 된다.
모래, 돌과 생물	생물들이 알을 낳거나 먹이를 얻을 수 있는 장소가 된다.

녹조류의 자람과 햇빛과의 관계

① 실험 방법 : 똑같은 조건의 어항 2개를 햇빛이 잘 비치는 창가에 두고, 한쪽 어항만 검은 천을 덮고 일주일 후 어항 속의 변화를 관찰한다.

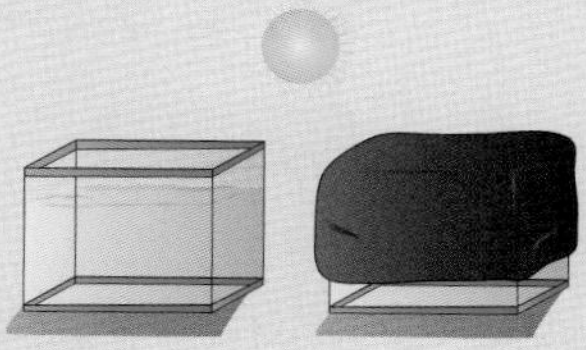

② 실험 결과

햇빛을 잘 받은 어항	물 색깔이 녹색으로 변했다.
검은 천을 덮은 어항	물 색깔이 그대로이다.

과학단어

★환경 생물에게 직접 또는 간접적으로 영향을 주는 자연적 상황

★녹조류 많은 양의 엽록소를 가지고 있어 녹색을 띠는 하등 식물

SPEED CHECK!

기본확인문제

1. 물에 떠서 사는 식물을 채집할 때 모종삽을 사용한다. (O / X)
2. 부레옥잠은 물 위에 떠서 사는 식물이다. (O / X)
3. 물매암이는 물속에서 사는 동물이다. (O / X)
4. 물고기는 옆줄로 호흡을 한다. (O / X)
5. 녹조류는 햇빛이 비치는 곳에서 잘 자란다. (O / X)
6. 어항을 꾸민 뒤 그늘진 구석에 두고, 어항에 생물을 기를 때 먹이는 충분한 양을 준다. (O / X)
7. 물벼룩은 녹조류를 먹고, 붕어는 물벼룩을 먹는다. (O / X)
8. 모래나 돌은 생물들이 알을 낳거나 먹이를 얻을 수 있는 장소가 된다. (O / X)

개념다지기 정답 | ❶ 환경 ❷ 우산형 ❸ 물풀 ❹ 물과 먹이 ❺ 물 ❻ 햇빛 ❼ 먹고 먹히는

탐구1. 오징어 해부

탐구과정

준비물
오징어, 해부접시, 해부가위, 핀셋, 돋보기

1. 해부용 도구 익히기

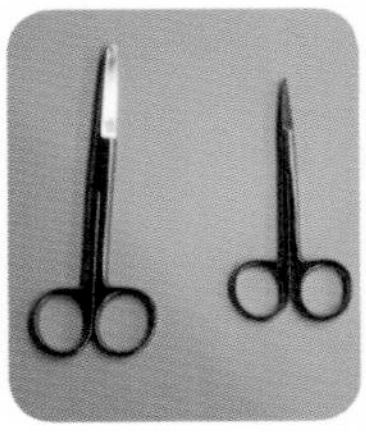

가위
큰 가위는 한쪽 가위날 끝이 뭉툭하고 다른 한쪽은 예리한 가위가 좋다. 작은 것은 가위 날 끝이 모두 예리한 가위이다.

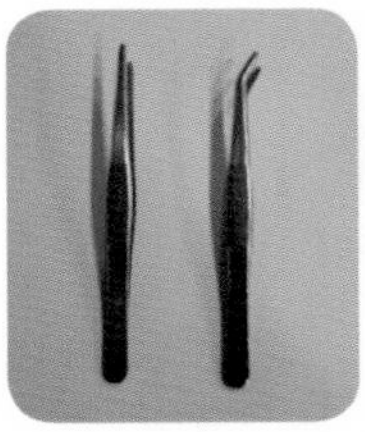

핀셋
어떤 구조를 집거나 들치고 분리하는 경우에 사용한다.

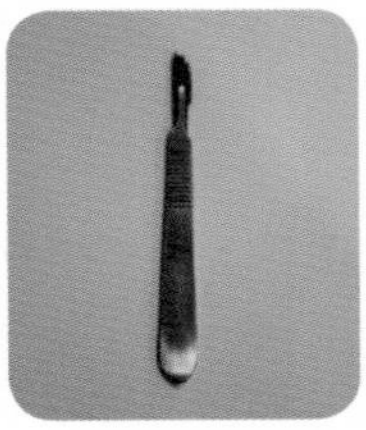

칼
어떤 구조를 끊거나 자를 때 사용한다.

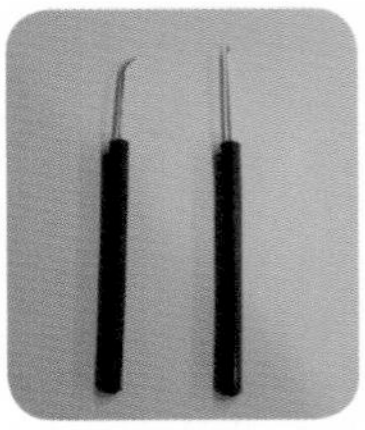

해부침
어떤 구조를 넓게 펼쳐서 관찰하고자 할 때 사용한다.

2. 오징어의 겉모습 관찰

무엇을 관찰할까요?
손으로 만졌을 때의 느낌, 피부의 모양과 색, 다리의 수, 몸 · 머리 · 다리 위치, 몸통에서 물을 내보내는 기관, 헤엄치는 것을 돕는 기관 등

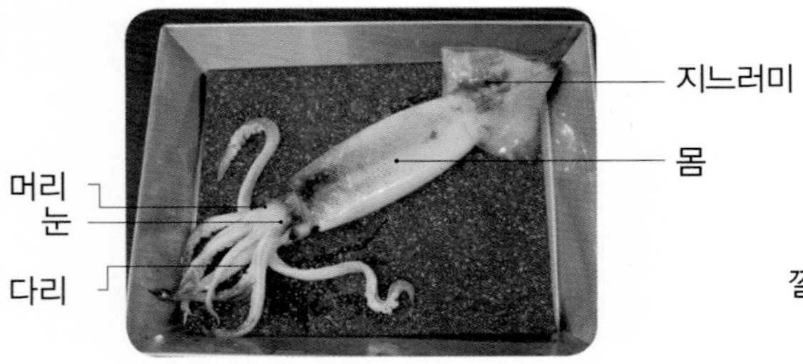

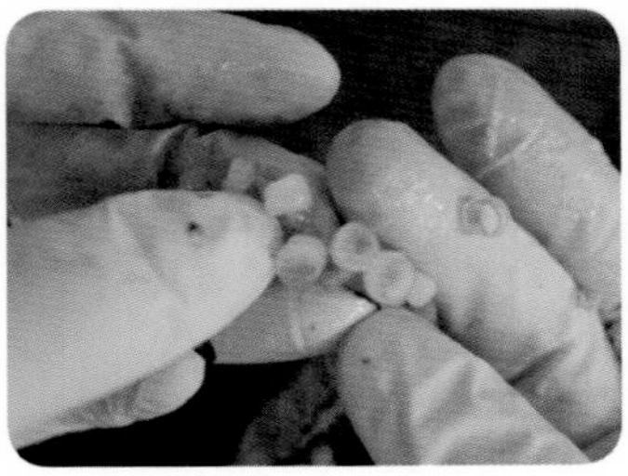

다리의 빨판

입

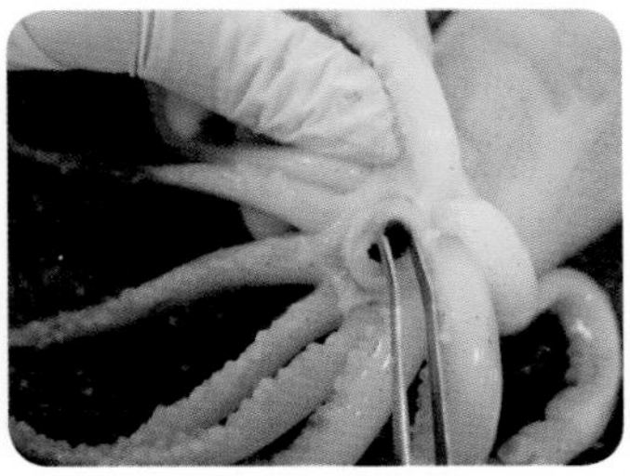

입속의 악편

3. 오징어의 내부 관찰

몸통(외투막)을 자를 때는요?

가위의 둥근 부분이 내부쪽으로 향하도록 하고 가위를 위쪽으로 들어 올려 내부 장기가 상하지 않도록 조심하세요.

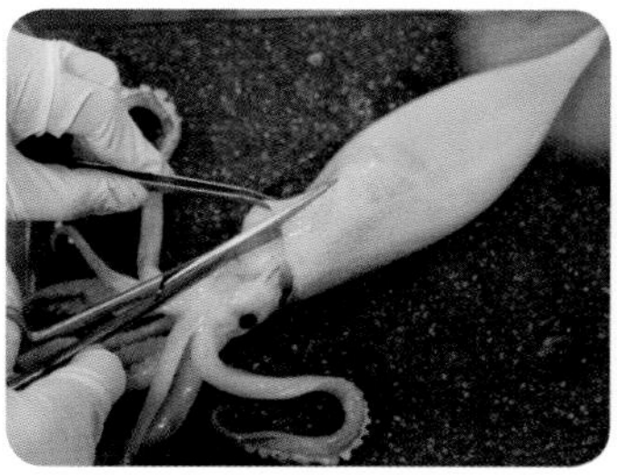
몸통 자르기

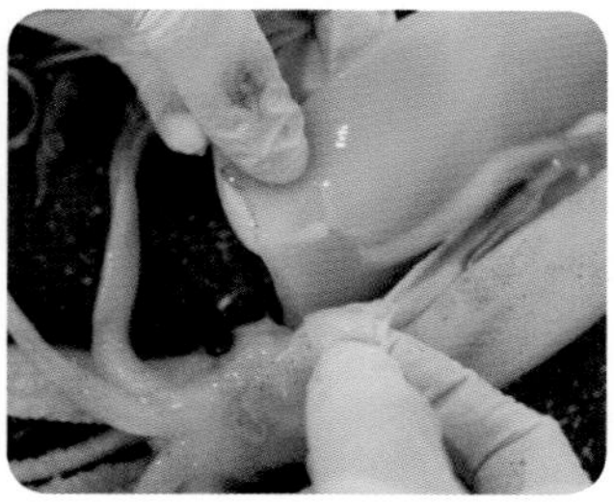
후크 : 몸과 머리를 연결

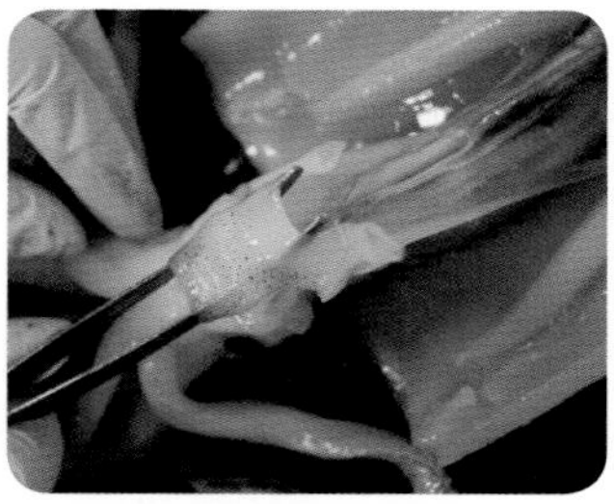
깔때기 : 몸통에서 물을 내보냄

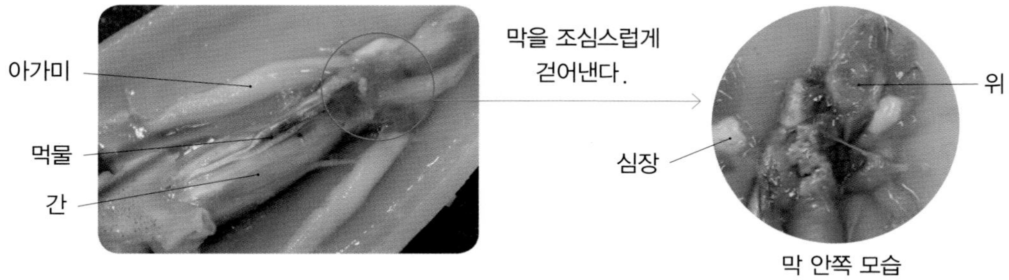

막 안쪽 모습

탐구문제

1. 오징어에 대한 다음 설명 중 옳지 않은 것을 고르시오.

① 오징어는 딱딱한 등뼈를 가지고 있다.
② 입에는 악편이 있어 먹이를 꽉 쥘 수 있다.
④ 오징어는 머리와 다리가 붙어 있어 두족류라고 한다.
⑤ 오징어는 8개의 짧은 다리와 2개의 긴 다리를 가지고 있다.
③ 다리의 빨판은 먹이를 잡거나 다른 곳에 붙어 있을 수 있다.

2. 오징어가 물속에서 생활할 수 있도록 적응한 기관에는 어떤 것이 있는지 2가지 이상 쓰시오.

01 정희네 반 친구들은 연못에 사는 생물의 특징을 알아보기 위해 연못을 관찰하려고 한다. 다음 중 연못을 관찰할 때 주의할 점이 아닌 것을 고르시오.

① 생물을 소중히 다룬다.
② 필요한 양만큼만 채집한다.
③ 채집한 것은 따로따로 담는다.
④ 환경에 훼손되지 않도록 정리정돈을 잘한다.
⑤ 생물 이외에 물, 돌, 모래 등은 절대 채집하지 않는다.

02 다음 그림은 수정이가 연못에서 관찰한 식물들의 모습을 나타낸 것이다. 이 식물들의 공통점으로 바른 것을 모두 고르시오.

생이가래

부레옥잠

개구리밥

① 줄기가 잘 발달되어 있다.
② 잎이 가늘고 여러 개로 갈라져 있다.
③ 식물이 물에 잘 뜰 수 있도록 잎이 넓게 발달하였다.
④ 수중에서 양분을 흡수할 수 있도록 뿌리가 잘 발달되어 있다.
⑤ 뿌리는 물 밑바닥에 닿아 있고, 잎은 물 위에 떠 있는 식물들이다.

03

금붕어를 기르기 위해서는 어항을 꾸며야 한다. 다음 중 어항을 꾸밀 때 유의해야 할 점을 모두 고르시오.

① 어항을 씻을 때는 세제로 깨끗이 씻는다.
② 꾸며진 어항은 그늘진 방구석에 놓아둔다.
③ 어항 속 물을 깨끗이 소독하기 위해 락스를 1~2 방울 떨어뜨린다.
④ 물을 붓고 수초를 심을 때 모래나 돌이 흐트러지지 않게 조심한다.
⑤ 어항을 꾸밀 때는 기르고자 하는 생물이 살던 환경과 유사하게 한다.

04

다음은 연진이가 붕어의 생김새를 자세히 관찰한 후, 붕어의 특징과 그런 특징을 가지는 이유에 대해 생각하여 표로 나타낸 것이다. 다음 중 붕어의 특징과 그런 특징을 가지는 이유로 적합한 것을 모두 고르시오.

	특징	이유
①	붕어의 몸은 유선형이다.	물의 저항을 작게 받아 물속에서 헤엄치기 알맞게 하기 위함이다.
②	옆줄이 있다.	위협적으로 보이게 하여, 적으로부터 몸을 보호하기 위해서 있는 것이다.
③	아가미가 있다.	물속에서 호흡을 잘 하기 위해서이다.
④	몸 전체가 비늘로 덮여 있다.	물의 온도와 흐름을 느낄 수 있게 하기 위해 몸 전체가 비늘에 덮여 있는 것이다.
⑤	지느러미가 있다.	몸의 균형을 잘 유지하면서, 앞뒤로 잘 움직이기 위해서이다.

05 상남이는 물고기에게 먹이를 계속 주면서 물고기의 움직임과 먹이를 먹는 모습을 관찰하였다.

다음 중 상남이가 관찰한 물고기의 움직임과 먹이를 먹는 모습으로 바르다고 생각되는 것을 모두 고르시오.

① 돌에 붙은 채 빨판을 이용하여 움직인다.
② 가슴지느러미를 천천히 움직이며 앞으로 나아간다.
③ 아가미가 닫힐 때 입이 열리며 물과 먹이가 들어간다.
④ 물과 먹이가 들어간 후 입이 닫히며 아가미가 열리고 물만 나온다.
⑤ 한 곳에 머물러 있을 때는 가슴지느러미를 몸에 붙이고, 꼬리지느러미를 좌우로 흔든다.

06 다음 (생)물체들의 공통점을 2가지 이상 쓰시오.

금붕어

유람선

잠수함

STEP BY STEP

07

녹조류의 자람과 햇빛과의 관계를 알아보기 위해 똑같은 조건의 어항 2개를 햇빛이 잘 비치는 창가에 두고, 한쪽 어항만 검은 천을 덮은 후 일 주일이 지나자 다음과 같은 결과를 얻었다. 물음에 답하시오.

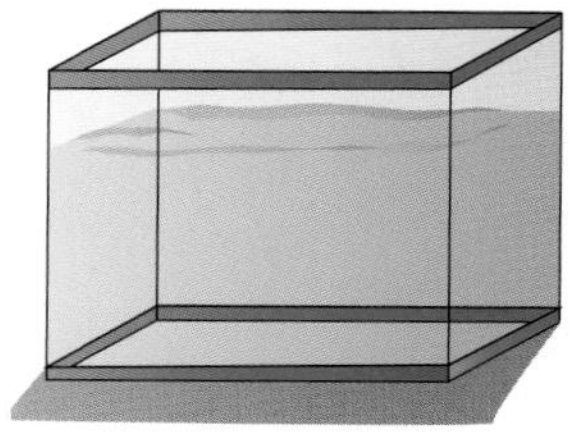
(가)

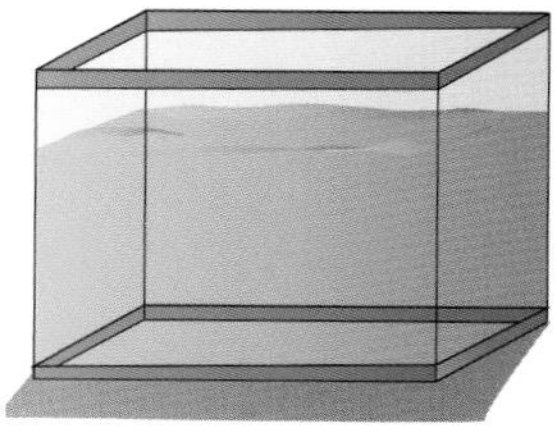
(나)

(1) 검은 천을 덮었던 어항은 어느 것인지 기호를 쓰고, 이와 같은 결과가 나타난 이유가 무엇인지 쓰시오.

(2) 위 결과로 알 수 있는 사실은 무엇인지 쓰시오.

(3) 물벼룩은 몸이 둥글고 투명하며, 톡톡 튀면서 움직인다. 투명한 물벼룩을 어항 (나)에 넣고 하루 정도 지나자, 다음 사진과 같이 물벼룩의 뱃속이 녹색으로 변하였고, 어항의 녹색이 조금 옅어졌다. 이 결과로 알 수 있는 사실을 쓰시오.

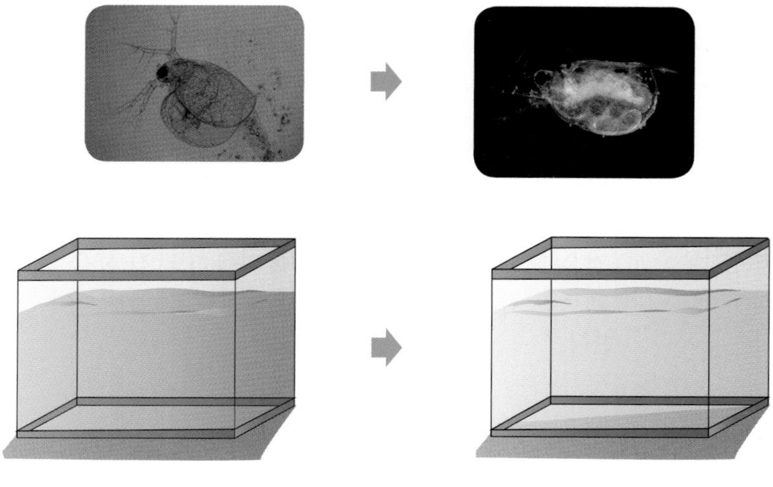

STEP BY STEP

08

혜진이는 수업 시간에 물벼룩의 모습을 관찰해 보기로 하였다. 다음 물음에 답하시오.

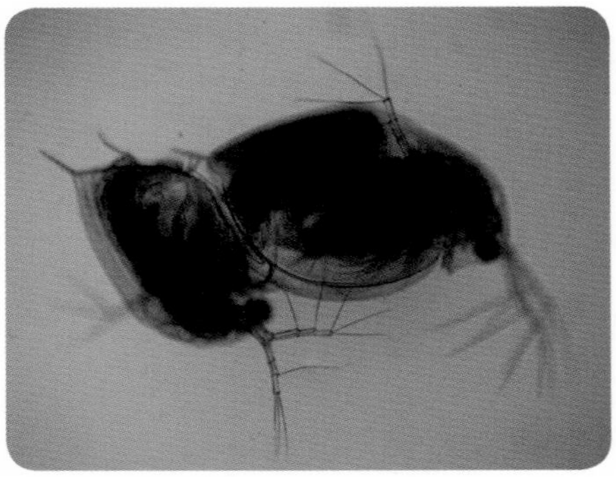

(1) 물벼룩의 전체 모습을 자세히 관찰하기 위해 필요한 실험 기구의 이름을 쓰시오.

(2) 물벼룩을 (1)의 실험 기구를 이용해 관찰하려고 한다. 그런데 물벼룩의 크기는 너무 작고, 아주 빠르게 톡톡 움직이므로 관찰하기가 어려웠다. 다음 중 물벼룩을 관찰하기 위한 방법으로 바른 것을 모두 고르시오.

① 페트리 접시에 물벼룩이 든 물을 가득 담아 관찰한다.
② 페트리 접시의 바닥에 양초를 칠한 후 물을 가득 담아 관찰한다.
③ 거름종이로 물을 흡수시켜서 물벼룩이 들어 있는 물방울의 크기를 작게 한다.
④ 검은 도화지를 깔고 그 위에 물벼룩이 담긴 물을 올려놓고 관찰한다.
⑤ 페트리 접시에 탈지면을 펴서 올려놓고, 물벼룩이 든 물방울을 떨어뜨린 후 관찰한다.

09 다음 보기는 연못에서 볼 수 있는 생물들의 모습이다. 물음에 답하시오.

보기

㉠ 소금쟁이

㉡ 생이가래

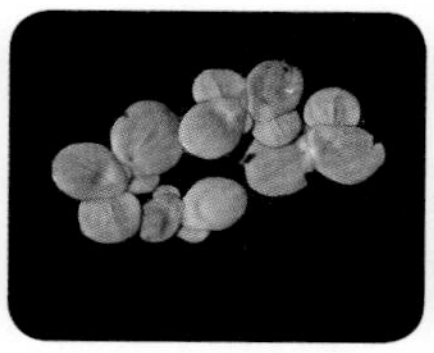
㉢ 개구리밥

㉣ 게아재비

㉤ 물장군

㉥ 우렁이

㉦ 가재

㉧ 물수세미

㉨ 부들

㉩ 납자루

㉪ 수련

㉫ 붕어

(1) 물가에 사는 생물의 기호를 모두 쓰시오.

(2) 물 위에 떠서 사는 생물의 기호를 모두 쓰시오.

(3) 물속에 사는 생물의 기호를 모두 쓰시오.

(4) 뿌리는 물 밑 흙에, 잎은 물 위에 떠 있는 생물의 기호를 모두 쓰시오.

STEP BY STEP

10 재석이는 물고기의 입으로 들어간 물이 어떻게 되는지 알아보기 위해 다음과 같은 실험을 하였다. 물음에 답하시오.

〈실험 방법〉

① 스포이트를 이용해 잉크를 빨아들인 후 스포이트 주위의 잉크를 닦아낸다.
② 물고기의 입 바로 앞에서 잉크를 한 방울만 떨어뜨린다.
③ 물고기의 입 앞에 떨어뜨린 잉크의 움직임을 살펴본다.

(1) 물고기의 입 앞에 떨어뜨린 잉크는 어떻게 되는지 쓰시오.

(2) 위 (1)의 결과로부터 물고기가 호흡하는 방법에 대하여 추리하여 쓰시오.

STEP BY STEP

11

영진이와 호정이는 다음과 같은 실험을 하였다. 물음에 답하시오. (단, 종류와 크기가 같은 물고기를 사용하였으며, 같은 크기의 어항을 창가에 두고 관찰하였다.)

구분	실험	처음 어항에 넣는 물고기의 수(마리)	먹이	한 달 후 살아있는 물고기의 수(마리)
영진	어항 (가)	5	주지 않음	5
	어항 (나)	5	2일에 한 번 줌	5
호정	어항 (다)	2	2일에 한 번 줌	2
	어항 (라)	20	2일에 한 번 줌	0

(1) 영진이와 호정이는 무엇을 알아보기 위해 위와 같은 실험을 하였는지 쓰시오.

· 영진 :

· 호정 :

(2) 영진이의 실험에서 먹이를 주지 않은 어항 속의 물고기가 한 달 후에도 살았다. 물고기가 살 수 있었던 까닭을 쓰시오.

(3) 호정이의 실험에서 어항 (라)의 물고기가 한 달 후, 모두 죽은 까닭을 쓰시오.

(4) 호정이의 실험에서 어항 (라)의 물고기들이 죽지 않도록 어항의 환경을 바꾸려고 한다. 가능한 방법을 5가지 쓰시오.

창의력 키우기

01

다음 그림과 같이 물속에는 여러 가지 생물들이 살고 있다. 물속에 사는 생물들은 서로 먹고 먹히는 관계 속에서 그 수를 일정하게 유지하며 살아가고 있다. 다음 물음에 답하시오.

✔ 유창성

✔ 융통성

독창성

정교성

(1) 다음은 물에 사는 생물들의 모습을 나타낸 것이다. 화살표를 이용하여 이 생물들의 먹고 먹히는 관계를 나타내시오. (먹히는 생물 → 먹는 생물)

왜가리

(2) 사냥꾼의 횡포로 왜가리의 숫자가 급격하게 줄었다. 왜가리의 숫자가 급격하게 줄었을 때 물속 생태계에 일어나는 변화를 단계적으로 쓰시오.

(3) 위 변화를 참고로 '생태계 평형'을 설명해 보시오.

02

다음 제시된 단어들을 가지고, 물에 사는 생물들 사이의 관계, 또는 생물과 환경 사이의 관계를 나타내는 문장을 다양하게 만들어 보시오.

유창성

✓ 융통성

✓ 독창성

정교성

(1) 온도, 생물

(2) 햇빛, 녹조류

(3) 수초, 물고기

(4) 산소, 생물

01 물고기는 아가미를 이용해 물속에 녹아 있는 산소를 얻고 이산화 탄소를 내보내어 숨을 쉰다. 이처럼 물속의 산소를 효과적으로 흡수할 수 있는 이유는 아가미의 구조 때문이다.

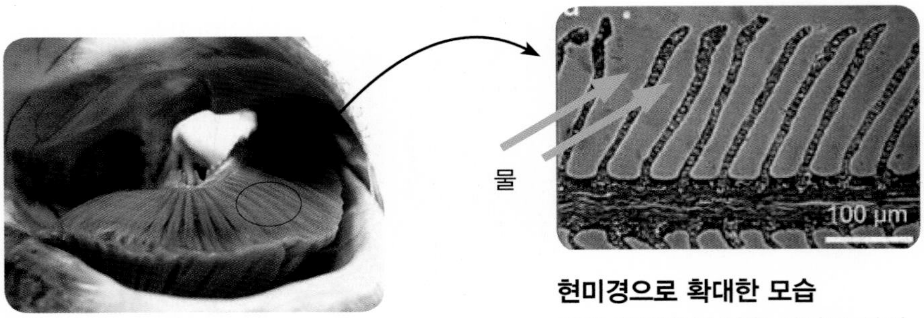

현미경으로 확대한 모습
물이 아가미의 작은 가닥들 사이로 빠져 나간다.

(1) 아래 그림 (가)에서 표면의 한 면으로부터 흡수하는 산소의 양이 4라고 하면, 면이 6개이므로 24의 산소를 흡수할 수 있다. 이 정육면체를 두 조각으로 자른 경우(나)와 4조각으로 나눈 경우(다)의 표면으로부터 흡수할 수 있는 산소의 양을 각각 계산하시오.

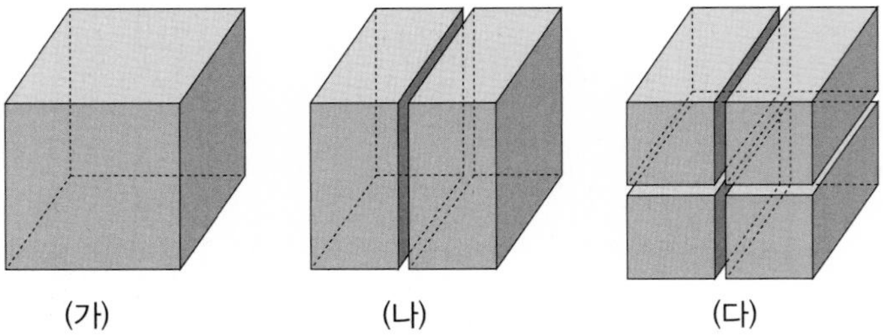

(2) 붕어의 아가미가 수많은 가닥으로 갈라져서 산소를 더 많이 얻을 수 있는 이유를 쓰시오.

(3) 붕어의 아가미처럼 좁은 공간에서 접촉면을 넓혀 효율을 높인 예를 사람의 몸과 주변의 (생)물체 중에서 찾아 5가지 쓰시오.

지구의 역사를 어떻게 알아낼까?

우리 지구의 역사는
상상 이상으로 오래 되었다.
인류가 살지 않았던 기간의 역사를
어떤 방법으로 알 수 있을까?

9

지층과 화석

개념다지기

쏙 쏙 빈칸을 채워 개념을 완성하세요!

● 지층을 구분하는 기준

① 지층의 색깔
② 지층의 모양 : 수평인 지층, 휘어진 지층(습곡), 끊어져 어긋한 지층(단층)
③ 지층의 두께 : 두꺼운 층, 얇은 층
④ 알갱이의 크기와 종류 : 진흙을 볼 수 있는 층, 모래를 볼 수 있는 층, 자갈을 볼 수 있는 층

● 보이지 않는 땅속 지층 관찰하기

여러 층이 쌓인 고무 찰흙에 투명한 빨대를 눌러 꽂은 후, 천천히 빨대를 빼내어 빨대 안을 관찰하며, 투명한 빨대 안에 여러 개의 층(바깥면과 모양이 같은 층)이 보인다.

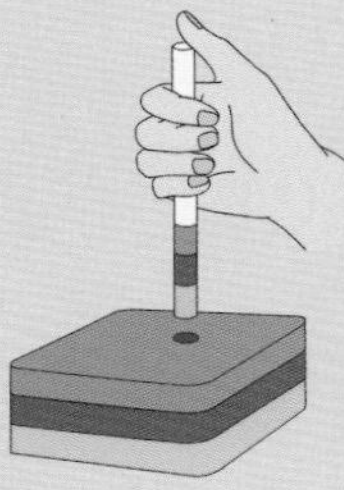

➡ 실제로 지하의 암석을 뚫고 들어갈 수 있는 가늘고 긴 원통 모양의 금속으로 된 도구를 이용해 암석을 채취하여 땅속의 지층을 관찰한다.

● 모래와 자갈 굳히기

① 페트병의 가운데 자르기
② 모래와 자갈 넣고, 흔들어 섞기
③ 풀 넣기
④ 손으로 누르기
⑤ 1~2일 동안 굳히기

● 과학단어

★암석 지구를 덮고 있는 단단한 고체 부분

★퇴적물 진흙, 모래, 자갈과 같은 알갱이들이 쌓여 있는 것

★퇴적암 쌓여 있던 퇴적물이 단단하게 굳어서 만들어진 암석

❶ 지층이 쌓이는 순서

(1) 지층 : *암석이 여러 겹의 층으로 쌓이는 것

(2) 지층과 지층이 아닌 것 구별하기

지층인 것	지층이 아닌 것

· 암석이 여러 겹의 ❶ ______ 으로 쌓여 있다. · 색깔, 모양, 두께, 알갱이 등이 다른 암석으로 이루어져 있다.	· 층이 보이지 않는다. · 하나의 암석으로 되어 있다.

❷ 지층이 쌓이는 순서

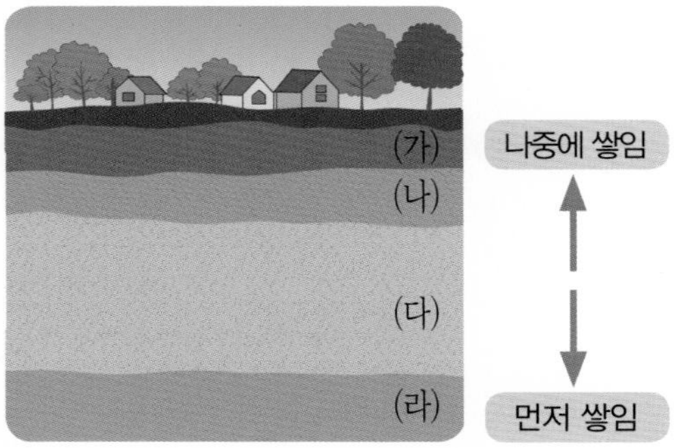

· 가장 먼저 쌓인 층 : (라)
· 가장 나중에 쌓인 층 : (가)
· 가장 오랜 시간 쌓인 층 : ❷ ______
· 지층이 쌓인 순서 : (라)→(다)→(나)→(가)

❸ 지층이 만들어지는 과정

(1) 지층이 만들어지는 과정

① 진흙, 모래, 자갈 등이 운반되어 바닥에 가라앉는다.
② 진흙, 모래, 자갈 등이 쌓이기 시작한다.
③ *퇴적물이 계속 쌓이고, 먼저 쌓인 지층이 나중에 쌓인 지층에 눌린다.
④ 오랜 시간이 지나 단단한 지층이 만들어진다.

(2) 지층이 단단해지는 까닭

① 강이나 바다에는 풀과 같이 지층을 단단하게 도와주는 역할을 하는 물질이 녹아 있다.
② 오랜 시간 동안 여러 층의 지층이 두껍게 쌓여 아래쪽 지층을 눌러준다.

❹ 지층을 이루는 암석

(1) 지층을 이루고 있는 알갱이 : 층에 따라 알갱이의 모양과 크기가 다르고, 진흙, 모래, 자갈 등이 있다.

(2) 지층을 이루고 있는 암석 : *퇴적암

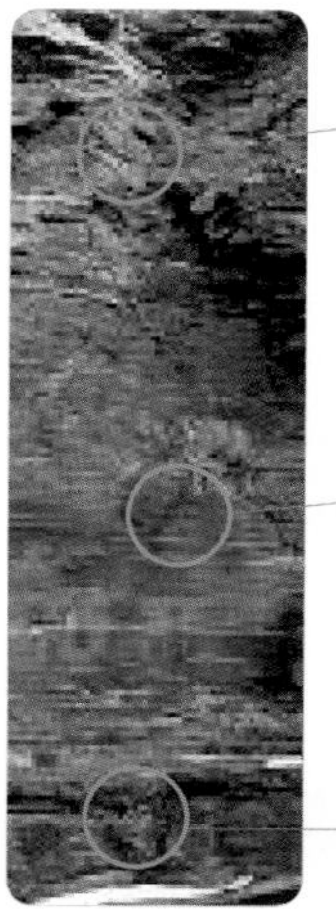

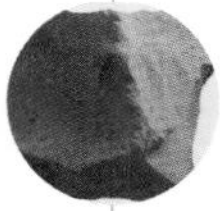

이암
- 모서리가 날카롭지 않음
- 촉감이 부드러움
- 손톱으로 긁으면 잘 부서짐
- 진흙으로 이루어져 있음
- 알갱이 크기가 고르며, 작아서 잘 보이지 않음

사암
- 까칠까칠하며, 모가 나 있음
- 못으로 긁어도 잘 긁히지 않음
- 모래 알갱이로 이루어져 있음
- 알갱이의 크기는 모래알 크기 정도임

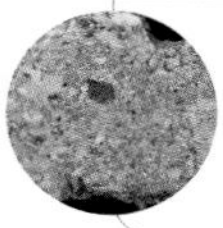

역암
- 촉감이 거칠고, 겉모양이 울퉁불퉁함
- 못으로 잘 긁히지 않고 단단함
- 주로 자갈이며 모래와 진흙이 섞여있음
- 알갱이의 크기가 고르지 않음

(3) 지층을 이루는 알갱이가 다른 까닭 : 지층이 만들어진 ❸ ________와 지층이 만들어진 때의 ❹ ________이 다르기 때문이다.

❺ 여러 가지 화석

(1) 화석 : 오랜 옛날 살았던 생물의 *유해나 *흔적이 지층 속에 남아 있는 것

(2) 화석 관찰하기

화석인 것	화석이 아닌 것

· 옛날에 살았던 생물의 흔적임 · 지층 속에서 발견된 암석임	· 옛날에 살았던 생물의 흔적이 아님 · 지층 속에서 발견되지 않음

(3) 식물 화석과 동물 화석

❺ ________	❻ ________

· 현재 살고 있는 식물과 비슷함 · 나뭇잎, 고사리 등과 같은 식물의 유해나 흔적이 지층 속에 남아 있는 것	· 현재 살고 있는 동물과 비슷함 · 물고기, 삼엽충 등과 같은 동물의 유해나 흔적이 지층 속에 남아 있는 것

지층이 만들어지는 과정

흐르는 물에 의해 진흙, 모래, 자갈 등의 퇴적물이 쌓여 층을 이루고 그 위에 계속해서 또 다른 층이 쌓이게 된다. 위쪽에 쌓인 층(나중에 쌓인 층)에 의해 아래쪽에 쌓인 층(먼저 쌓인 층)들이 눌려 굳는다. 오랜 시간이 지나면 단단하게 굳어진 지층이 만들어진다.

형태에 따른 화석의 종류

① 몰드
지층에 묻혔던 생물의 흔적 또는 당시 살았던 동물에 의해 찍혀서 만들어진 화석

② 캐스트
지하수에 녹아 있던 여러 가지 성분이 몰드를 채우고 굳어서 만들어진 화석

▲ 몰드 ▲ 캐스트

과학단어

★흔적 시간이 지나간 뒤에 남은 자취나 자국

★유해 생물이 죽고 남은 뼈

개념다지기

쏙 쏙 빈칸을 채워 개념을 완성하세요!

❻ 화석이 만들어져 발견되기까지 과정

(1) 화석이 발견되기까지의 과정

물속에 생물이 살고 있음 | 생물이 죽어 퇴적물이 쌓임 | 지층이 만들어짐

지층이 물 위로 솟아 올라감 | 지층이 깎이기 시작함 | 지층이 깎여 화석이 드러남

(2) 물고기나 조개 화석이 산에서 발견되는 이유 : 물고기나 조개 화석이 있는 지층은 원래 물속이었다. 하지만 ❼ ________ 의 힘을 받아 오랜 시간에 걸쳐 지층이 땅위로 올라온 후, 바람이나 빗물에 의해 땅이 깎여 화석이 드러난 것이다.

❼ 화석의 이용

(1) 지층과 화석의 관계

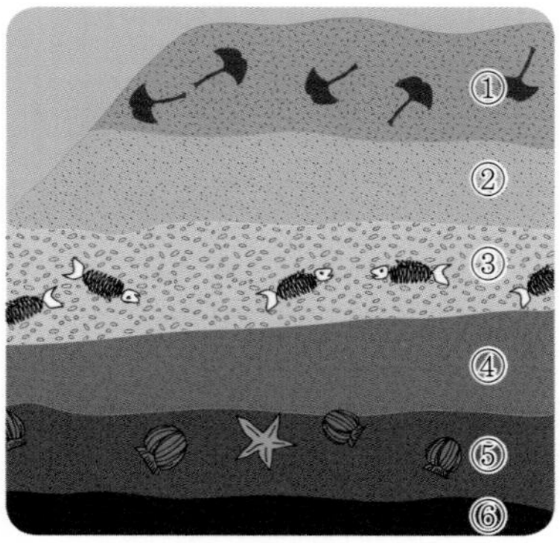

· 지층이 쌓인 순서
  : ⑥ → ⑤ → ④ → ③ → ② → ①
· 화석이 만들어진 순서 : 조개 화석 · 불가사리 화석 → 물고기 화석 → 나뭇잎 화석
· 아래에 있는 지층이 먼저 쌓였으므로, 그 속에서 나온 화석도 윗쪽의 화석보다 먼저 만들어진 것이다.
· 지층이 쌓인 순서와 화석이 만들어진 순서는 ❽ ________

(2) 화석의 *가치와 의미

① 멀리 떨어진 지층들의 쌓인 순서를 알 수 있다.
② 과거 생물의 정보(종류, 크기, *생태 등)를 알려준다.
③ 화석이 발견된 지층의 시대와 환경을 알려준다.
④ 지하자원의 탐사에 이용한다.

화석이 잘 만들어지기 위한 조건

① 죽은 생물이 공기나 물에 의해 썩지 않도록 빨리 묻히고 잘 보존되어야 한다.
② 죽은 생물이 뼈, 이빨, 껍데기와 같은 단단한 부분이 있어야 한다.
③ 암석으로 굳어지거나 단단해지는 화석화 작용을 거쳐야 한다.
④ 당시 살고 있던 생물의 개체수가 많아야 그 중 일부가 화석으로 남는다.

표준화석과 시상화석

① 표준화석 : 특정한 시대에 넓은 지역에 분포했던 생물의 화석으로, 화석을 보고 시대를 알 수 있다.
예 공룡은 중생대에만 살았던 생물로 공룡화석이 발견된 지층은 중생대임을 알 수 있다.
② 시상화석 : 특정 환경에서 좁은 지역에 분포했던 생물의 화석으로 화석을 보고 생물이 살았던 당시의 자연 환경을 알 수 있다.
예 산호 화석이 발견되면 그 지역이 따뜻한 바다였음을 알 수 있다.

석탄과 석유의 생성과 이용

① 석탄 : 울창한 숲을 이루었던 습지의 식물이 땅 속에 묻히고, 그 위에 퇴적물이 계속 쌓여서 만들어진다. 연탄, 조개탄 등의 연료에 이용한다.
② 석유 : 작은 생물이 땅 속에 묻히고, 그 위에 퇴적물이 계속 쌓여서 만들어진다. 연료, 학용품, 약품 등 우리 생활에 널리 이용된다.

과학단어

★가치 사물이 지니고 있는 중요성
★생태 생물이 살아가는 모양이나 상태

❽ 지구의 역사

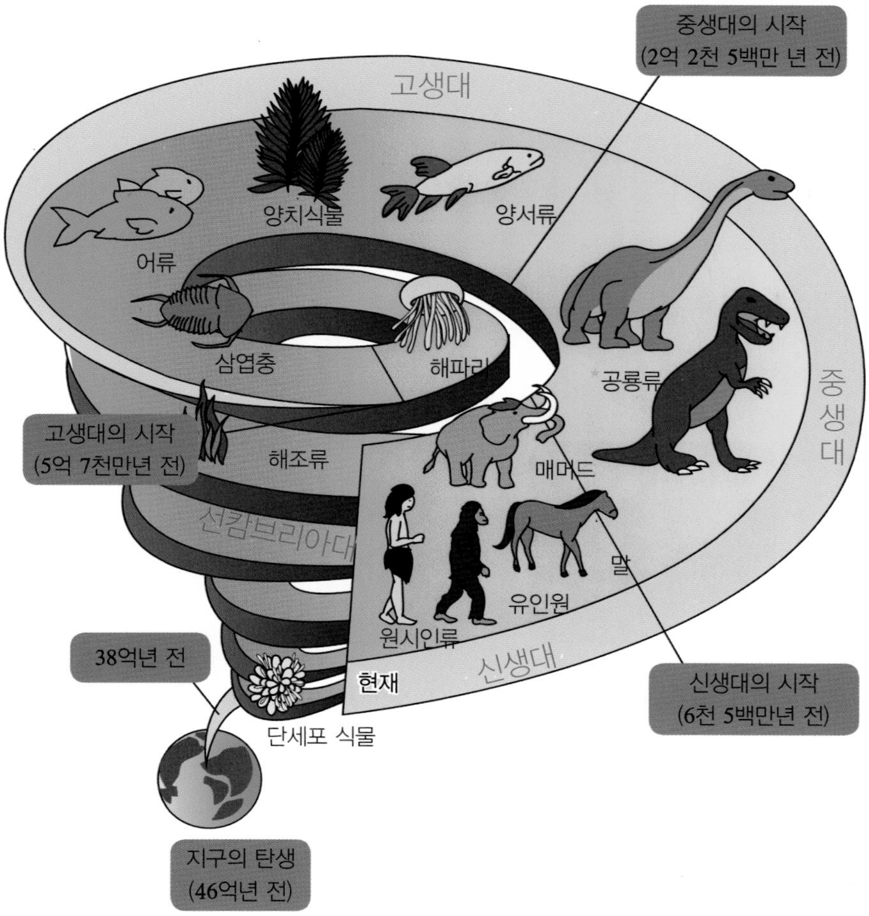

화석을 통해 알 수 있는 것

- 공룡알 화석 : 공룡알 화석을 보고, 공룡이 새끼를 낳지 않고 알을 낳는 동물임을 알 수 있다.

- 조개 화석 : 조개 화석이 발견되는 것으로 보아, 과거에 이 지역이 바다였음을 알 수 있다.

과학단어

★공룡 무시무시한 도마뱀이란 뜻으로 중생대에만 살았던 파충류

SPEED CHECK!

기본확인문제

1. 지층은 시루떡이나 샌드위치처럼 여러 겹의 (층, 줄무늬)(으)로 되어 있다.
2. 지층이 쌓인 시간이 길수록 두께는 (얇아진다, 두꺼워진다).
3. 우리가 볼 수 있는 지층의 바깥쪽 면의 모양은 내부의 지층의 모양과 (같다, 다르다).
4. 오랜 시간 동안 퇴적물들이 굳어져 만들어진 암석을 (화성암, 변성암, 퇴적암)이라고 한다.
5. 옛날에 살았던 생물이 죽어서 그 유해나 흔적이 남아있는 것을 (지층, 화석)이라고 한다.
6. 지층이 쌓인 시대를 보면 물체나 생물이 살았던 환경은 (화석, 화산)을 통해 알 수 있다.
7. 식물의 화석의 모양은 현재 살고 있는 식물의 모양과 (비슷하다, 다르다).
8. 석탄과 석유는 화석화된 (퇴적암, 화성암)으로 화석 연료라고 한다.
9. 산호 화석이 발견되면 그 당시 그 지역이 (바다, 육지)였음을 알 수 있다.

개념다지기 정답 | ❶ 층 ❷ (다) ❸ 장소 ❹ 환경 ❺ 식물 화석 ❻ 동물 화석 ❼ 지구 내부 ❽ 같다

탐구1. 지층의 생성

탐구과정

준비물
고무찰흙, 칼

① 고무찰흙을 한 층 한 층 쌓는다.

② 쌓여진 고무찰흙의 가운데를 자른다.

③ 잘려진 단면과 바깥쪽 층을 비교해 본다.

탐구결과

1. 가장 먼저 쌓인 층과 가장 나중에 쌓인 층은 무엇인가?

2. 찰흙의 바깥의 층과 내부의 층은 모양이 같은가? 그것을 보고 알 수 있는 것은 무엇인가?

탐구문제

1. 우리가 만든 찰흙 지층은 층층이 따로 분리된다. 자연에서 발견된 지층은 모두 한 개의 암석처럼 보이는데 그 차이점은 어디에서 오는지 설명하시오.

탐구2. 화석만들기(몰드&캐스트)

탐구과정

준비물
찰흙, 석고 가루, 조개(또는 공룡 인형), 종이컵, 나무젓가락, OHP 필름

① 찰흙을 펼치고 공룡(조개)의 모양을 찍는다.

➔

② 모양이 찍힌 부분을 비닐로 벽을 만들어 감싼다.

➔

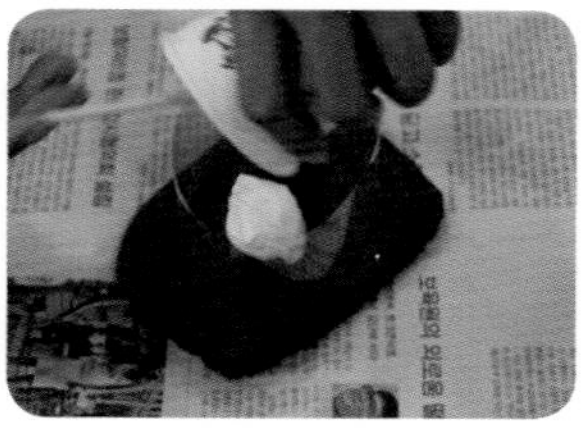

③ 석고를 물에 풀어 틀 안에 붓는다.

➔

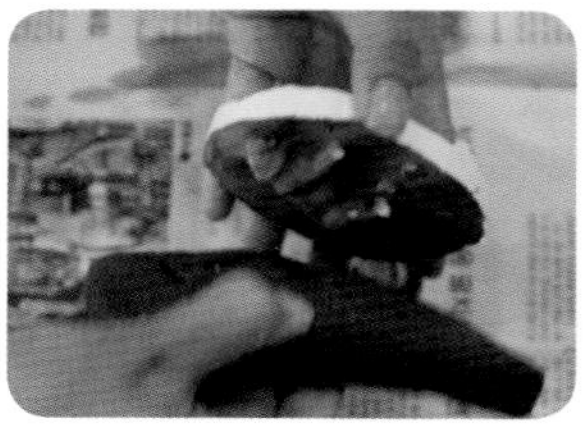

④ 석고가 굳으면 찰흙을 떼어낸다.

완성된 화석

탐구문제

1. 실제 화석과 우리가 만든 화석의 차이점은 무엇인지 쓰시오.

2. 화석의 종류와 우리가 만든 화석 모형을 관계 있는 것끼리 선으로 연결하시오.

몰드 •	• 찰흙으로 만든 화석 모형
캐스트 •	• 석고로 만든 화석 모형

문제해결력 키우기

01

수현이는 여러 가지 지층의 모습을 관찰한 후 다음과 같이 지층에 대한 정의를 내렸다.

지층은 ________ 이다.

다음 중 위의 ________ 에 들어갈 내용으로 알맞은 것을 고르시오.

① 지하수가 흐르는 암석
② 석유가 묻어 있는 암석
③ 암석이 층으로 쌓인 것
④ 암석이 잘려서 어긋난 것
⑤ 암석이 구부러져 볼록한 것

02

다음 〈보기〉의 사진들을 지층인 것과 지층이 아닌 것으로 분류하고, 그 이유를 쓰시오.

〈보기〉

㉠

㉡

㉢

㉣

	지층인 것	지층이 아닌 것
기호		
이유		

03

다음은 우리가 즐겨먹는 샌드위치의 모습과 바닷가의 낭떠러지에서 볼 수 있는 지층의 모습이다. 샌드위치와 지층의 공통점과 차이점을 쓰시오.

· 공통점 :

· 차이점 :

04

다음은 곤충 화석의 모습이다. 이 곤충 화석들이 만들어질 수 있었던 당시의 조건으로 알맞은 것을 모두 고르시오.

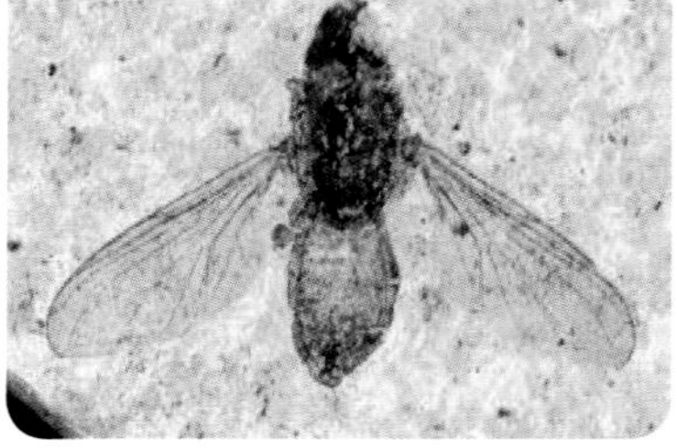

① 곤충들이 빠르게 묻혀 썩지 않았다.
② 곤충들이 단단한 골격을 가지고 있었다.
③ 곤충들이 진흙과 같이 고운 퇴적물에 묻혔다.
④ 곤충들이 땅 속에 묻힌 후 충분한 산소 공급을 받았다.
⑤ 곤충들이 죽은 후 오랜 시간 동안 바람에 의해 건조되었다.

05

다음은 (가)~(다) 지역의 지층과 그 지층에서 발견된 화석의 그림이다.

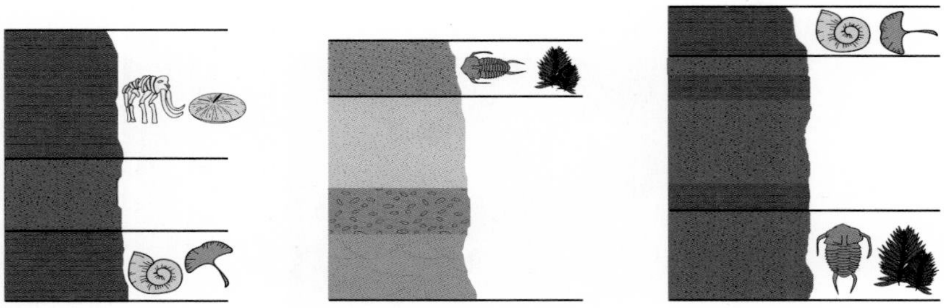

(가) 지역 (나) 지역 (다) 지역

(가)~(다) 지층 중 가장 오래된 지층은 어느 것인지 기호를 쓰고, 그 이유를 설명하시오.

· 가장 오래된 지층 :

· 이유 :

06

혜진이는 바닷가 근처에서 다음과 같은 무늬를 가진 지층을 발견하였다.

다음 중 이 지층의 무늬를 보고 알 수 있는 사실을 고르시오.

① 이 지층은 얕은 바다나 강가였다.
② 이 지층은 거북이 등껍질로 만들어졌다.
③ 이 지층은 고생대에 만들어진 지층이다.
④ 이 지층이 생성된 때의 날씨는 매우 건조했을 것이다.
⑤ 이 지층은 바람의 방향이 변하는 사막에서 만들어졌다.

07

오른쪽 그림은 우리나라에서 공룡 화석이 발견되는 지역을 나타낸 것이다. 이 그림에 대한 설명으로 바른 것을 모두 고르시오.

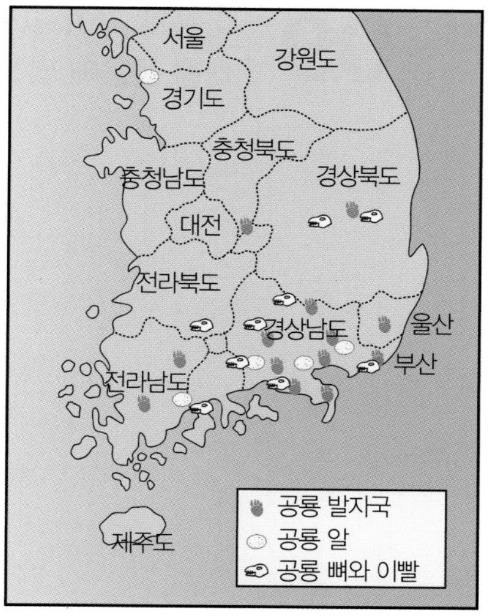

① 공룡은 남쪽에서 북쪽으로 퍼져 나갔다.
② 우리나라 전 지역에서 공룡 화석이 발견되었다.
③ '공룡 알' 화석보다 '공룡 뼈와 이빨' 화석이 더 많은 지역에서 발견된다.
④ '공룡 알' 화석과 '공룡 뼈와 이빨' 화석이 발견되는 곳은 일치한다.
⑤ '공룡 발자국', '공룡 알', '공룡 뼈와 이빨' 화석 중 우리나라에서 가장 많이 발견된 화석은 '공룡 발자국' 화석이다.

08

다음 중 공룡에 대해 조사하기 위한 주제로 적합하지 않은 것은?

① 공룡의 분류 방법은?
② 공룡의 먹이는 무엇일까?
③ 공룡의 종류에는 어떤 것이 있을까?
④ 현재 지구에 살고 있는 가장 큰 공룡은?
⑤ 우리 나라에서 공룡 화석이 발견된 지역은 어디인가?

STEP BY STEP

09

다음과 같이 고무 찰흙 반대기를 수평으로 여러 장 쌓아서 지층 모형을 만들었다. 다음 물음에 답하시오.

(1) 위 지층 모형에서 가장 먼저 쌓은 고무 찰흙 반대기와 가장 나중에 쌓은 고무 찰흙 반대기의 기호를 쓰시오.

· 가장 먼저 쌓은 고무 찰흙 반대기 :

· 가장 나중에 쌓은 고무 찰흙 반대기 :

(2) 위 지층 모형의 가운데를 잘라서, 바깥쪽 면과 잘라진 면을 비교한다면 무엇을 알 수 있을까?

(3) 위 지층 모형과 실제 지층의 같은 점과 다른 점을 쓰시오.

· 같은 점 :

· 다른 점 :

STEP BY STEP

10 다음은 지층이 만들어지는 과정을 나타낸 그림이다. 물음에 답하시오.

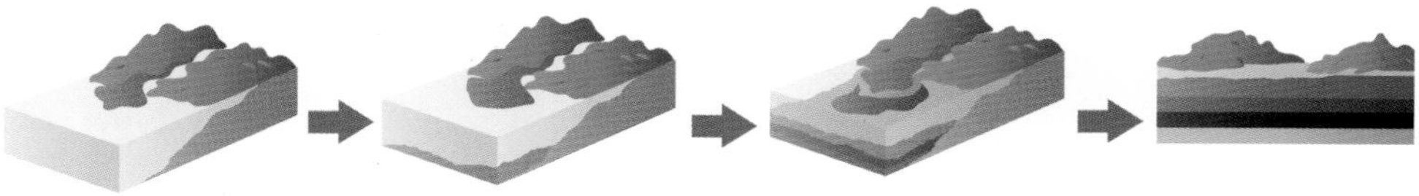

(가) (나) (다) (라)

(1) 지표면에 있는 진흙, 모래, 자갈 등은 흐르는 물에 의해서 어떻게 되는지 쓰시오.

(2) 위 (나)와 같이 큰 강이나 바다에 도착한 진흙, 모래, 자갈 등은 어떻게 되는지 쓰시오.

(3) 위 (다)와 같이 다른 종류의 진흙, 모래, 자갈 등이 또다시 큰 강이나 바다로 운반되어 오면 어떻게 되는지 쓰시오.

(4) 지층이 어떻게 만들어지는지 과정을 쓰시오.

STEP BY STEP

11 다음 사진들을 보고 물음에 답하시오.

(가)

(나)

(다)

(라)

(1) 화석이 아닌 것을 찾고 그 이유를 쓰시오.

· 화석이 아닌 것 :

· 이유 :

(2) 바다에 살았던 생물의 화석이 산에서 발견되는 이유를 쓰시오.

STEP BY STEP

12 다음은 조개 화석 모형을 만드는 과정이다. 물음에 답하시오.

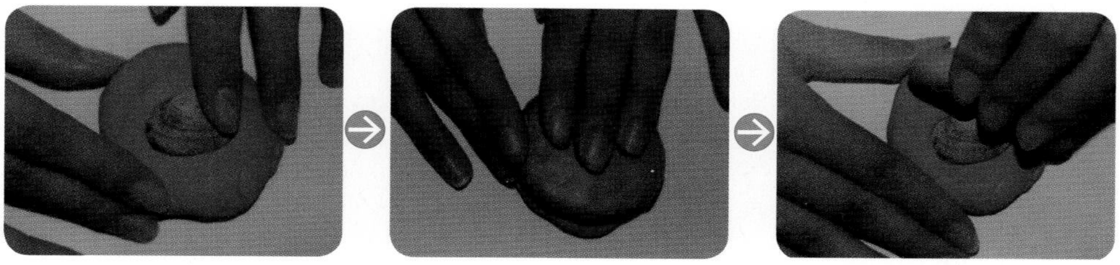

(1) 위와 같은 과정으로 만들어진 화석 모형과 실제 화석의 같은 점과 다른 점을 쓰시오.

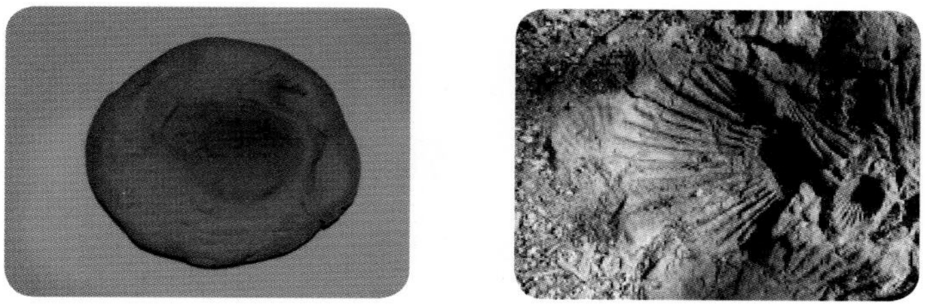

· 같은 점 :

· 다른 점 :

(2) 화석 모형 만들기의 조개, 찰흙 반대기, 찰흙 반대기에 남은 흔적은 실제 지층에서 각각 무엇에 해당하는지 쓰시오.

· 조개 :

· 찰흙 반대기 :

· 찰흙 반대기에 남은 흔적 :

(3) 화석을 통해서 알 수 있는 것을 3가지 이상 쓰시오.

01 바닷가 근처에서 다음과 같은 공룡 발자국 화석을 보았다. 이 공룡 발자국 화석 그림을 보고, 그 당시 공룡들에게 일어났을 일을 생각하여 이야기를 꾸며 보시오.

- ✓ 유창성
- 융통성
- ✓ 독창성
- 정교성

02

- 유창성
- 융통성
- 독창성
- 정교성

현정이는 지구의 역사에 대해 공부한 후, 과거 지구에 살았던 동물들에 관한 그림을 그렸다. 다음 현정이의 그림에서 잘못되었다고 생각되는 곳을 모두 찾고, 그 이유를 쓰시오.

01

히말라야 산맥은 아시아의 산맥으로 인도아시아 대륙과 티베트 고원 사이에 놓여 있다. 에베레스트 산을 비롯한 8,000미터 이상의 14개의 봉우리가 모두 이곳에 모여 있다. 히말라야 산맥에 포함된 산 외에 가장 높은 산은 안데스 산맥에 있는 6,959m의 아콩카과 산으로, 7,000m가 넘는 산들은 모두 히말라야 산맥에 속해서 '세계의 지붕'이라 일컬어진다. 히말라야 산맥은 섬이었던 인도가 대륙 이동하여 아시아 대륙에 다가가 합쳐지면서 강한 힘으로 밀어올리는 과정에서 만들어졌다. 히말라야는 젊으면서도 높은 산맥이다.

(1) 히말라야는 산스크리트어로 "눈이 사는 곳"이라는 뜻으로, 히말라야 산들의 꼭대기에는 녹지 않고 존재하는 눈이 있다. 눈이 녹지 않고 존재하는 이유는 무엇일까?

(2) 다음 그림은 히말라야 산맥에서 흔히 발견되는 돌멩이들 속에 섞여 있는 화석의 모습을 나타낸 것이다. 다음 표를 보고, 이 화석이 만들어진 시대와 이 장소의 환경를 쓰시오.

화석 이름	살았던 곳	살았던 시대
삼엽충	바다	고생대
암모나이트	바다	중생대
공룡	육지	중생대
매머드	육지	신생대

(3) (2)의 화석이 만들어진 후 높은 산에서 발견되기까지의 과정을 간략히 설명하시오.

"

빨래가 잘 마르게 하려면?

며칠 동안 빨래가 마르지 않아서 고생한 경험이 한 번쯤은 있다.
빨래가 잘 마르게 하려면 어떻게 해야 할까?

"

10

우리 생활과 액체

개념다지기

쏙 쏙 빈칸을 채워 개념을 완성하세요!

● 우리 생활에서 사용되는 액체

욕실	샴푸, 액체 비누, 물 등
부엌	식용유, 참기름, 식초, 간장, 우유 등
가게	주스, 콜라, 사이다, 생수 등
실험실	알코올, 아이오딘 용액, *증류수 등
병원	알코올, 주사약, 링거액 등
주유소	휘발유, 경유 등

● 액체의 일반적인 성질

액체는 외부에서 압력이 가해져도 부피가 거의 변하지 않으며, 고체처럼 일정한 모양을 갖지 못하고 담겨 있는 용기의 모양에 따라 그 모양이 바뀐다.

● 과학단어

★증류수 자연수를 가열하여 생긴 기체를 다시 차갑게 하여 액체로 만든 것이고 이 과정을 통해 불순물이 제거되어 얻어진 순수한 액체

❶ 여러 가지 액체 관찰하기

(1) 여러 가지 액체를 관찰하는 방법

❶ ______ 관찰하기	냄새 맡아보기	흔들림 알아보기

액체를 투명한 병에 넣고, 흰 종이를 병 뒤에 대고 비춰 보면서 액체의 색깔을 관찰한다.	코를 병 입구에서 약간 떨어지게 대고 손으로 바람을 일으켜서 냄새를 맡는다.	병을 흔들면서 액체의 흔들림을 관찰한다.

(2) 여러 가지 액체의 성질

액체의 종류	색깔	냄새	움직임	촉감
물	없다	없다	잘 흔들린다	시원하다
알코올	없다	술 냄새	잘 흔들린다	아주 시원하다
아세톤	없다	쉰 냄새	잘 흔들린다	아주 시원하다
식용유	노랗다	고소한 냄새	잘 흔들리지 않는다	미끌거린다
식초	약간 노랗다	코를 찌르는 신 냄새	잘 흔들리고 거품이 난다	시원하다

액체는 각기 색깔, 냄새, 흔들림이 다르며, 액체마다 독특한 ❷ ______ 을 가지고 있다.

❷ 액체 방울의 모양 비교

실험 방법 스포이트 끝에 맺힌 액체 방울의 모양과 유리판, 기름종이 위에 떨어뜨린 액체 방울의 모양을 관찰한다.

액체	스포이트 끝	유리판	기름종이
물	둥글다	퍼진다	둥글다
식용유	둥글다	둥글다	퍼진다
아세톤	둥글다	퍼진다	둥글었다가 퍼진다

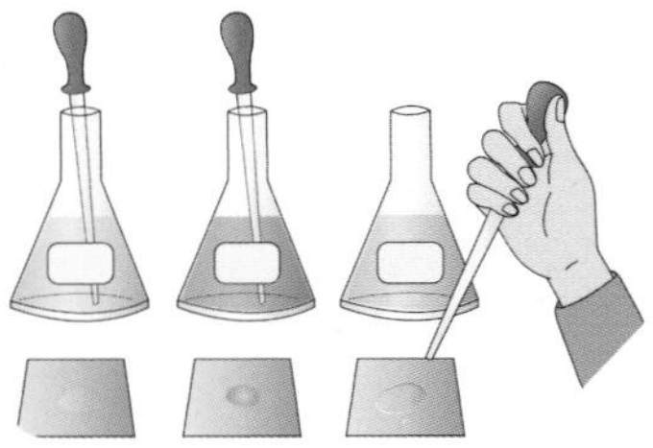

액체의 성질과 바닥 표면과의 성질에 따라 유리판과 기름종이 위에 떨어뜨린 액체 방울의 모양이 다르다.

❸ 구슬이 가라앉는 빠르기 비교

실험실에서 다르게 해야 할 조건	❸
실험실에서 같게 해야 할 조건	눈금 실린더의 길이와 굵기, 액체의 양, 구슬의 크기와 무게, 구슬을 떨어뜨리는 위치, 구슬을 떨어뜨리는 시간

실험 방법

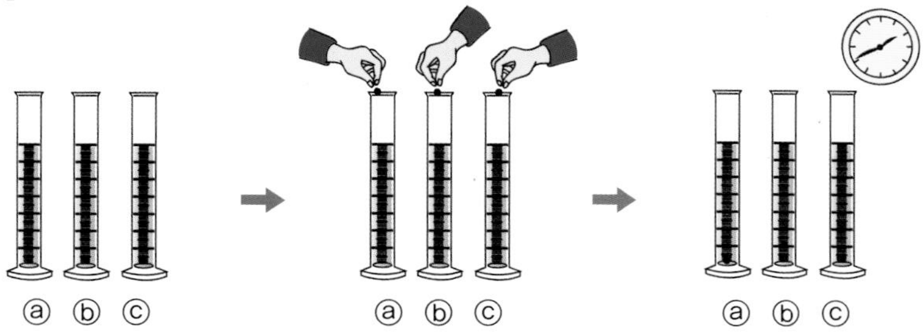

1. 눈금 실린더에 같은 양의 알코올과 물, 식용유를 각각 붓는다.

2. 알코올ⓐ, 물ⓑ, 식용유ⓒ가 들어 있는 눈금 실린더에 구슬을 같은 위치에서 동시에 떨어뜨린다.

3. 구슬이 눈금 실린더 바닥에 가라앉는 시간을 측정한다.

실험 결과

구슬이 가라앉는 빠르기	알코올 > 물 > 식용유
까닭	식용유가 물보다, 물이 알코올보다 더 끈적끈적하기 때문이다.
액체의 *점성도	❹ > ❺ > ❻

❹ 액체의 증발

실험 방법 스포이트를 이용하여 3장의 유리판 위에 각각 물, 알코올, 식용유를 동시에 떨어뜨린 후, 액체가 마를 때까지 걸리는 시간을 비교해 본다.

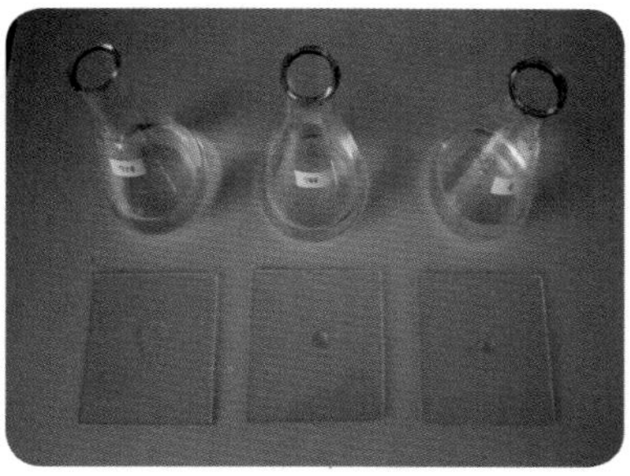

액체의 *증발 속도

알코올 > 물 > 식용유

❺ 액체가 번지는 속도

실험 방법 스포이트를 이용하여 3장의 거름종이 위에 각각 같은 양의 물, 알코올, 식용유를 동시에 떨어뜨린 후, 거름종이에 액체가 번지는 속도를 비교해 본다.

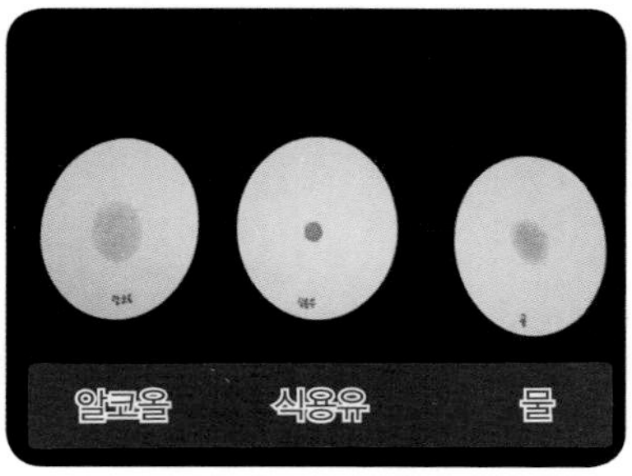

액체가 번지는 속도

알코올 > 물 > 식용유

눈금 실린더로 액체의 부피를 재는 방법

눈의 높이와 액체의 높이가 수평이 되게 하여 눈금을 읽는다.

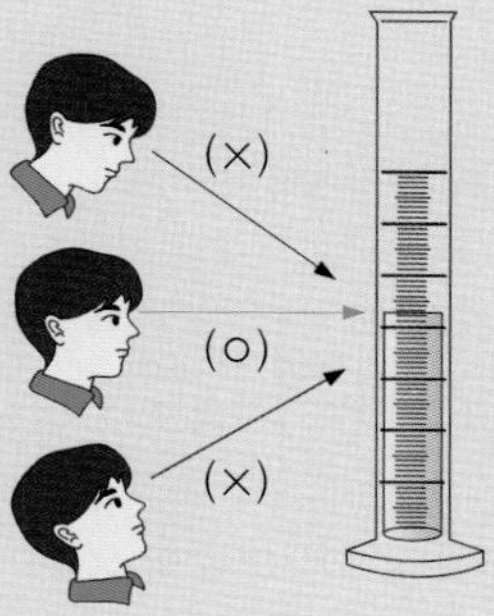

우리 생활에서 액체가 증발하는 예

① 젖은 빨래가 마른다.
② 바닷가에서 오징어나 생선을 말린다.
③ 떨어진 나뭇잎이 마른다.
④ *염전에서 바닷물을 증발시켜 소금을 얻는다.
⑤ 어항 안의 물이 줄어든다.
⑥ 헤어드라이어를 사용하여 젖은 머리카락을 말린다.

빨래가 잘 마르는 조건

① 온도가 높을 때
② 바람이 적당히 불 때
③ 빨래를 펼쳐 놓아 표면적을 넓게 할 때

과학단어

★점성도 액체가 끈적한 정도

★증발 액체 물질이 표면에서 기체로 변하는 현상

★염전 바닷물을 막아 놓고 물을 증발시켜 소금을 얻어내는 곳

개념다지기

쏙 쏙 빈칸을 채워 개념을 완성하세요!

❻ 여러 가지 액체의 섞임

(1) 물과 아세톤에 여러 가지 액체 섞어 관찰하기

실험 방법

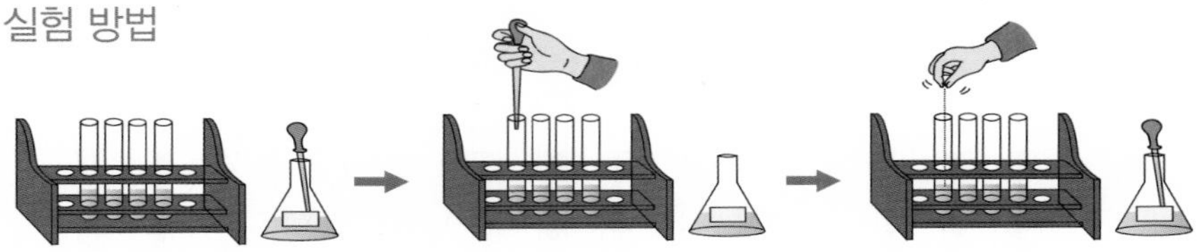

1. 4개의 시험관에 물(또는 아세톤)을 $\frac{1}{4}$ 가량 넣어 준비한다.
2. 각 시험관에 물, 알코올, 식용유, 주스를 3~4 방울 떨어뜨린다.
3. 유리 막대로 저어 잘 섞은 후, 가만히 두고 관찰한다.

실험 결과 (섞이면 ○, 안섞이면 ×)

구분	물	알코올	식용유	주스
물	–	○	❼	○
아세톤	○	○	❽	○

(2) 섞이지 않는 액체를 섞이게 하는 예

① 기름이 묻은 그릇이나 손을 비누로 닦는다.
② 손톱의 매니큐어를 지울 때 아세톤을 사용한다.
③ 때가 많이 묻은 빨래를 세탁할 때 비누를 사용한다.
④ *휘발유로 공장의 기름 얼룩을 없앤다.

❼ 부피가 같은 액체의 무게 비교하기

실험 방법

1. 전자 저울을 이용해 비어있는 3개의 눈금 실린더의 무게를 잰다.
2. 눈금 실린더에 각각 물, 알코올, 식용유를 50mL 씩 넣는다.
3. 각각의 액체가 든 눈금 실린더의 무게를 전자 저울로 잰다.

실험 결과

구분	물	알코올	식용유
빈 눈금 실린더의 무게(g) : ㉠	26	26	26
액체가 든 눈금 실린더의 무게(g) : ㉡	76	64	70
액체의 무게(g) : ㉡ – ㉠	50	38	44

● 우리 생활에서 액체가 서로 섞이는 예

① 국에 간장을 넣어 끓인다.
② 냉면 국물에 식초를 넣어 먹는다.
③ 커피에 우유를 넣어 마신다.

● 식용유와 비눗물의 섞임

① 실험 방법 : 물 위에 식용유가 떠 있을 때 비눗물을 넣어 유리 막대로 저어준다.
② 실험 결과 : 식용유가 우유처럼 뿌옇게 흐려지면서 서로 섞여 층이 없어진다.

▲ 유리 막대로 저어 주기 전

▲ 유리 막대로 저어준 후

● 비누의 성질

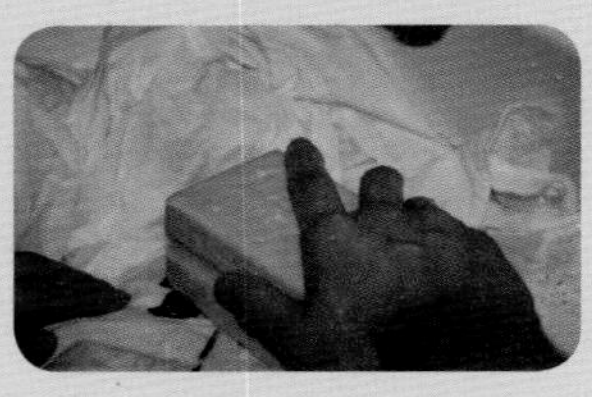

비누는 기름에 잘 섞이는 부분과 물에 잘 섞이는 부분으로 이루어져 있다. 옷에 묻은 때는 기름 성분이기 때문에 물에 녹지 않지만 비누를 사용하면 녹일 수 있다. 이러한 원리로 세탁이 이루어진다.

● 과학단어

★휘발유 석유에서 추출한, 휘발성과 가연성이 있는 액체로 자동차와 항공기 등의 내연 기관의 연료, 공업용 연료, 기름이나 지방을 녹이는 용매 등으로 쓰인다.

(1) 부피가 같은 서로 다른 액체의 무게가 다른 이유 : 액체마다 성질(*밀도)이 다르기 때문이다.

(2) 같은 부피의 액체 무게 : 물 > 식용유 > 알코올 순이다.

(3) 액체의 무게를 구하는 방법

액체의 무게	=	액체가 들어 있는 눈금 실린더의 무게	−	비어 있는 눈금 실린더의 무게

❽ 액체 한 방울의 부피 비교하기

실험 방법 스포이트에 물, 식용유, 알코올을 각각 1mL씩 빨아들이고, 스포이트에 액체가 없어질 때까지 한 방울씩 떨어뜨리며 방울 수를 샌다.

실험 결과

구분	물	알코올	식용유
액체의 총 부피(mL) : ㉠	1	1	1
액체의 방울 수(방울) : ㉡	24	51	46
액체 한 방울의 부피(mL) : ㉠÷㉡	$\frac{1}{24}$	$\frac{1}{51}$	$\frac{1}{46}$

(1) 액체 한 방울의 부피가 모두 다른 까닭 : 액체마다 성질(*표면장력)이 다르기 때문이다.

(2) 액체 한 방울의 부피 : 물 > 식용유 > 알코올 순이다.

(3) 액체 한 방울의 부피를 구하는 방법

액체 한 방울의 부피	=	액체의 총 부피 (1mL)	÷	총 액체 방울의 수 (1mL 의 총 방울 수)

전자 저울의 사용법

① 전자 저울의 높낮이 조절나사를 이용하여 수평을 맞춘다.
② 전원을 켜고 영점 조정 버튼을 누른다.
③ 물체를 올려놓고 수치를 읽는다.

밀도

물질의 질량을 부피로 나눈 값으로 물질의 고유한 특성이다.

$$밀도 = \frac{질량}{부피}$$

(단위 : 고체 - g/cm³, kg/m³
액체, 기체 - g/mL)

과학단어

★밀도 일정한 부피 안에 들어 있는 물질의 질량. 빽빽한 정도.

★표면장력 액체가 표면적을 작게 하려는 힘으로, 액체 알갱이들이 서로 끌어당기는 힘

SPEED CHECK!

기본확인문제

1. 액체의 색깔을 관찰할 때는 검정색 종이를 뒤에 대고 관찰한다. (O / X)
2. 액체의 냄새를 맡을 때에는 손으로 바람을 일으켜서 맡는다. (O / X)
3. 구슬이 가라앉는 빠르기가 다른 이유는 액체의 끈적끈적한 정도가 다르기 때문이다. (O / X)
4. 액체 상태의 물질이 기체 상태의 물질로 변하는 것을 승화라고 한다. (O / X)
5. 물, 식용유, 알코올 중 알코올이 증발하는 속도가 가장 빠르다. (O / X)
6. 물과 식용유는 서로 섞이는 액체이다. (O / X)
7. 식용유가 떠 있는 물에 알코올을 넣으면 우유처럼 뿌옇게 흐려지며 층이 없어진다. (O / X)
8. 액체가 들어 있는 삼각 플라스크의 무게를 재면 액체의 무게를 알 수 있다. (O / X)
9. 여러 가지 액체들의 한 방울의 부피는 모두 다르다. (O / X)

개념다지기 정답 | ❶ 색깔 ❷ 식초 ❸ 액체의 종류 ❹ 식용유 ❺ 물 ❻ 알코올 ❼ × ❽ ○

탐구1. 물과 알코올(에탄올)의 증발 속도 비교

탐구과정

준비물
물, 알코올(에탄올), 윗접시저울, 거름종이, 스포이트

① 윗접시저울의 양쪽 접시 위에 거름종이를 올려놓고 수평을 맞춘다.

② 양쪽 접시의 거름종이 위에 에탄올과 물을 한 방울씩 떨어뜨린다.

③ 윗접시저울의 움직임을 관찰한다.

탐구결과

1. 다음 빈칸에 알맞은 말을 채워 넣으시오.

시간이 지나면 윗접시저울이 ㉠ (   ) 을 떨어뜨린 쪽으로 기울어진다. 이것은 ㉡ (   ) 의 증발 속도가 ㉢ (   ) 의 증발 속도보다 빠르기 때문이다.

탐구문제

1. 한쪽으로 기울어진 저울을 계속 놓아두면 그 다음은 어떻게 될지, 이유와 함께 쓰시오.

2. 에탄올 대신 식용유를 사용하였다면 결과는 어떻게 변화될지 쓰시오.

탐구2. 액체 탑 쌓기

탐구과정

준비물
물, 식용유, 알코올(에탄올), 색소, 시험관, 시험관대, 스포이트

① 물(색소), 식용유, 알코올(색소)을 준비한다.

② 물과 식용유, 물과 알코올, 식용유와 알코올을 각각 넣어 층을 구분한다.

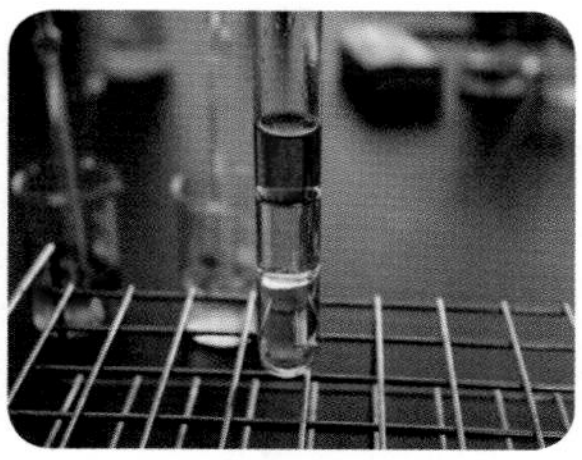

③ 물, 식용유, 알코올을 이용하여 3층의 액체탑을 쌓아본다.

탐구 팁!
두번째, 세번째 넣는 액체는 시험관 벽을 따라 천천히 흘러내리게 한다.

탐구결과

1. 다음 표의 빈칸에 알맞은 말을 채워 넣으시오.

	물 + 식용유	물 + 알코올	식용유 + 알코올
위층	식용유	㉠	㉡
아래층	물	㉢	㉣

2. 물, 식용유, 알코올을 이용하여 3층의 탑을 쌓았다. 각 층은 무엇인지 이름을 쓰시오.

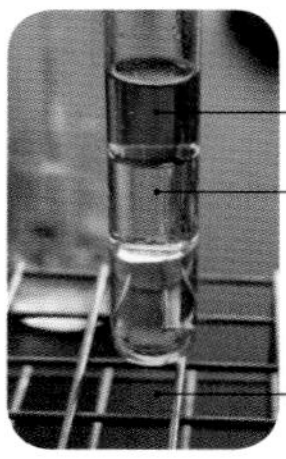

(가) :
(나) :
(다) :

탐구문제

1. 물, 식용유, 알코올을 넣었는데 오른쪽 그림처럼 층이 2개만 생겼다. 각 층은 무엇이며, 그 이유는 무엇인지 쓰시오.

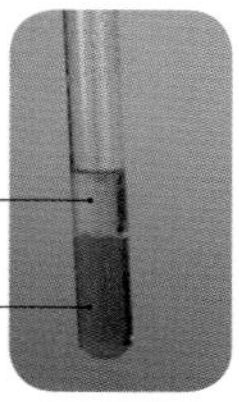

01 현정이는 여러 가지 액체의 성질을 알아보기 위해 다양한 방법으로 관찰하였다. 다음 현정이가 사용한 관찰 방법 중 잘못된 것을 모두 고르시오.

① 정확한 맛을 보기 위해 모든 액체를 조금씩 마셔 본다.
② 액체가 담긴 병을 흔들면서 액체의 흔들림을 관찰한다.
③ 액체의 냄새를 정확히 맡기 위해 액체 병에 직접 코를 대고 냄새를 맡는다.
④ 선생님의 지시에 따라 유리 막대를 이용하여 액체를 손등 위에 조금 묻힌 후, 손가락으로 비벼 액체의 촉감을 관찰한다.
⑤ 정확한 액체의 색깔을 확인하기 위해 액체를 투명한 병에 담은 후, 병 뒤에 흰 종이를 대고 비춰서 액체의 색깔을 관찰한다.

02 소금을 얻기 위해 바닷물을 끌어들여 논처럼 만든 곳을 '염전'이라고 한다. 염전에 바닷물을 막아 놓으면 물이 증발하고 소금이 남는다. 다음 중 우리 생활에서 이와 같은 원리가 적용된 예를 모두 고르시오.

① 빨래가 마른다.
② 물과 기름은 섞이지 않는다.
③ 배추를 소금에 절여 김치를 만든다.
④ 바닷가에서 오징어나 생선을 말린다.
⑤ 비누를 사용해 기름이 묻은 그릇을 닦는다.

03 수정이는 물, 식용유, 알코올에서 구슬이 가라앉는 빠르기를 비교하려고 한다. 다음 중 같게 해야 할 조건이 아닌 것은?

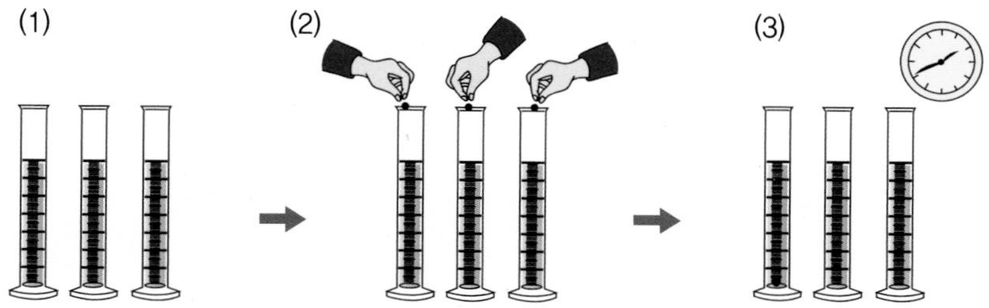

① 액체의 양
② 액체의 종류
③ 구슬의 크기와 무게
④ 구슬을 떨어뜨리는 위치
⑤ 눈금실린더의 길이와 굵기

04 승규는 방에서 빨래를 널어 말리려고 한다. 승규가 빨래를 가능한 빨리 말릴 수 있는 방법을 4가지 이상 쓰시오.

05 옷에 기름이 묻었을 때, 물로 빨면 기름이 지워지지 않지만 비누를 사용하면 기름이 잘 지워진다. 이것은 비누가 기름에 잘 섞이는 부분과 물에 잘 섞이는 부분으로 이루어져 있기 때문이다. 이처럼 우리 생활에서 서로 섞이지 않는 액체를 섞이게 하는 경우를 모두 고르시오.

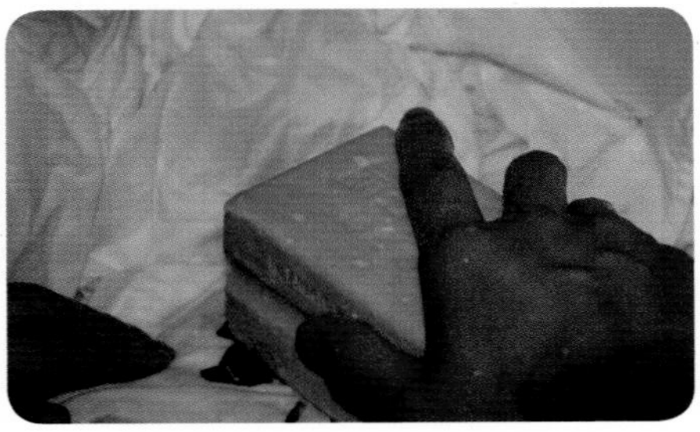

① 커피에 우유를 넣어서 마신다.
② 국에 간장을 넣어 간을 맞춘다.
③ 휘발유로 공장의 기름 얼룩을 없앤다.
④ 기름이 묻은 그릇이나 손을 비누로 닦는다.
⑤ 식용유와 식초에 계란 노른자를 섞어 마요네즈를 만든다.

06 명희는 학교에서 '견원지간(犬猿之間)'이라는 고사성어를 배웠다. 견원지간이란 개와 원숭이 사이라는 뜻으로, 사이가 매우 나쁜 두 사람의 관계를 비유적으로 이르는 말이다. 다음 여러 가지 액체 중에서 견원지간에 비유할 수 있는 것은 무엇인지 고르시오.

① 물과 알코올 ② 물과 식용유 ③ 물과 아세톤
④ 아세톤과 식용유 ⑤ 아세톤과 알코올

07

행전이는 전자 저울과 눈금 실린더를 이용하여 물, 알코올, 식용유의 무게를 알아보기 위한 실험을 하였다.

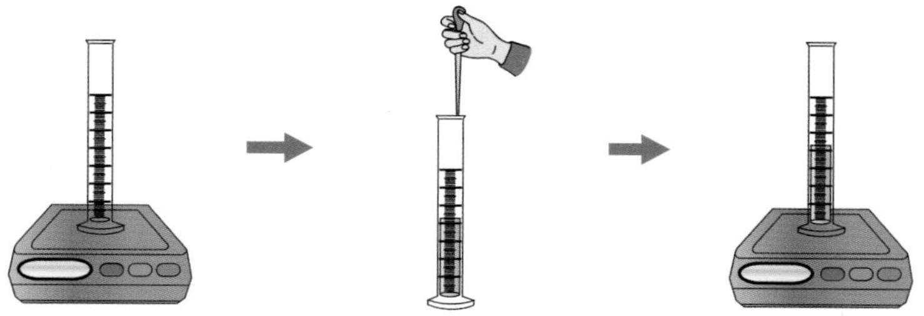

전자 저울을 이용해 3개의 눈금 실린더의 무게를 잰다

눈금 실린더에 각각 물, 알코올, 식용유를 50mL씩 넣는다.

전자 저울로 각각의 액체가 들어 있는 눈금 실린더의 무게를 잰다.

다음 표는 위 실험을 통해 행전이가 얻은 결과를 나타낸 것이다.

구분	물	알코올	식용유
빈 눈금 실린더의 무게(g)	26	26	26
액체가 든 눈금 실린더의 무게(g)	76	64	70

물, 알코올, 식용유 10mL의 무게는 각각 얼마인지 쓰시오.

08

영주는 스포이트로 물, 식용유, 알코올을 각각 1mL씩 빨아들여, 스포이트에 액체가 없어질 때까지 한 방울씩 떨어뜨리며 방울 수를 세어 다음과 같은 값을 얻었다.

구분	물	알코올	식용유
액체의 방울 수(방울)	24	51	46

액체 한 방울의 부피가 큰 것부터 순서대로 이름을 쓰시오.

> >

STEP BY STEP

09 민지는 스포이트를 이용해 물, 아세톤, 식용유를 유리판 위에 각각 한 방울씩 떨어뜨리려고 한다. 다음 물음에 답하시오.

(1) 스포이트 끝에 맺힌 액체 방울의 모양을 그리시오.

(2) 유리판 위에 떨어뜨린 액체 방울의 모양을 그리시오.

(3) 스포이트 끝에 맺힌 액체 방울의 모양과 유리판 위에 떨어뜨린 액체 방울의 모양은 같은지 다른지 쓰고, 그 까닭을 설명하시오.

STEP BY STEP

10

다음 그림과 같이 물을 $\frac{1}{4}$ 정도 유리컵에 부은 후, 스포이트로 유리컵 안쪽면을 따라 알코올을 아주 천천히 흘려 넣었더니 물과 알코올의 층이 생겼다. 다음 물음에 답하시오.

(1) 물과 알코올은 잘 섞이는 액체이다. 그런데도 위와 같이 층을 이룰 수 있는 이유는 무엇 때문인가?

(2) 물과 알코올이 층을 이룬 비커에 식용유 1방울을 넣으면, 식용유의 모양과 위치는 어떻게 될지 쓰시오.

11 우리는 때가 묻은 옷을 깨끗이 하거나, 손에 묻은 기름을 닦아낼 때 비누를 사용한다. 다음과 같이 비누 알갱이는 물과 잘 섞이지 않는 부분(기름과 잘 섞이는 부분)과 물과 잘 섞이는 부분으로 되어 있다.

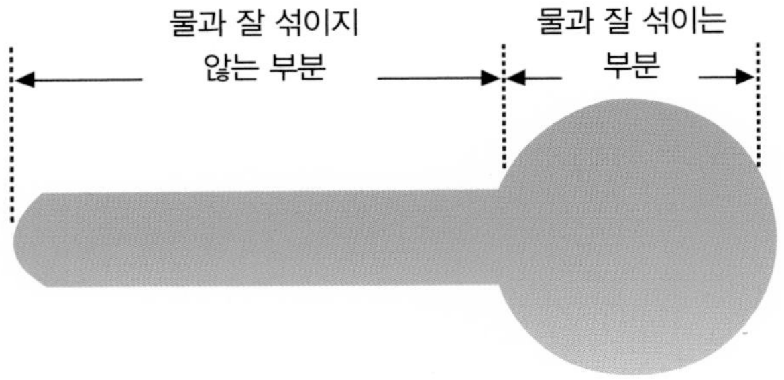

〈비누 알갱이의 구조〉

다음 그림에 비누 알갱이를 그려 넣고, 비누가 물에 녹아서 기름때를 제거하는 과정과 그 원리를 설명하시오.

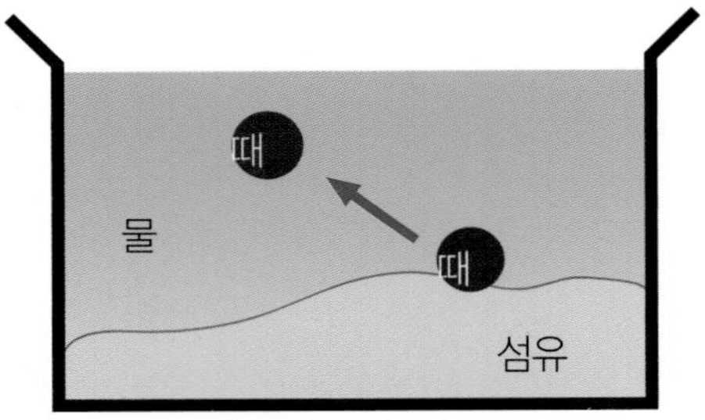

12 둥근바닥 플라스크에 물을 채운 후 입구를 마개로 막고, 온도를 다르게 해 주었더니 둥근바닥 플라스크 안의 물(액체)과 수증기(기체)량에 약간의 변화가 나타났다.

위의 실험을 바탕으로 다음 제시된 단어를 모두 사용하여 '증발'에 관한 문장을 완성하시오.

액체, 기체, 알갱이의 운동(움직임)

증발이란 ______________________________

______________________________ 현상이다.

열을 가하면 ______________________________

______________________________ 때문에

______________________________ 다.

창의력 키우기

01

액체는 담는 그릇에 따라 모양이 변하기 때문에 눈금 실린더에 넣어 정확한 부피를 측정할 수 있지만 모양이 일정하지 않은 돌멩이는 부피를 측정하기 어렵다.

- 유창성
- 융통성
- 독창성
- ✓ 정교성

연진이와 승규는 모양이 일정하지 않은 돌멩이의 부피를 측정하는 실험을 하기로 하였다. 이 때 필요한 준비물과 실험 방법을 쓰시오.

02 우리 주변에서 쉽게 볼 수 있는 액체인 물, 알코올, 식용유에 대한 문제이다. 다음 물음에 답하시오.

- 유창성
- 융통성
- 독창성
- ✓ 정교성

(1) 50mL의 물, 알코올, 식용유의 무게를 구하는 방법을 쓰시오.

(2) 일정한 부피 안에 들어 있는 물질의 질량을 밀도라고 한다. 다음은 밀도를 구하는 방법을 식으로 나타낸 것이다. 빈 칸을 채워 완성하시오.

$$\text{밀도} = \frac{\qquad}{\qquad}$$

(3) 위 (1)의 방법으로 물, 알코올, 식용유 50mL의 무게를 재었더니 다음과 같았다.

구분	물	알코올	식용유
빈 눈금실린더의 무게(g)	50	38	44

각 액체의 밀도(g/mL)를 구하시오.

(4) 위 (1)~(3)을 바탕으로 부피가 일정할 때, 무게와 밀도의 관계를 쓰시오.

01 물속으로 떨어지지 않고 떠 있는 클립, 물 위에 앉아있는 소금쟁이, 풀잎 끝에 맺힌 물방울. 이 현상들의 공통점은 물의 표면장력 때문에 나타난다. 표면장력이란 액체가 기체나 고체 물질과 접촉할 경우에 액체의 접촉 면적을 가능한 작게 하려는 힘을 말한다.

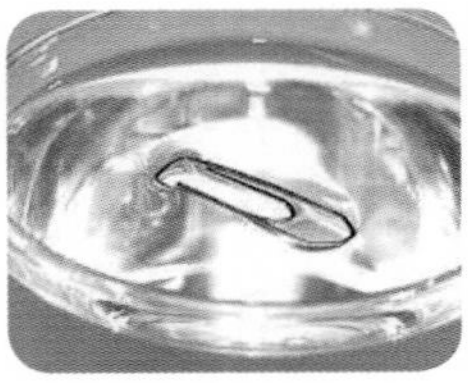
넓게 올려진 클립은 물속으로 떨어지지 않는다.

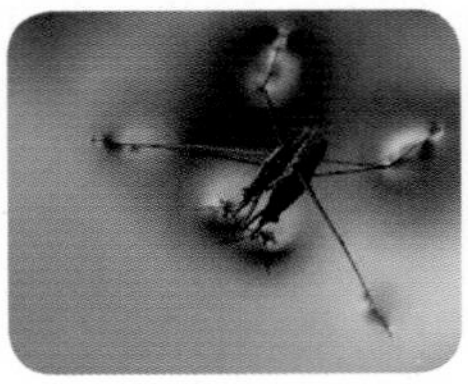
소금쟁이가 물 위에 뜬다.

나뭇잎 끝에 맺힌 물방울이 동그란 모양을 한다.

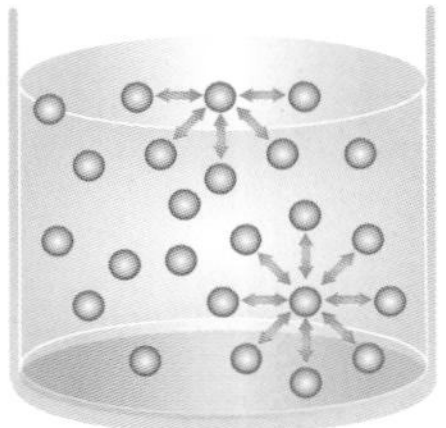

액체 표면(표면장력)

액체를 이루는 알갱이들의 인력(서로 당기는 힘)이 위쪽 방향으로 작용하지 않고 안쪽으로만 작용하기 때문에 물속으로 끌어당겨진다. 이 힘 때문에 표면의 분자들은 표면적을 작게 하려고 한다.

(1) 다음 중 표면장력과 관련 있는 현상이 아닌 것을 고르시오.

① 물수제비 뜨기를 할 수 있다.
② 빙산이 바닷물 위에 떠 있다.
③ 두 개의 물방울이 부딪히면 하나의 큰 물방울로 합쳐진다.
④ 물을 가득 채운 컵에 동전을 넣어도 물이 쉽게 넘치지 않는다.
⑤ 잔잔한 호수에 작은 돌을 떨어뜨리면 물방울이 둥근 모양으로 튀어 오른다.

(2) 다음 그림은 액체 수은과 물방울의 모습을 나타낸 것이다. 두 액체의 모양을 비교하여 표면장력의 크기를 비교해 보고, 왜 그렇게 생각하는지 이유도 쓰시오.

액체 수은

물방울

“

만약에 공기가 없다면?

새는 공기의 흐름을 이용해서 날며,
사람들은 공기가 없이 하루도 살 수 없다.
만약 공기가 없다면 어떤 일이 일어날까?

”

11

소중한 공기

개념다지기

쏙 쏙 빈칸을 채워 개념을 완성하세요!

● 공기가 있음을 알 수 있는 예

▲ 태극기가 바람에 펄럭인다.

▲ 선풍기를 켜면 시원하다.

▲ 바람에 나뭇가지가 흔들린다.

▲ 사람이나 동물이 숨을 쉰다.

❶ 공기*가 있음을 확인하기

(1) 공기가 있음을 알 수 있는 현상

① 나뭇잎이나 태극기가 바람에 날린다.
② 손, 부채 등으로 부채질하면 시원하다.
③ 선풍기를 켜면 바람*이 생긴다.
④ 튜브에 공기를 넣으면 튜브가 부풀어 오른다.

(2) 공기 모아 놀이하기 : 공기는 만지거나 볼 수 없지만, 바람을 일으키고 풍선을 불 수 있다.

비닐주머니 풍선

바람개비 돌리기

둥근막대 움직이기

풍선로켓 만들기

❷ 공기가 차지하는 공간

(1) 물속에서 공기 확인하기 : ❶ ________ 이 생기는 것을 통해 공기가 있음을 알 수 있다.

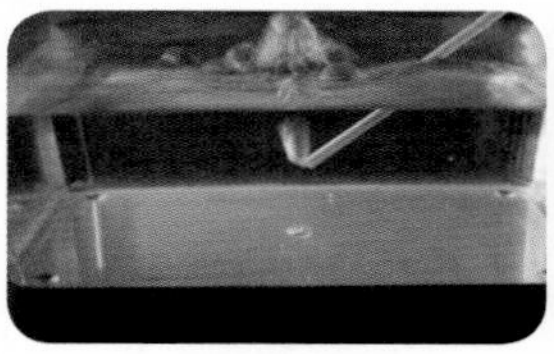

빨대 불기

주사기의 피스톤* 누르기

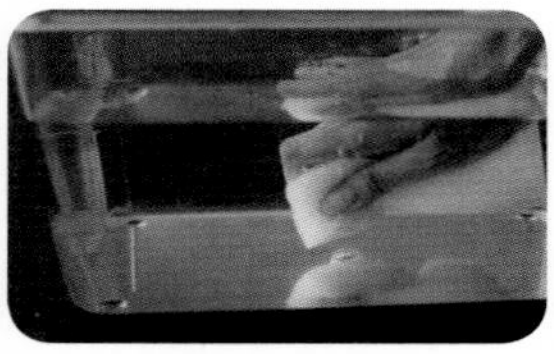

스펀지 누르기

(2) 종이배를 물에 띄워 컵으로 씌워보기

종이배를 수조의 물 위에 살짝 놓는다.

종이배를 투명한 컵으로 씌우고, 컵이 물에 잠기도록 누르면서 종이배의 위치를 관찰한다.

종이배는 컵의 바닥에 닿지 않고, 종이배의 돛*이 물에 젖지 않는다.

종이배의 돛이 물에 젖지 않는 까닭	컵 속의 공기가 일정한 ❷ ________ 을 차지하여 물이 들어갈 수 없기 때문이다.

● 과학단어

★공기 지구를 둘러싸고 있는 무색, 무명, 무취의 기체

★바람 공기의 움직임, 바람의 세기를 풍속, 바람의 방향을 풍향이라고 함

★피스톤 주사기에서 실린더 속을 이동하는 원통형의 부품

★돛 돛대에 달아 바람을 받게 하는 물체

❸ 공기 옮기기

(1) 배구공을 손으로 눌러보기

① 공기가 빠진 배구공 : 물렁물렁하고 손으로 누르면 잘 들어간다.
② 공기를 가득 넣은 배구공 : 탱탱하고 손으로 눌러도 잘 들어가지 않는다.
➡ 공기가 공간을 차지하고 있기 때문이다.

(2) 배구공의 공기를 풍선으로 옮기기 : 배구공과 풍선을 비닐관으로 연결한 후, 배구공을 누르면 풍선이 점점 부풀어 오른다.
➡ 배구공의 공기가 풍선 쪽으로 ______하였기 때문이다.

(3) 그릇 속의 공기를 다른 그릇으로 옮기기

*비커를 수조에 넣어 물을 채운다. ➔

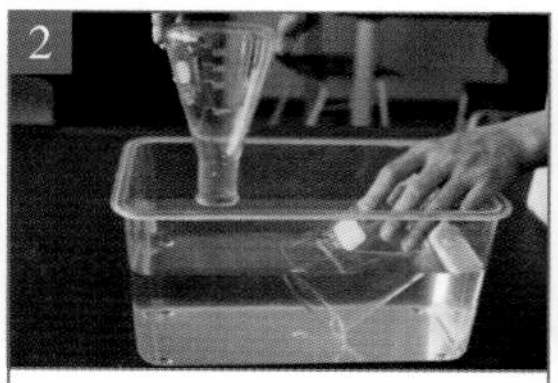

물이 들어가지 않도록 삼각플라스크를 똑바로 내린다. ➔

물속에서 삼각플라스크를 비커 안으로 기울인다.

❹ 풍선으로 여러 가지 모양 만들기

(1) 풍선에 공기를 불어넣어, 여러 가지 모양을 만들 수 있다.

(2) 풍선 놀이를 통해 알 수 있는 공기의 성질

① 공기를 담는 그릇에 따라 모양이 변한다.
② 일정량의 공기가 들어 있는 풍선의 *부피를 줄이면 풍선 안의 압력이 높아진다.(풍선이 팽팽해진다.)

❺ 우리 생활과 공기

(1) 우리 생활에서 공기가 이용되고 있는 경우

우리 몸	숨을 쉴 때, 인공 호흡할 때	장난감	풍선, 장난감 나팔 등
악기	리코더, 아코디언, 풍금 등	생활용품	자전거 바퀴, 자동차 바퀴 등
집안 생활	선풍기, 산소 발생기 등	스포츠	연날리기, 잠수부의 산소통 등

(2) 공기가 더러워지는 원인 : 공장 굴뚝의 연기, 자동차의 *매연, 공사장의 먼지, 쓰레기를 태울 때의 연기 등

(3) 더러운 공기에 의한 피해 : 눈이 따끔따끔하고 목이 아프며, 옷이 더러워지고 불쾌한 냄새가 난다.

(4) 공기를 깨끗이 하는 방법 : 매연이 나오지 않는 자동차를 개발한다, 쓰레기를 함부로 태우지 않는다, 나무를 많이 심는다, 청정 에너지를 사용한다 등

공기의 성질

① 움직인다.
② 눈으로 볼 수 없다.
③ 손으로 잡을 수 없다.
④ 우리 주위에 항상 있다.

공기가 더러워지는 원인

▲ 공장 굴뚝의 연기

▲ 자동차 배기 가스

과학단어

★비커 귀때가 달린 원통형 유리 그릇
★부피 물건이 차지하고 있는 공간의 크기
★매연 연료가 탈 때 나오는 그을음이 섞인 연기

개념다지기

쏙 쏙 빈칸을 채워 개념을 완성하세요!

❻ 공기를 구성하는 성분

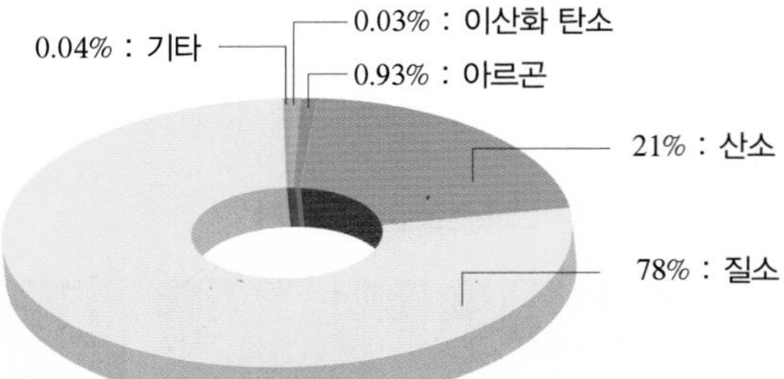

❼ 공기의 무게와 부피

(1) 공기가 무게를 가지고 있는지 알아보기

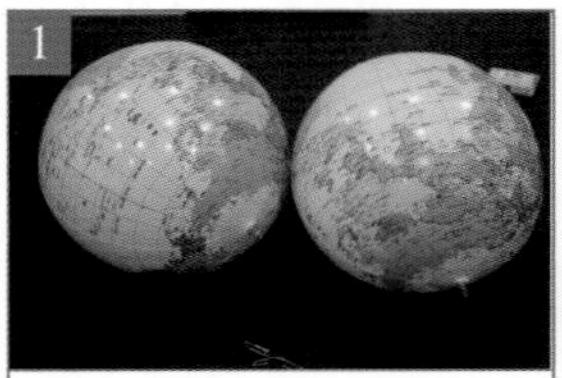

크기와 재질이 같은 두 개의 비치볼에 손 펌프를 이용하여 공기를 팽팽하게 넣는다.

나무 막대의 양쪽에 비치볼을 매달아 수평을 이루게 한다.

한쪽 비치볼의 공기를 뺀 후 변화를 관찰한다.

실험 결과	공기는 ❹ ______ 가 있어 공기가 많은 쪽이 더 무겁기 때문에, 공기가 빠지지 않은 쪽으로 나무 막대가 기운다.

(2) 공기의 부피 변화 알아보기

① 압력에 의한 부피 변화

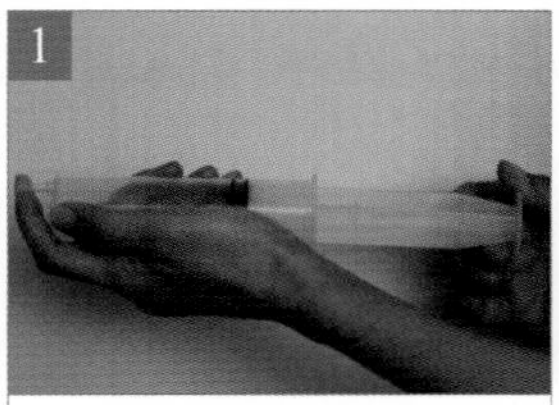

주사기의 피스톤을 당겨 공기를 넣은 후, 주사기의 입구를 막는다.

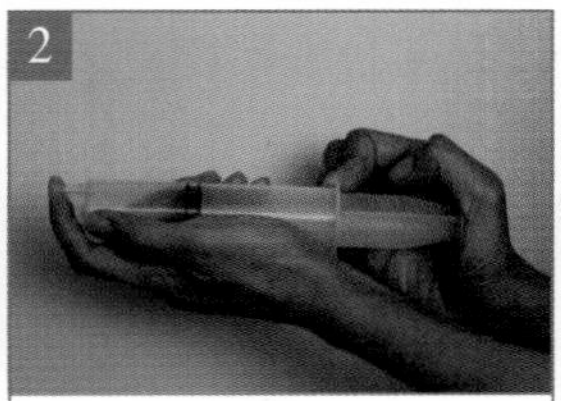

입구가 막힌 주사기의 피스톤을 민다.

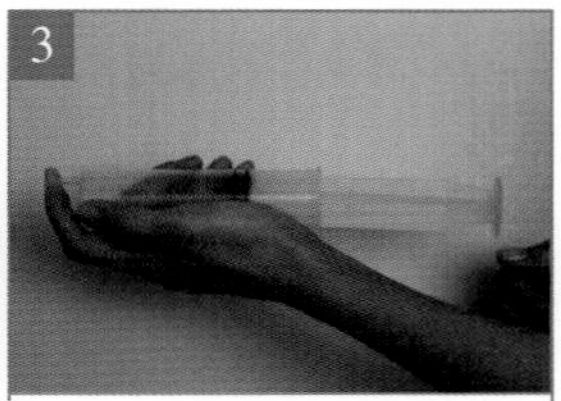

주사기의 피스톤에서 손을 뗀다.

실험 결과	· 공기에 압력을 가하면 부피가 ❺ ______. · 다시 압력을 작게 하면 공기의 부피가 원래대로 돌아온다.

● 로버트 보일
(Rovert boyle, 1627~1691)

영국의 화학자이며 물리학자이다. 화학에 실험적 방법과 입자 철학을 도입하여 근대 화학의 첫 단계를 구축하였으며, 부피와 압력 간의 관계를 나타낸 '보일 법칙'을 발표하였다.

● 보일 법칙

일정한 온도에서 *기체의 부피는 *압력에 반비례한다.

일정한 온도에서 기체의 외부에서 기체에 가하는 압력이 커지면 기체의 부피는 작아지고, 압력이 작아지면 기체의 부피는 커진다.

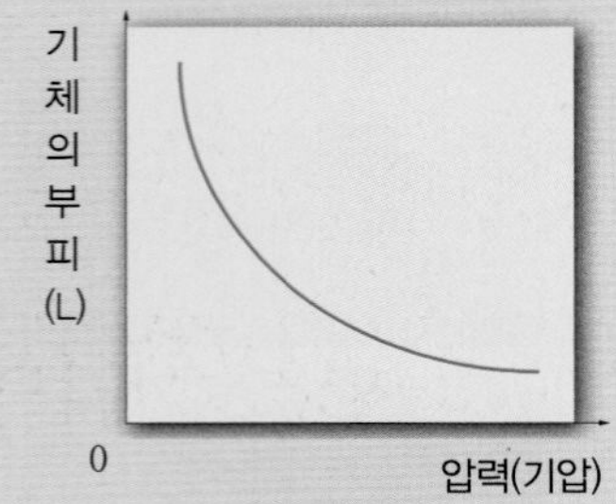

▲ 보일 법칙 그래프

● 주사기를 밀 때 내부 기체의 부피 변화

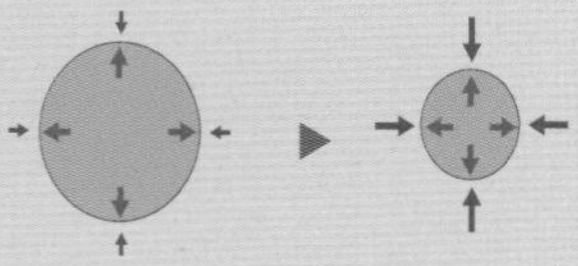

주사기 안에서 밖으로 밀어내는 공기의 압력은 일정한데, 주사기를 밀면 공기 밖에서 안으로 작용하는 외부 압력이 커지므로 기체의 부피는 감소한다.

● 과학단어

★기체 공기, 산소, 수소 등과 같이 일정한 모양을 갖지 못하는 물질

★압력 물체가 다른 물체를 누르는 힘

② 열에 의한 부피 변화

더운물에 담글 때	찬물에 담글 때
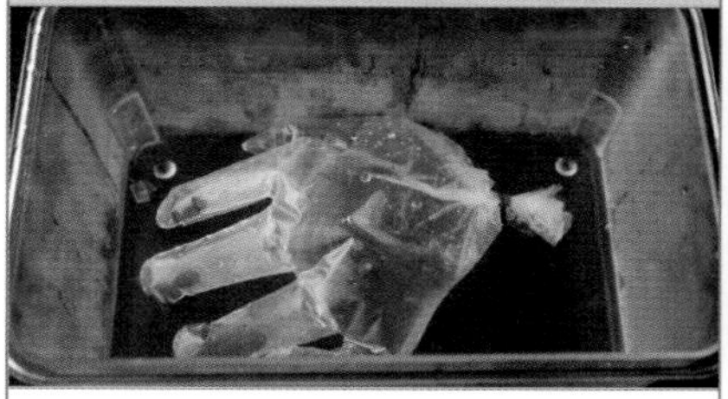	
비닐 장갑 속 공기의 부피가 증가하여 비닐 장갑이 부풀어 오른다.	비닐 장갑 속 공기의 부피가 감소하여 비닐 장갑이 쭈그러든다.

풍선 속 공기의 부피	높은 온도에서 공기의 부피 > 낮은 온도에서 공기의 부피

③ *분자 운동과 공기의 부피 변화

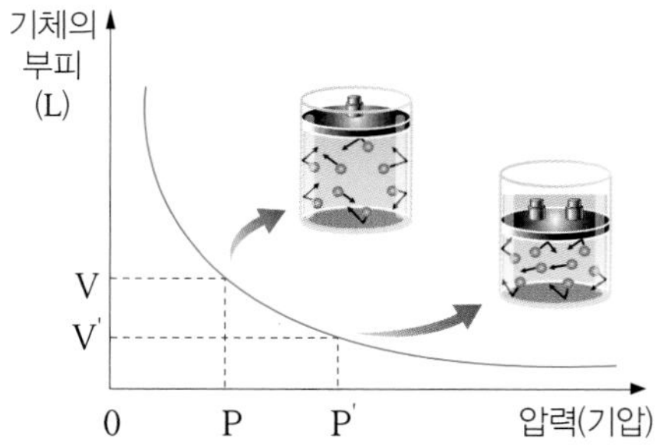

공기의 압력이 증가하면 부피가 감소한다 → 분자 운동은 변함없다

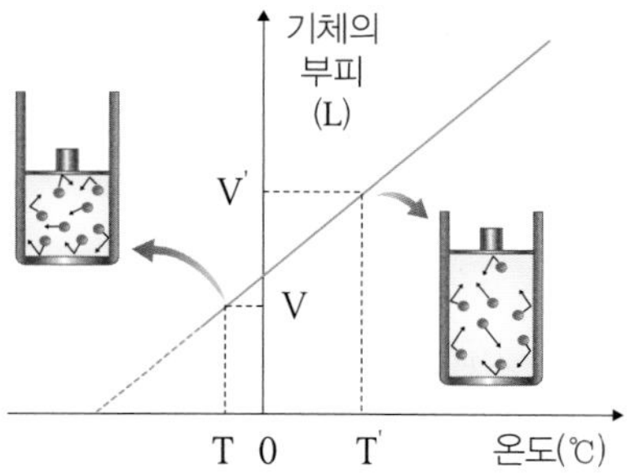

공기의 온도가 증가하면 부피가 증가한다 → 온도가 증가하면 분자 운동이 더 활발해진다

샤를 (Charles, 1746~1823)

프랑스의 물리학자, 기체의 성질을 연구하여, 샤를 법칙을 발견하였다.

샤를 법칙

일정한 압력에서는 온도와 비례하여 기체의 부피가 증가한다.

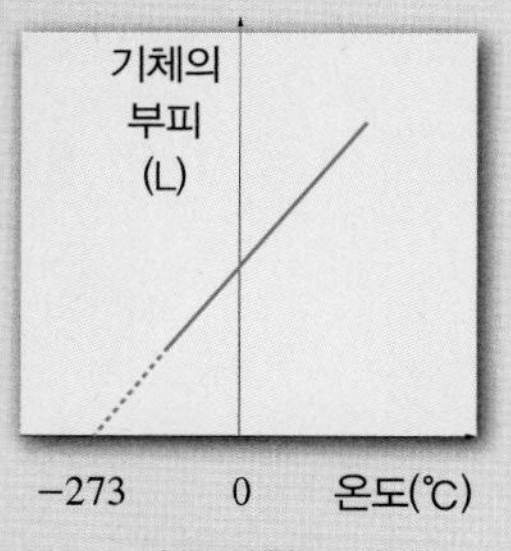

▲ 샤를 법칙 그래프

과학단어

★분자 물질의 성질을 가지고 있는 가장 작은 단위. 독립성을 가진 화학 물질의 최소 입자

SPEED CHECK!

기본확인문제

1. 공기는 볼 수(는) (있고, 없고), 만질 수(는) (있다, 없다).
2. 주사기를 물속에 넣고 피스톤을 (누르면, 당기면), 주사기 끝 부분에서 공기 방울이 나온다.
3. 종이배를 물에 띄우고 컵을 씌워 누르면 종이배의 돛이 (젖는다, 젖지 않는다).
4. 공기는 일정한 (공간, 위치)을(를) 차지한다.
5. 공기는 무게가 (있다, 없다).
6. 공기는 이동시킬 수 (있다, 없다).
7. 일정한 공간에 있는 공기에 열을 가하면 공기의 부피가 (줄어들고, 늘어나고), 압력을 가하면 공기의 부피가 (줄어든다, 늘어난다).
8. 공기는 담는 그릇에 따라 모양이 (달라진다, 달라지지 않는다).
9. 관악기나 아코디언은 (공기, 물)을 이용한 악기이다.

개념다지기 정답 | ❶ 공기방울 ❷ 공간 ❸ 이동 ❹ 무게 ❺ 줄어든다

탐구1. 온도와 기체의 부피와의 관계

탐구과정

준비물
음료수 병, 100원짜리 동전, 수조, 비커, 뜨거운 물, 얼음물

[실험 A] 공기의 팽창

1. 빈 음료수병을 얼음물이 든 비커에 몇 분 넣어 둔다.
2. 병을 꺼내어 입구에 물을 묻힌 후, 100원 동전을 올려놓는다.
3. 2의 병을 뜨거운 물이 든 수조에 넣고 변화를 관찰한다.

[실험 B] 공기의 수축

1. 음료수병을 뜨거운 물에 몇 분 담가놓는다.
2. 병 입구에 물을 묻히고 100원 동전을 올려 놓고 얼음물에 넣는다.
3. 병을 꺼내어 뒤집어 본다.

탐구문제

1. [실험 A] 공기의 팽창에서 병 입구의 동전에 나타나는 변화는 무엇인가? 그런 변화가 나타나는 이유는 무엇인가?

2. [실험 B] 공기의 수축에서 동전이 아래로 떨어지지 않는 이유는 무엇인지 설명하시오.

3. 다음 빈칸에 알맞은 말을 써 넣으시오.

기체의 온도가 높아지면 기체의 부피는 (   )나고, 온도가 낮아지면 기체의 부피는 (   ) 든다.

탐구2. 압력과 기체의 부피와의 관계

탐구과정

준비물
진공 실험기, 풍선, 초코파이

[실험 A] 압력에 따른 풍선의 부피 변화

1. 풍선을 작게 불어 진공실험기 안에 넣는다.

2. 진공 실험기 안의 공기를 빼낸다.

[실험 B] 압력에 따른 과자봉지의 부피 변화

1. 진공 실험기 안에 초코파이를 통째로 넣는다.

2. 진공 실험기 안의 공기를 빼낸다.

1. 초코파이를 꺼내어 진공 실험기 안에 넣는다.

2. 진공 실험기 안의 공기를 빼낸다.

탐구문제

1. [실험 A] 에서 풍선의 크기가 커지는 이유는 무엇인지 설명하시오.

2. 초코파이가 부풀어 오르는 것에 대한 다음 설명 중 옳은 것을 모두 고르시오.

① 초코파이를 감싸는 빵의 부피가 커진 것이다.
② 마시멜로우 속 공기의 부피가 늘어난 것이다.
③ 초코파이 밖에서 미치는 압력이 작아지기 때문이다.
④ 진공기 안으로 공기를 넣으면 빵은 원래대로 작아진다.
⑤ 진공기 안으로 공기를 넣어도 늘어난 부피는 줄어들지 않는다.

3. 다음 빈칸에 알맞은 말을 써 넣으시오.

기체에 가해지는 압력이 커지면 기체의 부피는 (   )들고, 압력이 작아지면 기체의 부피는 (   )난다.

01 다음과 같이 종이배를 물에 띄운 후, 컵으로 씌워 컵을 수조 바닥까지 내려가도록 눌렀다. 이 실험에 대한 설명으로 알맞은 것을 고르시오.

① 종이배의 돛이 물에 젖는다.
② 종이배의 돛이 컵의 바닥에 닿는다.
③ 이 실험으로 공기는 무게가 있다는 것을 알 수 있다.
④ 물에 소금을 넣고 실험을 하면, 종이배의 돛이 물에 젖는다.
⑤ 컵의 바닥 쪽에 구멍을 뚫고 컵을 누르면 종이배의 돛이 물에 젖는다.

02 승진이는 다음과 같이 풍선 로켓을 만들었다. 로켓을 발사했더니 앞으로 조금 나아간 후 멈추었다. 승진이의 로켓이 더 멀리 갈 수 있도록 로켓을 고치려고 한다.

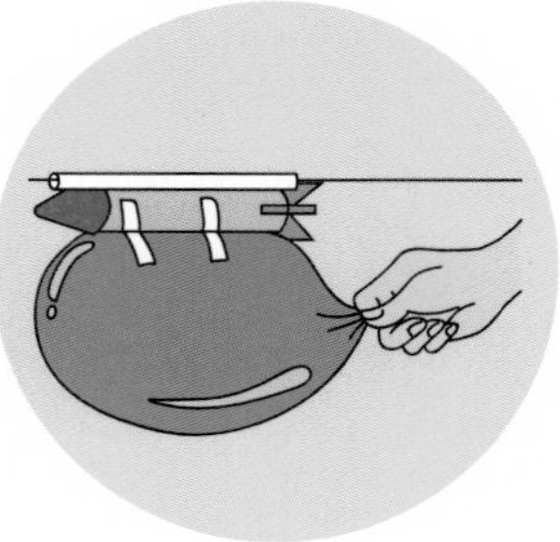

다음 중 풍선 로켓이 멀리 나아가기 위한 방법으로 알맞다고 생각되는 것을 모두 고르시오.

① 파란색 풍선을 단다.
② 풍선을 더 크게 분다.
③ 로켓 뒤쪽에 두꺼운 판지를 붙인다.
④ 똑같은 크기의 부푼 풍선을 하나 더 단다.
⑤ 더 두껍고 무거운 종이를 이용해 로켓을 만든다.

03

우리는 공기가 없으면 하루도 살아갈 수 없다. 이처럼 우리에게 소중한 공기는 우리 주변에 항상 있지만, 눈으로 보지도 손으로 만질 수도 없다. 우리 주변에 공기가 있다는 증거를 3가지 이상 쓰시오.

04

민지와 희진이는 요술 풍선을 이용해 강아지를 만들었다. 그런데 처음에는 말랑말랑했던 풍선을 여러 번 꼬아 묶을수록 자꾸 풍선이 팽팽해졌다.

다음 중 그 이유를 바르게 설명한 것은 어느 것인지 고르시오.

① 풍선의 새깔이 초록색이기 때문이다.
② 풍선 속 공기가 차가워졌기 때문이다.
③ 풍선보다 공기가 더 무겁기 때문이다.
④ 공기는 담는 그릇에 따라 모양이 달라지기 때문이다.
⑤ 일정량의 공기가 들어 있는 풍선의 부피를 줄이면 풍선 안의 압력이 높아지기 때문이다.

05

다음 그림과 같이 두 개의 주사기에 공기를 반쯤 채운 뒤, 비닐관으로 연결하였다.

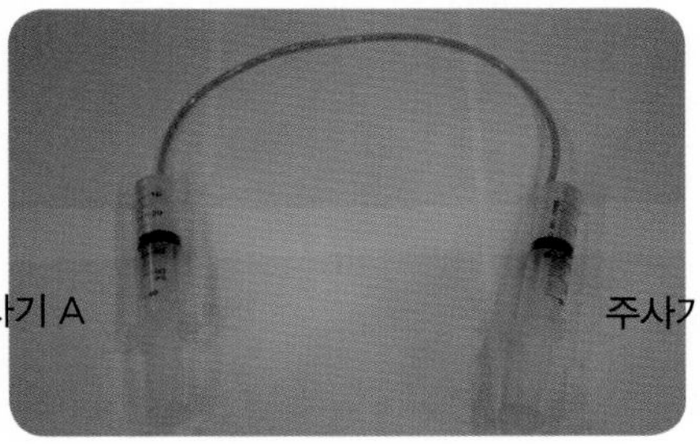

다음 중 이 두 개의 주사기를 이용해 실험을 한 결과로 옳은 것을 고르시오.

① 주사기 A의 피스톤은 절대 움직이지 않는다.
② 주사기 A의 피스톤은 눌러도 주사기 B의 피스톤은 변화가 없다.
③ 주사기 A의 피스톤을 당기면 주사기 B의 피스톤은 밖으로 나온다.
④ 주사기 A의 피스톤을 누르면 주사기 B의 피스톤이 안으로 들어간다.
⑤ 주사기 A의 피스톤이 움직이지 못하도록 잡고 수증기를 쐬자, 주사기 B의 피스톤이 밖으로 나온다

06

놀이 공원에서 파는 풍선에는 실이 매달려 있다. 이 실을 놓치면 풍선은 하늘 높이 올라간다. 이것은 풍선 속에 공기보다 가벼운 기체가 들어 있기 때문이다. 그렇다면 하늘 높이 올라간 풍선은 어떻게 될지 고르시오.

① 높은 곳에는 공기가 적기 때문에 풍선의 크기는 점점 커지다 터질 것이다.
② 높은 곳에는 공기가 적기 때문에 풍선의 크기는 점점 작아지다 터질 것이다.
③ 높은 곳이나 낮은 곳이나 공기는 똑같이 존재하므로 크기는 변함없을 것이다.
④ 높은 곳에는 공기가 더 많기 때문에 풍선의 크기는 점점 커지다 터질 것이다.
⑤ 높은 곳에는 공기가 더 많기 때문에 풍선의 크기는 점점 작아지다 터질 것이다.

07

다음 그림과 같이 영희는 빨대의 한쪽 끝을 수조의 물속에 넣고 다른 쪽 끝을 입으로 불어서 수조 밑바닥에서 공기방울을 만들었다. 이후 공기 방울이 어떻게 될지 자세히 그림을 그리시오.

08

사람이 숨을 쉴 때 우리는 보통 '산소'를 마시고, 이산화탄소를 내보낸다.'고 한다. 사람이 숨을 들이마실 때 몸 속으로 들어가는 공기의 성분비가 다음그림과 같을 때, 숨을 내쉴 때 몸에서 빠져나가는 공기의 성분비는 어떻게 될지 고르시오.

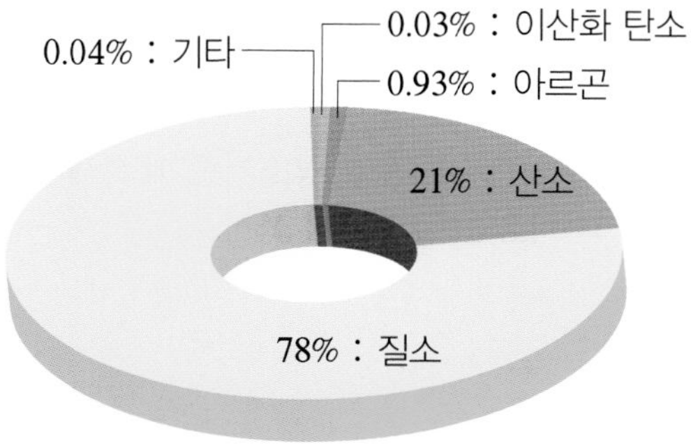

① 질소 78%, 산소 0%, 이산화탄소 21%
② 질소 76%, 산소 16%, 이산화탄소 4%
③ 질소 70%, 산소 21%, 이산화탄소 8%
④ 질소 60%, 산소 16%, 이산화탄소 25%
⑤ 질소 78%, 산소 21%, 이산화탄소 0.03%

STEP BY STEP

09 다음 그림은 우리 생활에서 부피가 큰 의류나 이불을 보관하는 방법 중의 하나인 압축팩을 사용하는 모습을 나타낸 것이다. 다음 물음에 답하시오.

(1) 위에서 진공 청소기가 한 역할은 무엇인지 쓰시오.

(2) 만약 압축팩에 진공 청소기를 계속해서 작동시켜도 더 이상 압축이 되지 않는다면, 그 이유는 무엇인지 쓰시오.

STEP BY STEP

10

다음 그림은 빨대를 감자에 꽂는 실험을 하고 있는 모습을 나타낸 것이다. 다음의 두 가지 실험 과정을 보고 물음에 답하시오.

실험 (가)	실험 (나)
① 가늘고 곧은 빨대를 준비한다. ② 빨대의 꼭대기를 막지 않고 감자에 꽂는다. 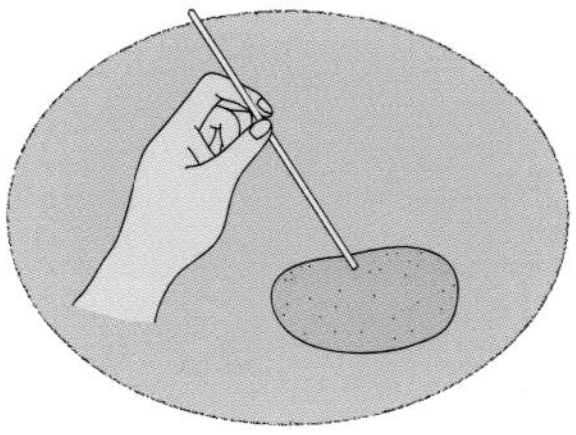	① 가늘고 곧은 빨대를 준비한다. ② 빨대의 꼭대기를 손가락으로 막고 감자에 꽂는다. 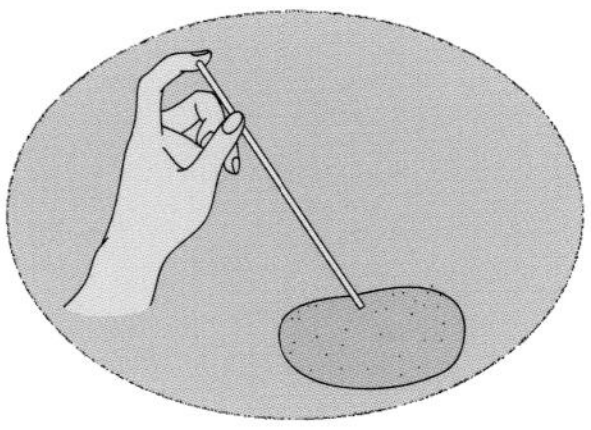

(1) 위 실험 (가)와 실험 (나)에서 빨대 속에 들어 있는 것은 무엇인지 쓰시오.

(2) 실험 (가)와 실험 (나) 중에서 빨대가 더 잘 꽂히는 것을 고르고, 빨대가 더 잘 꽂히는 이유는 무엇인지 쓰시오.

STEP BY STEP

11 탁구공을 물에 띄운 후, 플라스틱 컵을 씌워 수조 바닥까지 내려가도록 눌렀더니 다음 그림과 같은 결과가 나타났다. 다음 물음에 답하시오.

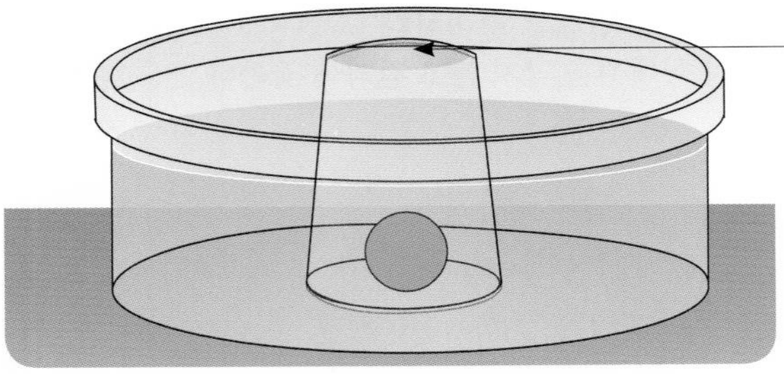

(1) 플라스틱 컵의 바닥에 탁구공이 닿을 수 있는 방법을 제시하시오.

(2) 위 (1)과 같은 답을 적은 이유(원리)는 무엇인지 설명하시오.

STEP BY STEP

12 승규는 공기를 이용해 다음과 같은 놀이를 하였다. 물음에 답하시오.

(가)

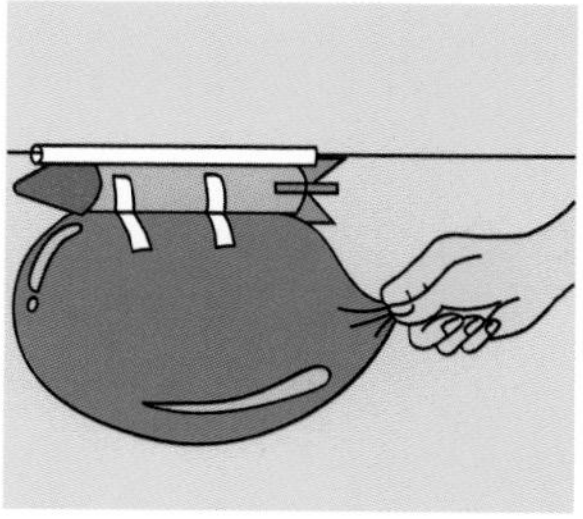

(나)

(1) (가)의 놀이에서 둥근 막대를 더 멀리 굴러가게 할 수 있는 방법을 3가지 쓰시오.

(2) (나)의 풍선 로켓이 더 멀리 날아가게 하려면 어떤 변화를 주어야 하는지 3가지 쓰시오.

창의력 키우기

01

다음 그림과 같이 페트병에 물이 반 정도 담겨 있다.

- 유창성
- ✓ 융통성
- 독창성
- ✓ 정교성

다음 준비물을 사용하여, 페트병을 기울이지 않고, 옆에 놓여진 컵에 물을 따를 수 있는 방법을 제시하시오. (단, 주어진 준비물을 모두 사용할 필요는 없으며, 그림을 그려 설명해도 좋다.)

준비물

구부러지는 빨대

고무찰흙

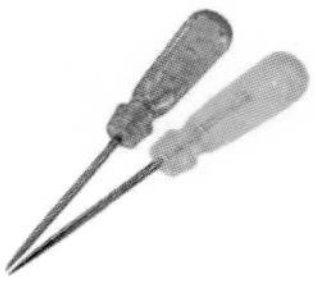

송곳

주사기

솜

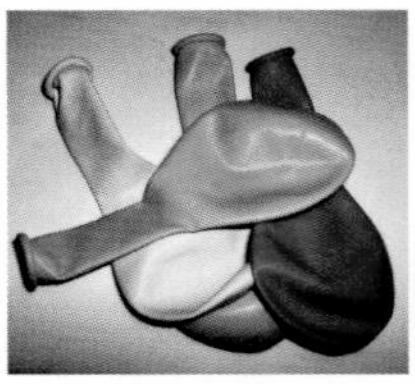

풍선

02

- ✓ 유창성
- ✓ 융통성
- 독창성
- 정교성

공기는 우리 주위에 항상 존재하면서도 눈으로 볼 수 없고, 손으로 잡을 수도 없어 그 존재를 잘 인식하지 못한다. 만약 공기가 없다면 어떤 일이 벌어질지 가능한 상황을 다양한 관점에서 많이 적어 보시오.

01

공기는 질소, 산소, 아르곤, 이산화 탄소 등의 기체가 고르게 섞여 있는 혼합물이다. 그 중 가장 많은 기체는 질소로 공기의 약 78%를 차지하고 있다. 질소 기체는 1789년 라부아지에에 의해 처음으로 이름이 붙여졌다. 산소와 달리 생명 유지와 관련이 없다는 뜻에서 그리스어 생명(zoe)을 뜻하는 단어에 부정어 a를 붙여서 'azote'라고 명명하였다. 또한 질소는 산소와 달리 다른 물질과 반응을 잘 하지 않으므로 백열 전구의 내부를 채우거나 과자 봉지를 부풀리는 데에도 사용된다.

(1) 생명 유지에 꼭 필요한 산소는 공기 중에 21%가 포함되는데 생명 유지와 관련이 없는 질소는 공기 중에 78%가 포함되어 있는 이유를 써 보시오.

(2) 기체 질소가 액체 질소로 되기 위해서는 -196℃보다 낮은 온도가 되어야 한다. 온도가 매우 낮기 때문에 액체 질소는 냉각제로 사용된다. 그 예로 즉석에서 아이스크림을 만들어주는 곳에서도 액체 질소를 사용한다.

아이스크림을 만들 때 액체 질소를 어떻게 사용하는지 구체적으로 서술하고, 액체 질소를 또 어디에 사용하면 좋을지 써 보시오.

“

천둥소리는 왜 나는 것일까?

번쩍~! 하고 번개가 치고 나면,
하늘이 무너질 것처럼 우르르~ 쾅~! 하고 천둥이 친다.
왜 천둥 소리가 나는 것일까?

”

12

소리내기

개념다지기

쏙 쏙 빈칸을 채워 개념을 완성하세요!

❶ 소리의 발생

(1) 소리를 내는 다양한 방법 : 문질러서, 두드려서, 뚱겨서, 부딪쳐서 등

▲ 한 물체를 가지고 다양한 방법으로 소리내기

(2) 여러 가지 악기로 소리내기

두드려서

불어서

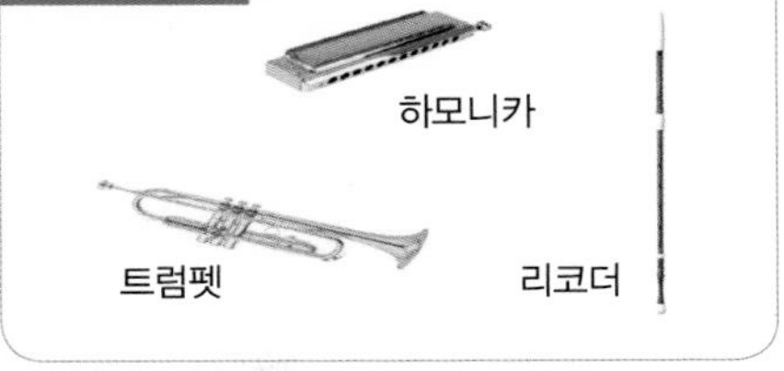

뚱겨서

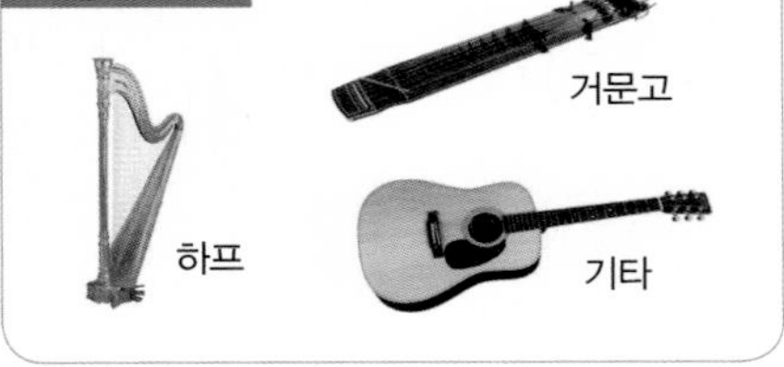

문질러서

부딪쳐서

흔들어서

(3) 물체가 ❶ ______ 를 낼 때는 떨리거나 흔들린다.

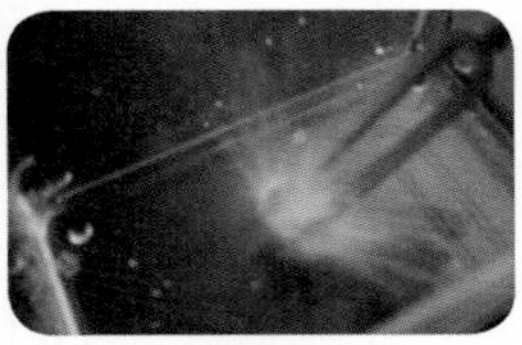

▲ 소리굽쇠를 두드려 물에 넣은 모습

소리굽쇠를 두드리지 않고 물에 넣었을 때	소리굽쇠를 두드린 다음 물에 넣었을 때
아무런 변화가 없다.	물이 튄다.

(4) 소리를 내는 물체를 ❷ ______ 이라고 한다.

● 여러 가지 소리의 분류 기준
① 소리가 나는 장소에 따라
- 학교 안에서 나는 소리
- 시장에서 나는 소리
- 공원에서 나는 소리

② 소리는 내는 사물의 종류에 따라
- 무생물체가 내는 소리
- 생물체가 내는 소리

③ 소리를 내는 방법에 따라
- 두드리는 소리
- 부딪치는 소리
- 깨지는 소리
- 밟는 소리

● 천둥소리가 나는 이유
천둥은 공기 중의 전기 *방전에 의하여, 공기가 팽창하면서 발생하는 것이다.

▲ 번개치는 모습

● 모기가 날 때 소리가 나는 이유
모기에게서 나는 윙윙 거리는 소리는 모기의 날개 진동 때문에 발생한다. 모기의 빠른 날갯짓이 주변의 공기를 진동시켜 윙윙 소리가 나는 것이다.

▲ 모기

● 과학단어
★방전 전기가 외부로 흘러나오는 현상

❷ 소리의 높낮이

(1) 소리의 크기와 소리의 높낮이 비교

소리의 크기	
작은 소리 내기	큰 소리 내기

피아노를 살살 친다.	피아노를 세게 친다.

소리의 높낮이	
높은 소리 내기	낮은 소리 내기

높은 음의 건반을 누른다.	낮은 음의 건반을 누른다.

(2) 소리의 높낮이에 영향을 주는 요인

① 진동*하는 물체의 길이

짧을수록 : ③ ______ 소리

길수록 : ④ ______ 소리

② 진동하는 물체의 굵기

가늘수록 : ⑤ ______ 소리

굵을수록 : ⑥ ______ 소리

③ 진동하는 물체의 팽팽한 정도

느슨할수록 : ⑦ ______ 소리

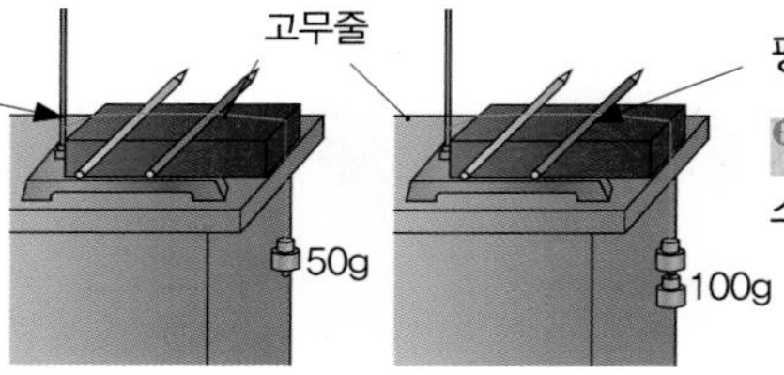

팽팽할수록 : ⑧ ______ 소리

소리의 높낮이는 진동하는 물체가 1초 동안 진동하는 횟수에 의해 결정된다. 1초 동안 진동하는 횟수가 많으면 높은 소리가 나고, 1초 동안 진동하는 횟수가 적으면 낮은 소리가 난다.

· 소리내는 물체의 길이가 길면 낮은 소리, 짧으면 높은 소리를 낸다.
· 소리내는 물체의 크기가 크면 낮은 소리, 작으면 높은 소리를 낸다.
· 소리내는 물체가 느슨하면 낮은 소리, 팽팽하면 높은 소리를 낸다.

그 밖의 간이 악기들

① 낚시찌통 팬파이프 : 길이가 다른 낚시찌통을 불어서 공기를 진동시켜 소리를 낸다. 파이프가 길수록 진동시킬 공간이 많아져 낮은 소리를 낸다.

② 숟가락 실로폰 : 크기가 다른 숟가락을 두드려서 숟가락 전체를 진동시켜 소리를 낸다. 숟가락이 클수록 낮은 소리가 난다.

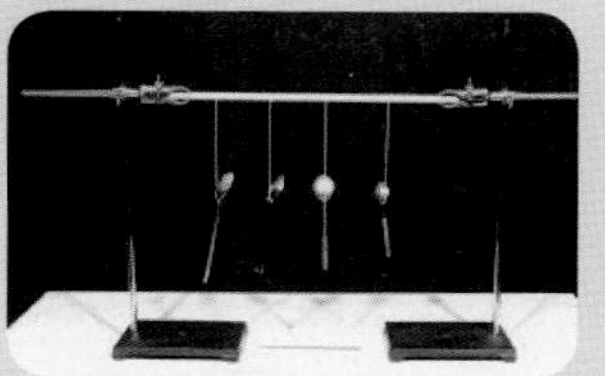

③ 사발북 : 랩을 씌운 면적이 클수록 낮은 소리, 작을수록 높은 소리를 낸다.

③ 유리병 실로폰 : 물이 든 유리병을 치면, 유리병 속의 물이 든 병 부분이 진동하여 소리를 낸다. 물이 많이 들어 있을수록, 진동이 어려워져 낮은 소리를 낸다.

과학단어
★진동 흔들려 움직임

개념다지기

쏙 쏙 빈칸을 채워 개념을 완성하세요!

● 스피커 앞의 촛불 관찰

▲ 소리가 나지 않을 때

▲ 소리가 날 때

● 진공 상태에서 소리의 전달

소리가 전달되려면 매질*이 있어야 한다. 그러나 진공 상태에서는 소리를 매개하는 물질이 없어서 소리가 전달되지 않는다. 보일은 유리구 속에 시계를 넣고 유리구의 공기를 천천히 뽑아내자 시계의 시침과 분침은 회전하였지만 소리가 점점 희미해지다가 아무 소리도 들을 수 없게 되었다. 이를 통해 소리는 공기를 통해 전달됨을 알 수 있었다.

● 과학단어

★속력 물체의 빠르고 느린 정도로 속력의 단위는 m/s, km/h 등이 있음

★매질 어떤 파동이나 물리적 작용을 한 곳에서 다른 곳으로 옮겨 주는 물질

❸ 소리의 전달

(1) 소리를 전달하는 방법

① 공기 속에서 소리의 전달 실험

· 실험 방법 : 양철통에 비닐 랩을 씌운 후, 좁쌀을 올려놓고 주전자의 밑바닥을 세게 친다.

· 실험 결과 : 비닐 랩이 흔들리고, 비닐 랩 위의 좁살이 튄다.

주전자 소리의 전달 과정

주걱으로 주전자를 친다. → ⑨ 　　　　가 떨린다. → 주변의 ⑩ 　　　　가 떨린다. → 비닐 랩이 떨린다. → 좁쌀이 튄다.

② 소리가 전달되는 물질

물체	풍선	책상	철봉	물	유리창	털실
물체를 이루는 물질	공기	나무	철	물	유리	실
소리의 전달	○	○	○	○	○	○

③ 물질에 따라 소리가 전달되는 ⑪ 　　　　은 다르다.

물질	소리가 전달되는 속력*(m/s)	공기에서 보다 빠른 정도
공기(15℃)	340	1.0 배
물(15℃)	1433	4.4 배
나무	4300	9.7 배
강철	4900	14.7 배

(2) 실전화기에서의 소리 전달

① 실전화기 만들기

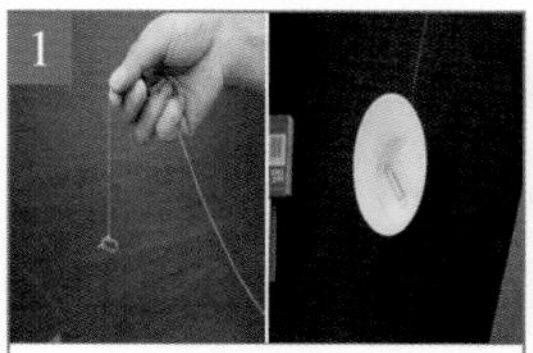

실의 한쪽에 클립을 묶은 후 컵의 안쪽에서 바깥쪽으로 빼낸다. ➔

실의 한쪽을 다른 컵의 바깥에서 안쪽으로 빼낸 후 클립으로 고정한다. ➔

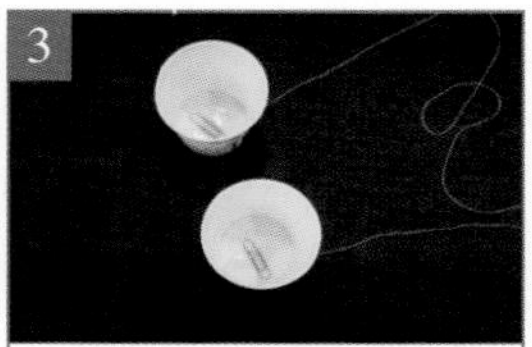

실 전화기 완성

② 실전화기는 실을 통해 소리가 전달된다.

③ 실전화기 여러 대를 동시에 연결해도 잘 들린다.

④ 실전화기에서 소리가 잘 전달되는 조건

· 실이 팽팽하고, 길이가 ⑫ 　　　　수록 소리가 잘 전달된다.
· 실에 물을 묻히면 더 잘 전달된다.
· 실의 중간을 손으로 잡으면 소리가 잘 들리지 않는다.
· 실 대신 용수철, 구리선, 낚시줄 등을 연결해도 소리가 잘 들린다.

(3) 작은 소리 듣기

① 작은 소리를 듣는 방법
- 주위를 조용히 한다.
- 종이를 말아 귀에 대거나 손을 귀에 대고 듣는다.
- 청진기나 보청기*를 사용한다.

② 청진기 만들기

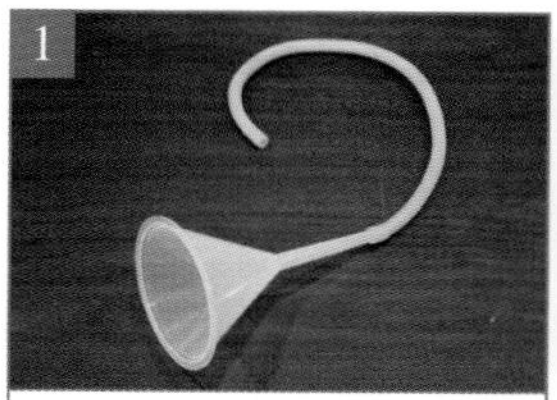

깔때기에 고무관을 끼운다. ➔

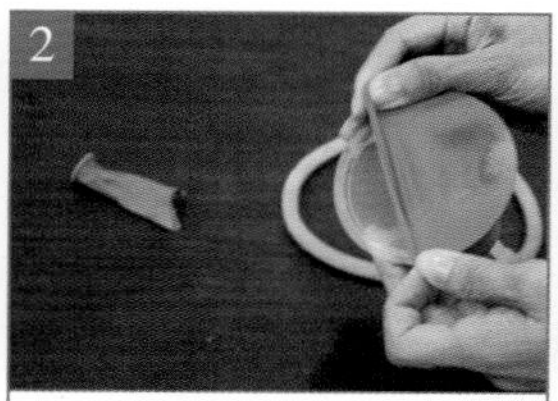

깔때기에 입구를 잘라낸 풍선을 팽팽하게 씌운다. ➔

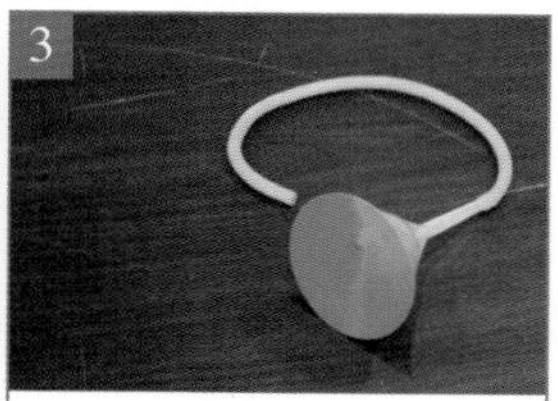

간이 청진기 완성

청진기로 소리를 들을 수 있는 까닭	⓭ ________ 에 의해 소리가 모아진 후 고무관 속의 공기를 통해 소리가 전달되기 때문이다.

(4) 소리를 전하는 방법

① 옛날과 오늘날의 소리 전달 방법 비교

옛날	큰북, 나팔, 가위, 종 등
오늘날	무전기, 라디오, 휴대 전화기, 확성기* 등

② 소리를 전달하는 방법

직접 전달 방법	큰북, 나팔, 가위, 종 등
직접 전달 방법	소리를 전기 신호로 바꾸어 전달한 후 다시 소리로 재생함. 전화기, 무전기, 라디오, 휴대 전화기 등

초음파를 이용하는 동물들

- 박쥐는 초음파를 이용해 어두운 곳에서 움직이거나 먹이를 찾는다.

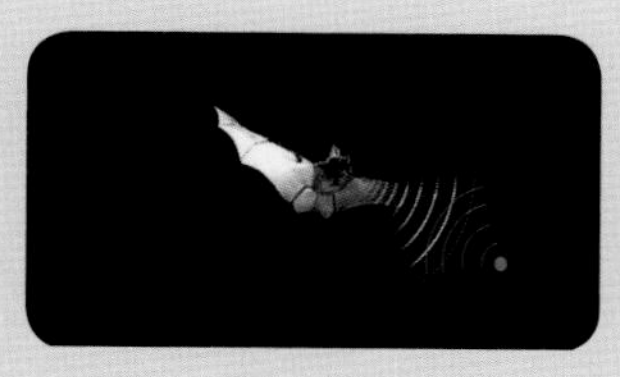

- 돌고래는 초음파를 이용해 의사소통을 한다.

과학단어

*보청기 소리를 잘 듣지 못하는 사람들이 귀에 꽂아서 소리가 잘 들리게 하는 기구

*확성기 소리를 크게 하여 멀리까지 들을 수 있게 한 기구

SPEED CHECK!

기본확인문제

1. 기타, 거문고, 가야금 등은 (문질러서, 뚱겨서) 소리를 낸다.
2. 빨대 피리의 길이가 길면 (높, 낮)은 소리가 날고, 빨대 피리의 길이가 짧으면 (높, 낮)은 소리가 난다.
3. 리코더의 구멍을 열면 관의 길이가 짧아져 (높,낮)은 소리가 난다.
4. 실전화기에서 실을 (팽팽하게, 느슨하게)하면 소리가 더 잘 전달된다.
5. 유리병 실로폰에서 유리병 속 물의 양이 많을수록 (높, 낮)은 소리가 난다.
6. 소리를 전기 신호로 바꾸어 전달한 후 다시 소리로 재생하는 것은 (나팔, 전화기)이다.
7. 의사들이 작은 소리를 잘 듣기 위해 사용하는 것은 (청진기, 확성기)이다.
8. 소리를 크게 하여 멀리까지 들을 수 있게 한 기구는 (확성기, 보청기)이다.
9. 실전화기에서 실 대신 용수철, 구리선, 낚싯줄 등을 사용하면 소리가 잘 (전달된다. 전달되지 않는다).

개념다지기 정답 ❶ 소리 ❷ 떨림 ❸ 높은 ❹ 낮은 ❺ 높은 ❻ 낮은 ❼ 낮은 ❽ 높은 ❾ [illegible] ❿ 공기 ⓫ [illegible] ⓬ [illegible] ⓭ 깔때기

탐구력 키우기

탐구1. 악기 만들기

탐구과정

준비물
눈금실린더(또는 시험관과 시험관대), 유리막대, 물

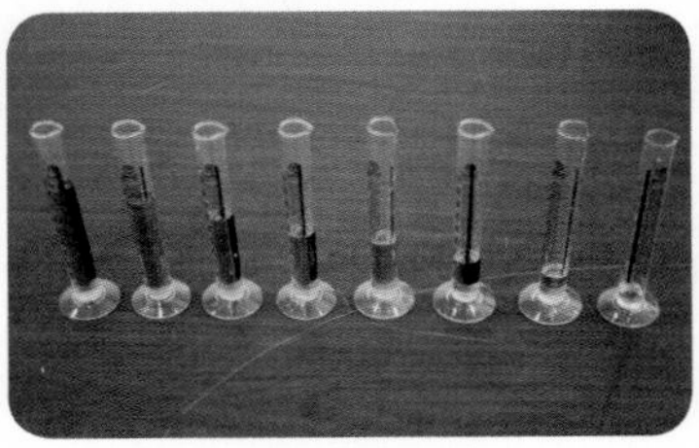

① 8개의 눈금실린더(또는 시험관)에 물을 높이를 달리해서 넣어준다.

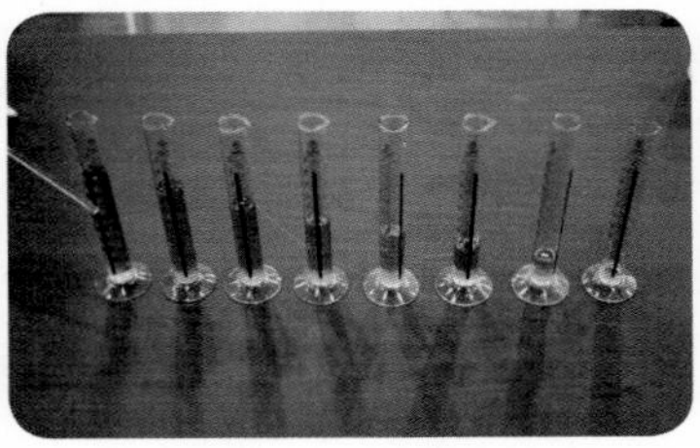

② 유리막대로 치면서 물의 양을 변화시켜 도~도까지 음에 맞는 물높이를 찾는다.

③ 눈금실린더의 입구를 입에 대고 불어서 소리가 나게 한다.

탐구결과

1. 다음 빈 칸에 알맞은 말을 써 넣으시오.

②의 과정에서 물의 높이가 높을수록 ㉠ [ ] 소리, 물의 높이가 낮을수록 ㉡ [ ] 소리가 난다.

탐구문제

1. 악기를 유리 막대로 칠 때와 입구에 입을 대고 불었을 때의 결과는 같은가? 또는 다른가?

2. ②와 ③의 결과가 다른 이유는 무엇인지 진동하는 물체를 이용하여 설명하시오.

탐구2. 소리의 전달

탐구과정

준비물
진공실험장치, 전화기(또는 방울), 에어캡(뽁뽁이)

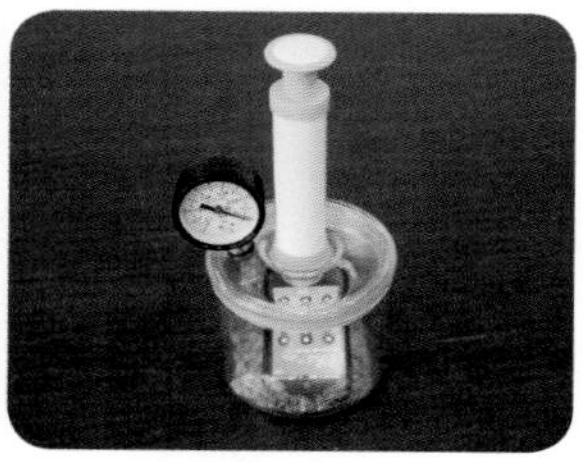

① 진공실험장치 안에 에어캡을 깔고, 전화기(또는 방울)를 올려놓는다.

② 진공실험장치의 뚜껑을 닫고 전화기의 소리를 확인한다.

③ 진공실험장치의 공기를 모두 빼낸 후 전화기의 소리를 확인한다.

탐구결과

1. 전화에서 울리는 소리는 어떤 과정을 거쳐 내 귀에 들리게 되는지 쓰시오.

2. 다음 빈 칸에 알맞은 말을 써 넣으시오.

소리는 ㉠ ______을 전달해 주는 ㉡ ______이(가) 없으면 전달되지 않는다.

탐구문제

1. 진공실험장치 안에 전화기를 넣을 때 에어캡을 깔고 넣는 이유는 무엇인지 쓰시오.

2. ②와 ③의 결과에 차이가 나는 이유는 무엇인지 쓰시오.

01 승규는 소리를 다음과 같이 두 종류로 분류해 보았다. 승규가 소리를 분류한 기준으로 알맞은 것을 고르시오.

시냇물 소리 지저귀는 새소리 풍경 소리	스피커 소리 자동차 경적 소리 공사장의 드릴 소리

① 소리의 크기 ② 소리의 높낮이 ③ 소리 나는 장소
④ 소리의 아름다움 ⑤ 소리 내는 물체의 크기

02 대엽이는 다음과 같이 빈 병을 이용해 소리를 내보았다. 다음 중 대엽이가 소리를 내는 방법과 같은 방법으로 소리를 내는 악기를 모두 고르시오.

①

②
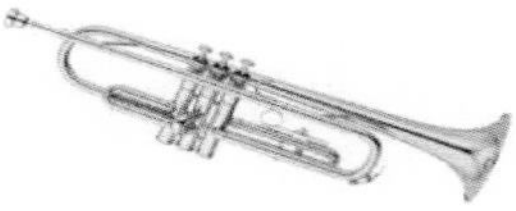

③

④

⑤
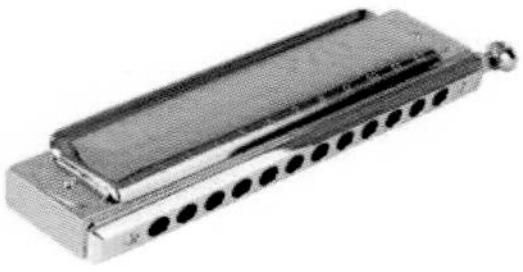

⑥

03

연진이는 빨대를 이용해 피리를 만들었다. 그런데 빨대 피리의 음정이 맞지 않았다. 다음 중에서 빨대 피리의 음정을 맞추기 위한 방법으로 적당한 것을 고르시오.

① 일정한 세기로 피리를 분다.
② 피리를 부는 세기를 다르게 한다.
③ 같은 길이의 피리를 여러 개 만들어본다.
④ 길이를 1cm씩 다르게 하여 피리를 여러 개 만든다.
⑤ 일정한 세기로 불면서 피리의 길이를 조금씩 잘라 음정을 맞춘다.

04

다음 (가)는 의사들이 사용하는 청진기, (나)는 소리를 모아주는 집음기의 모습을 나타낸 것이다. (가)와 (나)의 공통점을 2가지 쓰시오.

05 다음 그림과 같이 6명의 친구들이 실전화기 놀이를 하고 있다. 정휘가 실전화기에 입을 대고 이야기를 했을 때, 정휘의 소리가 잘 들리지 않을 것 같은 친구들을 모두 고르고, 그 이유를 쓰시오.

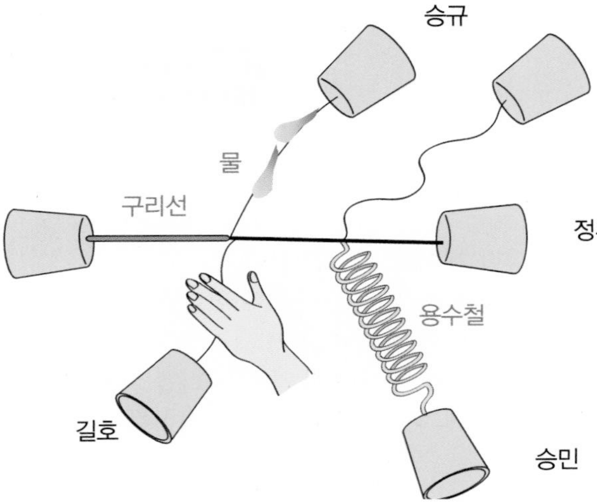

(1) 정휘가 실전화기에 입을 대고 이야기를 했다. 정휘의 이야기가 잘 들리지 않을 것 같은 친구의 이름으로만 짝지어진 것은?

① 현호, 길호 ② 승규, 승민 ③ 길호, 연진
④ 현호, 승민 ⑤ 길호, 연진, 승민

(2) 실전화기에서 소리가 잘 전달되게 할 수 있는 방법을 3가지 쓰시오.

06 다음 보일의 실험을 보고, 알 수 있는 사실을 쓰시오.

보일은 시계를 넣어 둔 유리구에서 천천히 공기를 뽑아내었다. 보일이 공기를 조금씩 뽑아내자 시계의 시침과 분침은 회전하였지만 소리가 점점 희미해지다가 아무 소리도 들을 수 없게 되었다. 유리구 안에 다시 공기를 넣자 시계 소리를 다시 들을 수 있었다.

07

연옥이와 상현이는 여러 가지 물체를 이용해서 다음과 같은 악기를 만들었다. 두 사람이 만든 악기에 관한 설명으로 바른 것을 모두 고르시오.

▲ 연옥이는 물의 양을 달리하여 병 악기를 만들었다.

▲ 상현이는 빈 양철통에 랩을 씌워 악기를 만들었다.

① 연옥이의 악기는 음의 높낮이를 표현할 수 없다.
② 상현이의 악기는 음의 높낮이를 표현할 수 없다.
③ 연옥이의 악기는 물의 양이 많으면 높은 소리를 낸다..
④ 상현이의 악기에 랩 대신에 알루미늄 호일을 씌워도 소리가 난다.
⑤ 연옥이의 악기는 물의 색깔이 다르기 때문에 소리의 높낮이가 다르다.

08

다음은 각 음계에서 1초 동안 피아노 줄이 진동하는 횟수를 나타낸 표이다.

음계	도	레	미	파	솔	라	시	도
1초 동안 피아노 줄이 진동하는 횟수(회)	262	294	330	349	392	440	494	524

이 표를 보고, 알 수 있는 사실로 바른 것을 모두 고르시오.

① 모든 음계의 진동수는 같다.
② 1초 동안 진동하는 횟수가 많으면 높은 소리가 난다.
③ 1초 동안 진동하는 횟수와 소리의 높낮이는 관계가 없다.
④ 소리의 높낮이는 진동하는 물체의 진동하는 횟수에 의해 결정된다.
⑤ 보통 여자의 목소리가 남자의 목소리보다 진동수가 적을 것이다.

문제해결력 키우기

STEP BY STEP

09

다음 여러 가지 악기들의 모습을 보고, 물음에 답하시오.

(가)

(나)

(다)

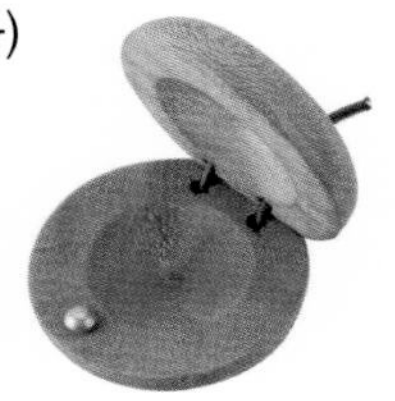

(라)

(마)

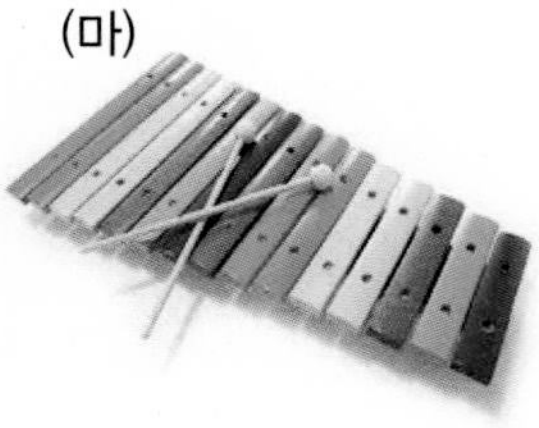

(바)

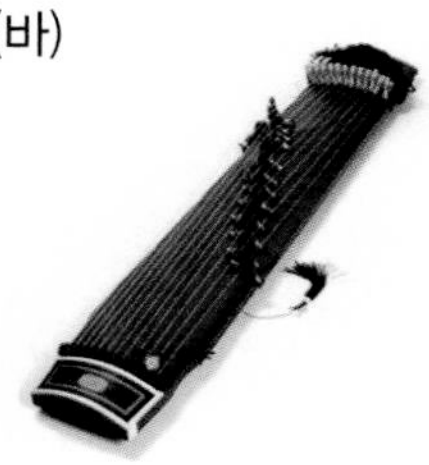

(사)

(아)

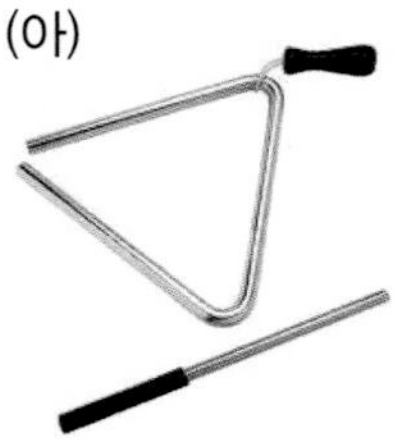

(자)

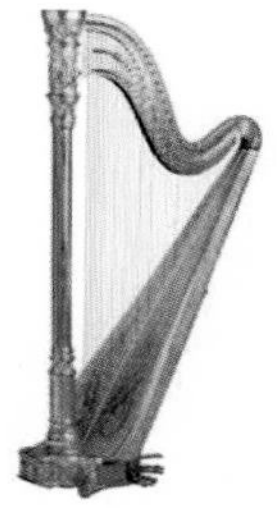

(1) 위 악기들을 소리내는 방법에 따라 분류하시오.

두드려서	불어서	뚱겨서	문질러서	부딪쳐서	흔들어서

(2) 악기들이 소리를 낼 때 어떤 현상이 일어나는지 쓰시오.

(3) 악기들의 소리를 갑자기 멈추려면 어떻게 해야 하는지 쓰시오.

STEP BY STEP

10

다음과 같이 눈금 실린더를 이용해 악기를 만들고, 두 가지 방법으로 악기를 연주해 보았다. 물음에 답하시오.

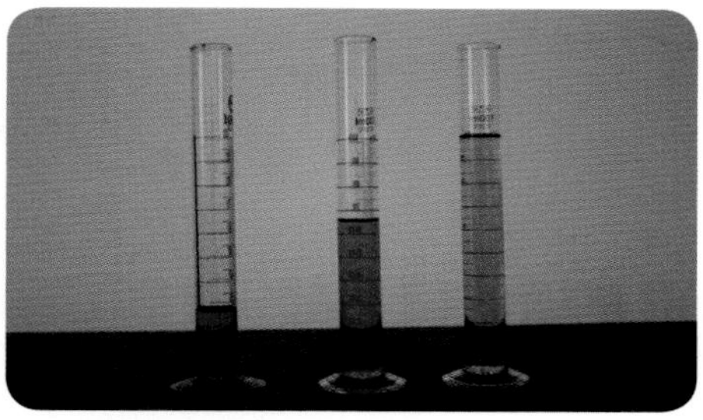

(가) (나) (다)

〈악기 연주 방법〉

1. 막대기로 눈금 실린더의 옆면을 두드린다.
2. 눈금 실린더 입구에 입을 대고 입을 오므려 바람을 분다.

(1) 막대기로 눈금 실린더의 옆면을 두드려 소리를 낼 때, 높은 음이 나는 것부터 순서대로 기호를 쓰시오.

(2) 눈금 실린더 입구에 입을 오므려 바람을 불어 소리를 낼 때, 높은 음이 나는 것부터 순서대로 기호를 쓰시오.

(3) 위의 (1)과 (2)의 결과가 같은지 다른지 그 이유와 함께 쓰시오.

STEP BY STEP

11 다음 그림과 같이 양철통에 비닐랩을 팽팽하게 씌우고, 그 위에 좁쌀을 올려놓았다. 물음에 답하시오.

(1) 양철통 위에서 소리굽쇠를 치면 어떤 현상이 일어날지 쓰시오.

(2) (1)의 결과를 바탕으로, 소리굽쇠의 소리가 전달되는 과정을 5단계로 나누어 정리해 보시오.

- 1단계 : 망치로 소리굽쇠를 친다.
- 2단계 :
- 3단계 :
- 4단계 :
- 5단계 :

STEP BY STEP

12

다음과 같이 굵기가 다른 고무줄 끝에 추를 매달아 고무줄 가야금을 만들었다. 물음에 답하시오.

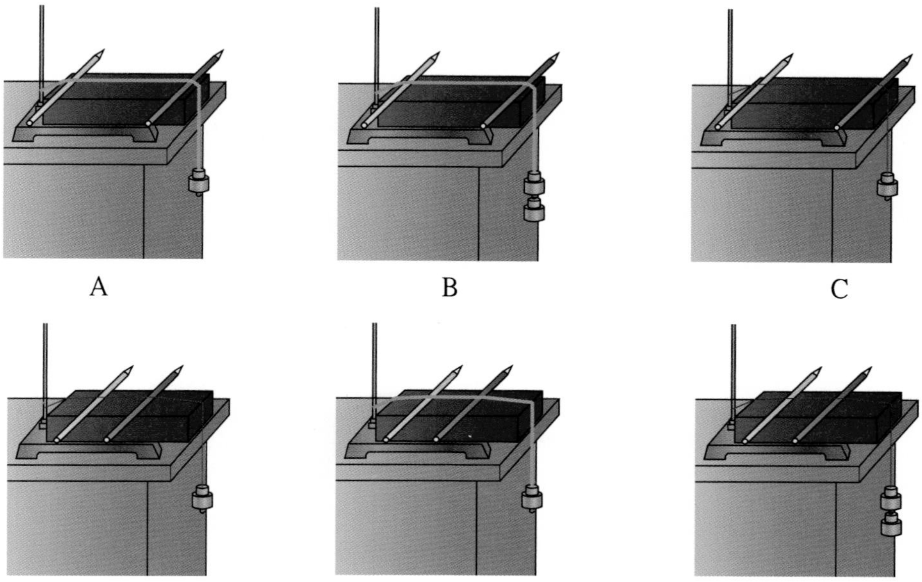

A B C D E F

(1) 위 고무줄 가야금의 A~F의 줄을 이용하여 소리의 높낮이에 영향을 주는 요인에 대해 알고 싶다. 다음과 같은 요인들의 영향을 알아보기 위해 비교해야 하는 실험 장치의 기호를 모두 쓰시오.

· 줄의 굵기와 소리의 높낮이 :

· 줄의 길이와 소리의 높낮이 :

· 줄의 팽팽한 정도와 소리의 높낮이 :

(2) 위의 A~F 중 퉁겼을 때 가장 낮은 음이 나는 줄과 가장 높은 음이 나는 줄의 기호를 쓰시오.

· 가장 낮은 음이 나는 줄 :

· 가장 높은 음이 나는 줄 :

창의력 키우기

01

- ✓ 유창성
- ✓ 융통성
- 독창성
- 정교성

우리 생활과 컴퓨터는 뗄 수 없을 정도로 밀접한 관계이다. 예전에는 컴퓨터의 기능적인 면만 신경을 썼지만 요즘 들어 컴퓨터의 "윙"하는 소리가 점점 귀에 거슬리는 사람들이 많아졌다고 한다. 냉각기 팬이나 디스크 드라이브가 돌아가는 소리 등의 컴퓨터 소음은 어떤 이들에게는 머리를 싸매야 할 정도로 심한 소음 공해인 것이다. 컴퓨터의 소음을 줄일 수 있는 다양한 방법을 제시하시오.

▲ 컴퓨터는 소음 공해를 일으킬 수 있다.

02

- ✔ 유창성
- 융통성
- 독창성
- 정교성

소리는 기체, 액체, 고체 등의 물질을 통해서 전달되며, 소리를 전달하는 물질에 따라서 전달되는 속도가 다르다. 다음은 여러 가지 물질에서 소리가 전달되는 빠르기를 나타낸 표이다.

소리를 전달하는 물질	공기 (0℃)	공기 (20℃)	물 (0℃)	물 (20℃)	구리 (0℃)	구리 (20℃)
1초 동안 전달되는 거리(m)	331	343	1,402	1,461	1,490	3,560

위 표를 보고 알 수 있는 사실을 3가지 쓰시오.

01

다음 그림은 달에 도착한 우주인들의 모습을 나타낸 것이다. 달은 지구와 달리 중력이 작아서 사람들이 약간 땅에서 떠 있는 듯이 걸어다닌다. 또한 공기가 없기 때문에 기압이 매우 작아서 액체가 매우 낮은 온도에서 끓고, 사람이 숨쉬는데 필요한 산소를 공급하지 못해서 공기통을 등에 매고 다녀야 하며, 대기가 열을 품지 못하므로 온도가 매우 낮다. 달의 상황을 고려하여 다음 물음에 답하시오.

(1) 뒤에 서 있는 사람이 앞서 가고 있는 사람을 소리쳐 부른다면 앞서 가던 사람은 이 소리를 들을 수 있는지, 아니면 들을 수 없는지 이유와 함께 쓰시오.

(2) 달에서 의사 소통을 할 수 있는 방법을 다양하게 쓰시오.

(3) 달 표면에서 생명체가 생존하기 위해 무엇이 필요한지 서술해 보시오.

총정리 문제

제 1회 (1~3단원)
제 2회 (4~6단원)
제 3회 (7~9단원)
제 4회 (10~12단원)

제 1 회 총정리 (1~3 단원)

01 다음은 기체 A, B, C의 성질을 나타낸 표이다. 다음 표를 보고 A, B, C 각 기체의 이름을 쓰시오. (12점)

	성질
A	금속을 녹슬게 하고, 물질이 탈 때 도와주는 역할을 한다.
B	공기의 78%를 이룬다.
C	수소 다음으로 가볍다.

02 고체, 액체, 기체에 대한 설명으로 옳지 않은 것을 고르시오. (10점)

① 고체는 일정한 부피와 모양을 가진다.
② 액체와 기체는 온도에 따라 부피가 변한다.
③ 기체는 담긴 그릇을 항상 고르게 채운다.
④ 액체는 압력에 의해서는 부피가 거의 변하지 않는다.
⑤ 질소 기체는 반응성이 크다.

03

다음 그림은 고체, 액체, 기체 사이의 상태 변화를 모형으로 나타낸 것이다. 다음 설명 중 옳지 않은 것을 고르시오. (10점)

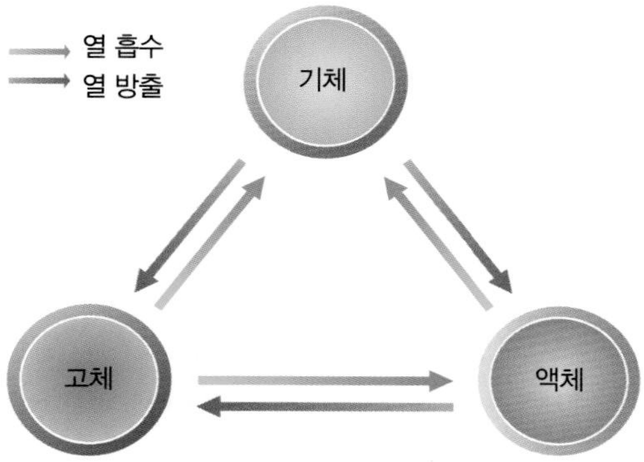

① 고체가 기체로 되는 현상을 승화라고 한다.
② 액체가 기체로 되는 현상을 기화라고 한다.
③ 액체가 고체로 되는 현상을 응고라고 한다.
④ 융해, 기화는 모두 열을 방출하는 현상이다.
⑤ 물이 수증기가 되면 주변의 온도는 내려간다.

04

다음은 자석의 여러 가지 특징들을 나타낸 것이다. 옳지 않은 것을 모두 고르시오. (10점)

① 나침반에 이용된다.
② 같은 극끼리는 항상 서로 밀어낸다.
③ 금속으로 이루어진 물체를 끌어당긴다.
④ 북쪽을 가리키는 자석의 극은 항상 N극이다.
⑤ 자석의 힘이 미치는 공간을 자기장이라고 한다.
⑥ 막대 자석을 반으로 똑같이 나누면 N극과 S극으로 각각 분리된다.

05 우리 생활에서 자석을 이용하는 예를 3가지 쓰시오. (12점)

06 다음 그림은 막대 자석이다. 막대 자석의 주변에 철가루를 뿌릴 경우, 철가루의 배열을 그리고, 자기력의 방향을 화살표로 표시하시오. (12점)

07 초파리의 애벌레와 번데기를 비교하였다. 다음 표를 완성하시오. (10점)

구분	애벌레	번데기
먹이	과일 껍질 등을 먹는다.	①
움직임	마디가 늘어났다 줄어들었다 하면서 기어다닌다.	②

① ____________________

② ____________________

08

초파리가 한살이 관찰에 적합한 이유를 나열한 것이다. 옳지 않은 것은? (10점)

① 쉽게 잡을 수 있다.
② 한살이 주기가 짧다.
③ 한 번에 많은 알을 낳는다.
④ 먹이 양이 많이 필요하지 않다.
⑤ 몸의 크기가 작아서 현미경으로 관찰해야 한다.

09

다음 그림의 곤충들의 한살이 과정을 각각 쓰시오. (14점)

➡ ①

➡ ②

01 바위가 부서지면 돌, 모래, 흙이 되고, 돌이 부서지면 모래, 흙이 된다. 이렇게 어떠한 원인으로 인해 바위, 돌이 부서져서 모래와 흙이 만들어지는 것이다. 자연에서 모래와 흙이 만들어지는 자연적인 원인을 5가지 쓰시오. (10점)

02 하늘에서 내린 빗물은 땅 위를 흐르면서 땅의 모습을 변화시킨다. 흐르는 물이 하는 일을 3가지 쓰시오. (10점)

03 다음과 같이 유수대에 물을 흐르게 하였더니, 유수대의 아래쪽에 흙과 모래가 쌓였다. 다음 물음에 답하시오.

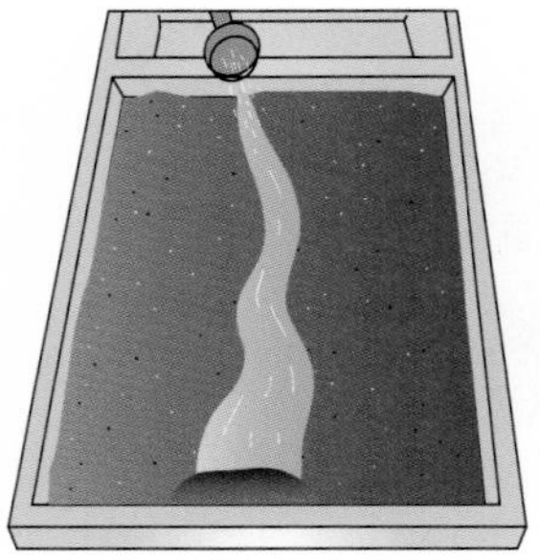

(1) 흙의 운반에 영향을 주는 것을 3가지 쓰시오. (6점)

(2) 흙의 운반에 영향을 주는 요소 중 한 가지를 골라, 씻겨 내려간 흙의 양을 비교할 수 있는 실험을 간단히 설계하시오. . (6점)

04

수지는 설탕 가루를 물에 녹이는 실험을 하였다. 다음중 수지가 한 실험의 결과를 정리한 내용으로 옳지 않은 것은? (10점)

① 각설탕이 가루 설탕보다 더 느리게 녹는다.
② 물의 온도가 높을수록 설탕이 더 빨리 녹는다.
③ 위 실험에서 설탕은 용질, 물은 용매, 설탕물은 용액에 해당한다.
④ 온도가 같은 일정량의 물을 더 빠르게 저어 주면 설탕이 더 많이 녹는다.
⑤ 물의 양, 설탕의 양, 온도 등 다른 조건을 모두 같게 하였을 때 더 빠르게 저어 줄수록 더 빨리 녹는다.

05

다음 표의 빈칸을 채우고 A, B, C가 각 어떤 물질인지 쓰시오. (12점)

	A	B	C
아이오딘 용액과의 반응	보라색으로 변함	변화 없음	①
식초와의 반응	②	거품 생김	변화 없음
물에 녹였을 때	뿌옇게 흐려지며 가라앉는 것이 있음	③	물에 녹아서 파랗게 투명해짐

· A :

· B :

· C :

06

승규는 물의 온도에 따라 녹는 설탕의 양이 어떠한지 알아보기 위해 실험을 하려고 한다. 이 실험을 하기 위해서 같게 해야 할 조건과 다르게 해야 할 조건을 쓰고, 실험을 간단히 설계하시오. (12점)

· 같게 해야 할 조건:

· 다르게 해야 할 조건:

· 실험 방법:

07

승규네 모둠은 다음과 같은 방법으로 수조 속에 흙이 쌓여 있는 모양을 알아내는 실험을 하였다.

① 수조에 가로 10cm 간격으로 눈금을 매긴다.
② 수조 속에 모래와 자갈을 이용해 지형을 만든다.
③ 파란색 물을 붓고 수조 겉면을 종이로 가려서, 수조 안이 보이지 않도록 한다.
④ 수조에 눈금을 매긴 간격을 따라, 50cm 자를 이용해 물의 깊이를 잰다.

실험 결과와 실제 수조 속에 흙이 쌓여 있는 모양이 달랐다. 그 이유를 쓰고, 이 실험을 개선할 수 있는 방법을 쓰시오. (14점)

08

강은 상류, 중류, 하류에 따라 그 모습과 특징이 다르다. 강의 상류, 중류, 하류의 모양, 물의 흐름, 등에 관한 설명으로 옳지 않은 것을 고르시오. (10점)

① 강의 상류에서는 강의 폭이 좁고 경사가 급하다.
② 강의 상류에 흐르는 물은 주로 운반 작용을 한다.
③ 강의 중류에서는 강의 폭이 넓고 구불구불하며, 경사가 급하지 않다.
④ 강의 중류에서는 상류보다 물이 많으며 흐름이 느리다.
⑤ 강의 하류에서의 물의 양은 매우 많으며 흐름이 아주 느리다.

09

수민이는 유수대에 흙을 쌓고 조건을 달리하여 물을 흘려 보냈다. 다음 조건에 맞는 실험 결과를 각각 쓰시오. (10점)

달리한 조건	결과
물의 양을 많게 할 때	①
돌을 놓아 흐르는 길을 방해할 때	②
유수대의 경사를 급하게 할 때	③

제 3 회 총정리 (7~9 단원)

01 다음 〈보기〉와 같은 공통점을 지닌 동물의 이름을 3가지 이상 쓰시오. (8점)

〈보기〉

· 척추(등뼈)가 있다. · 주위 환경에 따라 체온이 변한다. · 폐로 호흡한다.

02 우리 주위에 있는 많은 동물들은 짝짓기를 하여 일정한 시간이 지나면 알이나 새끼를 낳아 대를 이어 살아간다. 새끼와 어미의 모습이 비슷한 동물과 새끼와 어미의 모습이 다른 동물의 이름을 각각 3가지 이상 쓰시오. (10점)

새끼와 어미의 모습이 비슷한 동물의 이름	
새끼와 어미의 모습이 다른 동물의 이름 (어미와 새끼의 이름)	

03 다음 그림 (가)와 (나) 동물의 공통점과 차이점을 각각 3가지씩 쓰시오. (10점)

(가)

(나)

공통점	차이점

04 다음은 물고기의 아가미 사진이다. 물고기 아가미를 자세히 관찰해 보면 수많은 가닥으로 갈라져 있는 것을 볼 수 있다. 그 까닭이 무엇인지 쓰시오. (10점)

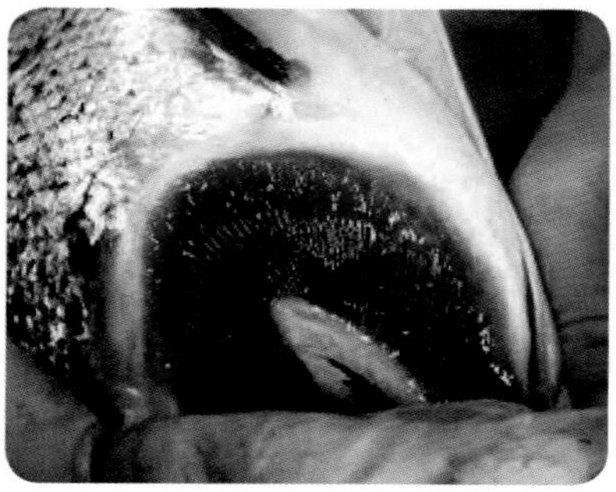

05 다음과 같이 똑같은 조건의 어항이 2개 있다. 이 어항을 가지고, 녹조류와 햇빛과의 관계를 알아보기 위한 실험 방법을 서술하고, 실험 결과도 쓰시오. (12점)

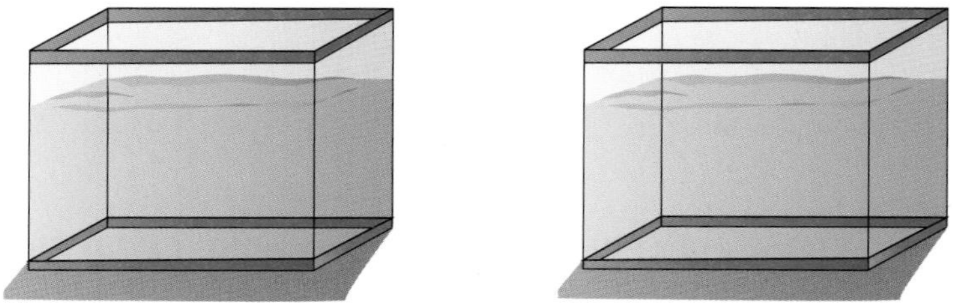

· 실험 방법 :

· 실험 결과 :

06

다음의 그림은 물속에서 움직이는 물고기와 배의 모습을 나타낸 것이다.

(1) 물고기와 배의 겉모습의 공통점을 쓰시오.(6점)

(2) 물고기와 배가 앞으로 잘 나갈 수 있도록 만들어진 모양을 무엇이라고 하는지 쓰시오.(4점)

07

다음은 지층이 만들어지는 과정을 순서없이 나열한 것이다. 순서대로 바르게 나열하시오.(10점)

㉠ 진흙, 모래, 자갈 등이 쌓이기 시작한다.
㉡ 오랜 시간이 지나 단단한 지층이 만들어진다.
㉢ 퇴적물이 계속 쌓이고, 먼저 쌓인 지층이 눌려서 굳어지기 시작한다.
㉣ 진흙, 모래, 자갈 등이 강, 바다로 운반된다.

08 다음 보기의 물체들을 화석인 것과 화석이 아닌 것으로 나누고, 왜 그렇게 나누었는지 이유도 같이 쓰시오. (10점)

〈보기〉

(가)

(나)

(다)

(라)

(마)

(바)

· 화석인 것 :

· 화석이 아닌 것 :

· 나눈 이유 :

09 우리는 종종 높은 산 위에서 물고기나 조개 화석이 발견되는 것을 볼 수 있다. 바다에 살던 생물의 화석이 산에서 발견되는 까닭을 쓰시오. (10점)

10 화석을 '과거를 푸는 열쇠'라고 한다. 이 말은 화석을 보면 과거의 모습을 알 수 있다는 말이다. 화석으로 어떻게 과거 시대의 모습을 알 수 있을지 방법을 써 보시오. (10점)

제 4 회 총정리 (10~12 단원)

01 지선이는 스포이트에 물, 식용유, 알코올을 각각 1mL씩 빨아들여, 스포이트에 액체가 없어질 때까지 한 방울씩 떨어뜨려 방울 수를 세어 다음과 같은 값을 얻었다.

구분	물	알코올	식용유
액체의 방울 수(방울)	27	54	45

각 액체 한 방울의 부피를 구하시오.(풀이 과정도 함께 쓰시오.) (10점)

02 다음 그림은 물과 식용유가 서로 섞이지 않고 층을 이루고 있는 모습이다. 물음에 답하시오.

(1) 물과 식용유를 섞이게 할 수 있는 방법을 쓰시오. (5점)

(2) 우리 생활에서 섞이지 않는 액체를 섞이게 하는 예를 찾아 쓰시오.(5점)

03

다음 〈보기〉는 우리 생활 주변에서 볼 수 있는 현상들이다. 이 현상들 중에서 증발과 관련된 것을 모두 고르시오.(10점)

〈보기〉

ㄱ. 가물어서 땅이 갈라진다.

ㄴ. 감의 껍질을 까서 매달아 놓으면 말라서 곶감이 된다.

ㄷ. 맑은 날 새벽에 안개가 생긴다.

ㄹ. 젖은 빨래를 널어 놓으면 마른다.

04

다음 그림 (가)와 같이 종이배를 물에 띄워 컵으로 씌웠다.

(1) 컵이 물에 잠기도록 눌렀다. 종이배는 어디에 있을지 A~C 중에서 고르고, 그 이유를 설명하시오.(5점)

(2) 만약에 수조 속에 물 대신 물보다 가벼운 알코올을 넣고 같은 실험을 한다면 물로 실험했을 경우와 어떤 차이가 있을까? 이유도 같이 설명하시오.(5점)

05

우리 주위에는 공기가 항상 있어 그 소중함을 잘 느끼지 못하지만, 공기는 우리 생활 곳곳에서 이용되고 있다. 다음과 같은 상황에서 공기는 어떻게 이용되는지 각각 2가지씩 쓰시오.(10점)

· 집 안 생활 :

· 스포츠 :

· 악기 :

· 생활용품 :

· 우주선 내부 :

06

공기도 무게가 있는지 알아보는 실험을 하려고 한다. 다음 준비물을 사용하여 실험 방법을 서술하시오.(10점)

준비물 : 크기와 재질이 같은 비치볼 2개, 양팔 저울, 공기 펌프

07

찬물에 담가 두었던 음료수 병 입구에 100원짜리 동전을 올리고 따뜻한 물에 담갔더니 동전이 달그락거리며 움직였다. 이유가 무엇인지 쓰시오.(10점)

08

다음과 같이 둥근 플라스크 안에 작은 방울을 넣고 입구를 막고 흔들었더니 방울소리가 들렸다. 플라스크 안의 공기를 모두 빼내면 빼내기 전에 비해 무엇이 달라질지 예상하여 이유와 함께 쓰시오. (10점)

09

여름 밤 '윙윙~'하는 모기 소리 때문에 잠을 설치는 사람들이 많다. 모기가 날아갈 때 소리가 나는 이유는 무엇인지 쓰시오. (10점)

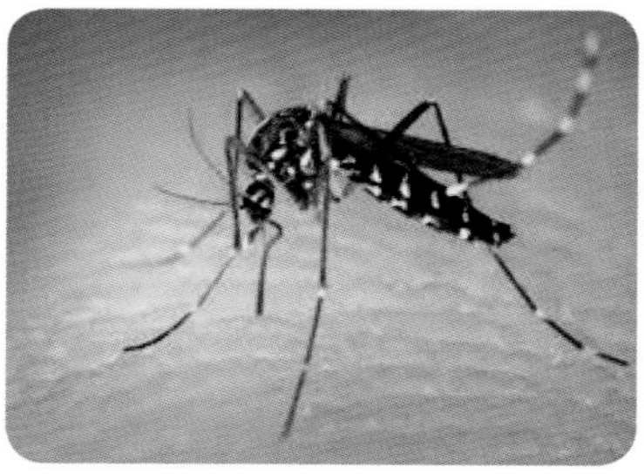

10

상현이와 연옥이는 실전화기 놀이를 하고 있다. 그런데 서로의 목소리가 잘 들리지 않았다. 그 이유는 무엇인지 쓰고, 서로의 목소리가 잘 들릴 수 있는 방법을 3가지 이상 쓰시오. (10점)

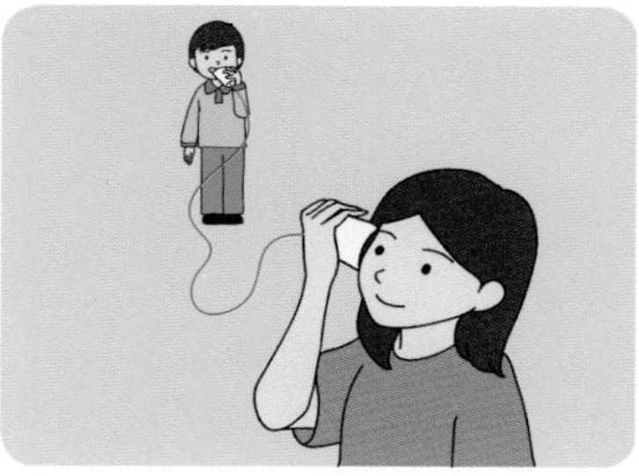

창의력 과학 *I&I* 시리즈

창의력 과학 *I&I* 초등 3, 4, 5, 6
창의력 과학 *I&I* 물리/화학/생명과학/지구과학

창의력 과학 *I&I* 시리즈

창의력 과학 *I&I* 초등 3, 4, 5, 6
창의력 과학 *I&I* 물리/화학/생명과학/지구과학

창의력과학

I&I

정답 및 해설

초등 3

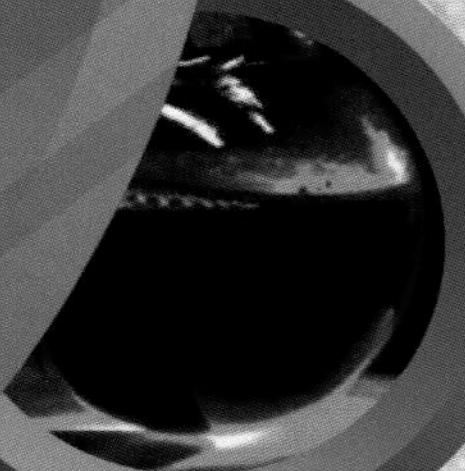

무한상상

창의력 과학 *I&I* 시리즈

창의력 과학 *I&I* 초등 3, 4, 5, 6
창의력 과학 *I&I* 물리/화학/생명과학/지구과학

창의력과학

I&I

정답 및 해설

초등 3

무한상상

1. 우리 주위의 물질

기본 확인 문제 13쪽

① 물체	② 고무
③ 변하지 않는다	④ 공기가 있는 상태
⑤ 기체	⑥ 공기
⑦ 물방울	⑧ 산소
⑨ 헬륨	⑩ 융해

탐구력 키우기 14~15쪽

탐구1. 플러버의 특징 관찰하기

탐구과정

① 플러버는 물렁한 고무처럼 끈적거리는 물질로 자동차나 볼링공, 주머니 등 어디에나 집어넣기만 하면 엄청난 속도로 공중에 날아다니게 해 주는 물질이다.
② 〈예시〉 만드는 사람 마음대로 바꿀 수 있을 것 같다.
③ 〈예시〉 물풍선처럼 물컹할 것 같다, 매끈할것 같다.

탐구2. 플러버 만들기

탐구결과

1. 답 재료의 양을 제대로 맞추지 않으면 너무 굳어지거나, 탄력성이 떨어지게된다.

2. 답 플러버는 붕사 용액으로 인해 PVA용액이 응고된 고체이다. 붕사 용액을 많이 넣게 되면 딱딱해지고 조금만 넣으면 물컹해진다.

3. 답 젤리, 헤어겔, 젤라틴, 묵 등.
플러버는 탄성이 있으면서 모양을 쉽게 바꿀수도 있는 특징이있다.

탐구문제

1. 답 ㄱ. 고 ㄴ. 액 ㄷ. 고 ㄹ. 고 ㅁ. 고 ㅂ. 액 ㅅ. 액 ㅇ. 고 ㅈ. 고

문제해결력 키우기 16~23쪽

01. 답 ②, ⑤
해설 물질마다 각각 다른 성질을 가지고 있기 때문에 물체를 만들 때 그 쓰임새에 맞는 물질을 사용한다. 금속은 튼튼하기 때문에 몸체에 사용하였고, 고무는 충격을 잘 흡수하고 탄력이 좋아 바퀴에 사용하였다. 또한 가죽은 느낌이 좋고 편안하여 안장의 재료로 사용한 것이다.

02. (1) 답 Ⓐ, Ⓓ, Ⓕ, Ⓖ
(2) 답 Ⓑ, Ⓒ, Ⓔ, Ⓗ
해설 물체는 모양을 지니고 공간을 차지하고 있는 것이고, 물질은 물체를 이루고 있는 것이다. 나무젓가락은 나무로, 필통은 주로 플라스틱으로, 고무줄은 고무로 만든 물체이다. 또한, 책상은 나무 ,플라스틱, 유리 등으로 만든 물체이다.

03. 답 ②, ④, ⑤
해설 식용유는 담는 그릇에 따라 모양이 변하는 액체이고, 풍선 속의 공기는 기체이다. 유리가 깨져서 만들어진 유리 조각은 자신의 모양을 가지고 있는 고체이며, 스포이트의 고무 부분은 눌렀다 놓으면 원래의 모양을 가지고 있는 고체이다. 밀가루 반죽은 작은 알갱이 하나하나의 모양이 바뀌지 않으므로 고체이다.

04. 답 고무 타이어는 충격을 잘 흡수해서 승차감이 좋지만 나무 바퀴는 충격을 흡수하지 못하기 때문에 흔들림이 심하고 부서지기 쉽다.

05. 답 ②, ③, ⑦
해설 고체는 일정한 모양을 가지고 있고, 손으로 잡을 수 있다. 액체는 담는 그릇에 따라 모양은 변하지만 양은 변하지 않으며, 손으로 잡을 수 없다. 기체는 담는 그릇에 따라 모양이 변하고, 일정한 양을 유지하지 않으며, 그릇에 다양한 양을 넣을 수 있다. 공기와 기체는 눈에 보이지 않지만, 무게를 가지고 있다.

06. 답 사과는 짙은 빨간색이고 광택이 있으며, 손으로 만져보면 매끈하다. 사과를 잘라서 관찰하면 속은 하얗고 가운데 작은 씨가 여러 개 들어 있다.
복숭아는 연한 분홍색이고 짧은 솜털이 표면에 붙어 있다. 복숭아를 잘라서 관찰하면. 속이 노란주황색이며 가운데 큰 씨가 한 개 들어 있다.

07. 답

물질	장·단점
도자기	장점 : 열에 강하다
	단점 : 무겁고 깨질 수 있다
유리	장점 : 투명하여 안에 담긴 것을 볼 수 있다
	단점 : 무겁고 깨지기 쉽다
종이	장점 : 가볍고 접을 수 있으며 깨지지 않는다
	단점 : 오래 사용하지 못한다
나무	장점 : 튼튼하고 부드러우며 깨지지 않는다
	단점 : 열과 같은 외부 조건에 의해 변형될 수 있다

08. 답 동의할 수 없다. 모래는 액체가 아니다.
모래 전체의 모양은 담는 그릇에 따라 변하지만, 모래 알갱이 하나하나의 모양은 변하지 않는다. 따라서 모래는 고체이다.

09. (1) 답

(가)	
만들어진 물질	천
특징	· 잘 찢어지지 않는다. · 방수 처리를 하지 않으면 비에 젖는다. · 종이나 비닐보다 무겁다.
(나)	
만들어진 물질	종이
특징	· 잘 찢어진다. · 손쉽게 글그림을 쓰거나 그릴 수 있다. · 물에 젖는다.
(다)	
만들어진 물질	비닐
특징	· 가볍다. · 물에 젖지 않는다. · 투명하여 시야를 가리지 않는다. · 충격에 찢어질 수 있다.

(2) 〈예시 답안〉
1. 바나나 잎파리, 크고 친환경적이다.
2. 오리털, 방수가 잘 되고 보온 기능이 있다.
3. 안테나 우산, 철로 만들어 위성 방송을 수신한다.

10. 답

구분	해당되는 기체	그림에서 나타난 기체의 특징
(가)	헬륨	수소 다음으로 가볍고 안정적이다
(나)	산소	물질이 탈 때 도와주는 역할을 한다
(다)	이산화 탄소	고체에서 기체로 승화하여 주변의 온도를 낮춘다
(라)	질소	다른 물질과 잘 반응하지 않는다
(마)	수증기	공기 중의 수증기는 공기와 섞여 있어 보이지 않으나, 온도가 내려가면 응결하여 작은 물방울이 되어 김의 모습이 되기도 하고, 구름이나 안개의 모습으로 나타나기도 한다.

11. 답 (가) ㅁ. 융해 (나) ㄷ. 기화 (다) ㄴ. 승화 (라) ㄱ. 액화 (마) ㄹ. 응고 (바) ㄴ. 승화

12. 답 〈예시〉
① 그 액체 물질을 담아 온 행성의 흙 속에 보관한다.
② 기체는 녹이지 못하므로 액체 물질을 밀폐된 용기에 넣고 사방에서 같은 세기의 기압의 바람을 강력하게 불게 해서 움직이지 못하게 한다.
③ 그 액체 물질을 진공 상태의 용기에 보관한다.

창의력 키우기 24~25쪽

01. 답 발명한 물건의 특징이 녹아 들어간 재미 있는 이름을 붙여 봄으로써 기발한 생각을 할 수 있는지 알아본다.

〈평가 기준〉
- 이름이 간결한가?
- 이름이 발명한 물건의 특징을 담고 있는가?
- 이름이 재미있고 독특한가?

〈예시 답안〉
- 다 읽은 후에 먹을 수 있는 책 : 독후식서, 다먹책
- 사자의 머리와 기린의 몸을 가진 동물 : 사두기신, 사머기몸, 사린이
- 숙제를 해주는 기계 : 척척박사
- 수학을 더 잘 하게 해 주는 알약 : 수학짱약
- 사과와 귤을 함께 딸 수 있는 나무 : 사귤목

STEAM 융합형 문제 해결하기 26쪽

01. (1) 답 타당한 답안을 제시하면 정답으로 처리.
지금까지 생물체에서 알려진 가장 센 결합력의 4배.
홍합이 바위에 단단하게 붙어 있을 수 있는 것은 10개의 아미노산이 반복돼 있는 단백질 때문이다. 물에 젖을수록 더욱 강력한 접착 능력을 갖게 되는 홍합 접착제는 수술 후 상처 부위를 붙이는데 실 대신 사용할 수 있어 의학에서 혁명과 같은 변화를 몰고 올 수 있다. 미국에서는 홍합의 콜라겐 단백질을 이용해 사람의 피부보다 5배나 질기고 16배나 잘 늘어나는 인공 피부를 만들고 있다.
홍합 부위에서 추출한 접착 단백질을 이용해 다양한 생체 물질을 효과적으로 붙일 수 있는 '고강도 다기능성 복합 나노 섬유'가 국내 연구진에 의해 세계 최초로 개발됐다.
국내 연구진이 강한 파도에도 바위에 단단히 붙어 있는 홍합을 이용, 뼈 재생 효과가 기존보다 4배 이상 뛰어난 조직재생 지지체를 개발했다. 홍합 접착 단백질은 거의 아무데나 잘 붙고 물속에서도 강한 접착력을 유지한다. 또 생체 내에서 인간 세포를 공격하거나 면역반응을 일으키지 않아 안전하다.
홍합의 강한 접착력을 이용한 물속에서도 붙는 무해하면서 우수한 접착제 개발.

(2) 답 정육각형 구조는 최소의 건축 자재를 써서 최대의 공간을 얻는 경제적인 건축 방법이다.

(3) 답 연구 기간이 단축, 환경에 무해한 자연친화적 물질 개발, 검증된 강력한 효과 이용, 자원 풍부.

2. 자석 놀이

기본 확인 문제 31쪽

① × ② ○ ③ ○ ④ ×
⑤ ○ ⑥ × ⑦ ○ ⑧ × ⑨ ×

① 자석에 붙는 물체는 철로 만들어졌다.
④ 자석의 N극은 북쪽을 자석의 S극은 남쪽을 가리킨다.
⑥ 서로 같은 극끼리 마주 보게 자석을 두고 주변에 철가루를 뿌리면 서로 밀어내는 힘으로 두 극 사이의 철가루가 밀려나서 '◇'모양이 된다.
⑧ 신용카드의 검은 띠 부분에 자석의 성질을 이용하여 정보가 기록되어 있는데, 이부분을 자석으로 문지르면 기록된 정보가 지워져 철가루를 뿌리면 바코드 모양의 선이 없어진다.
⑨ 신용카드의 검은띠의 마그네틱 선에 정보가 기록되어 있다.

탐구력 키우기 32~33쪽

탐구1. 자석이 가리키는 방향

탐구결과

1. 북쪽, 남쪽
2. N극, S극, N극, S극

탐구문제

1. 답

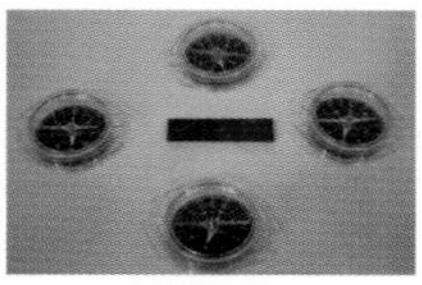

해설 나침반 바늘도 작은 자석이어서, 자석과 서로 잡아당기거나 미는 힘이 작용하여 나침반 바늘이 움직인다.

탐구2. 자석 장난감 만들기

탐구결과

1. **답** 인형이 이리저리 제멋대로 움직이며 춤을 춘다.
해설 줄을 살짝 흔들어 주면 인형에 붙은 자석과 마분지에 붙은 자석 사이의 척력에 의해 두번 연속해서 같은 방향으로 움직이지 않는다.

탐구문제

1. **답** 인형은 움직이지 않는다.
해설 인형에 매달린 자석에 힘을 미치는 요인이 없기 때문이다.

2. **답** 인형이 움직이는 방향을 예측할 수 없다.
해설 인형에 매달린 자석은 밑에 붙은 자석에 의한 자기력의 영향을 받아 움직이게 되는데 이 움직임이 무질서하고 제멋대로여서 '카오스(무질서) 흔들이'라고 한다.

문제해결력 키우기 34~41쪽

01. **답** ①
해설 자석에 붙는 물체는 철(쇠)로 만들어졌다. 금속이 모두 자석에 붙는 것은 아니다.

02. **답** 수진이는 미리 자석으로 쇠숟가락을 자석의 같은 극으로만 한(같은) 방향으로 여러번 문질러 '자화'시켜서 자석이 되게 하였다.

03. **답** 신용카드, 비디오 테이프, 오디오 테이프, 통장, 마그네틱 카드, 하드디스크, 디스켓 등

04. **답** ①, ③, ④
해설 자석은 같은 극끼리는 밀어내는 성질이 있으며, 자기력선은 N극에서 나와서 S극으로 들어가는 형태이다.

05. (1) **답** 스티커는 두 종류만 붙어야 한다. 서로 다른 자석일지라도 자석의 극은 N극, S극으로 두 종류이다.

(2) **답** 〈예시 답안〉

1단계 : 서로 밀 때
2단계 : 서로 당길 때
3단계 : 서로 밀 때

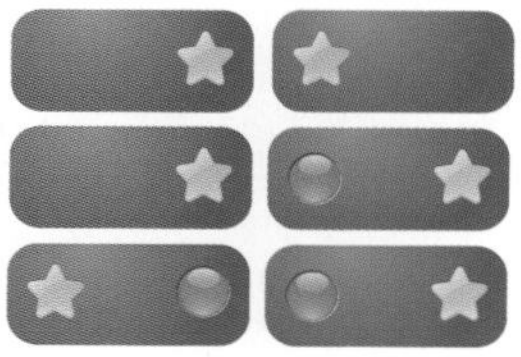

06. **답** 나침반이 지구 자기장으로 방향을 찾는 원리와 같이 비둘기의 머리 속에 자석이 있어 지구 자기장을 이용해 방향을 찾는다.
해설 비둘기의 머리뼈와 뇌 경막 사이에는 아주 작은 크기의 자석 덩어리가 있어 생체 자기를 갖기 때문이다. 이 자석 덩어리가 지구 자기장과 반응하여 방향을 찾을 수 있는 역할을 해준다. 비둘기처럼 생체 자기를 갖는 또 다른 생명체로는 매우 작은 바다 생물인 박테리아를 들 수 있다. 이 박테리아는 생체 자기를 이용하여 북극과 남극을 오갈 수 있는 것으로 알려져 있다. 그 밖에도 꿀벌, 도룡뇽, 돌고래, 연어, 바다 가재, 거북, 여러 종류의 철새 등이 생체 자기를 가지고 있다.

07. **답** 1. 흰 종이 위에서 철가루가 늘어선 모양을 만든 후, 물감을 탄 물을 넣은 분무기로 물을 뿌리고 철가루를 털어내면, 철가루가 있던 자리는 하얗고 나머지 부분에 물감이 칠해진다.
2. 종이에 풀칠을 하고 철가루가 늘어선 모양 위에 종이를 덮어 철가루가 늘어선 모양을 종이에 붙인다.

08. **답** ①
해설 막대 자석에 철가루를 뿌리면 양 끝 부분에 철가루가 가장 많이 달라 붙었다. 이 두 부분이 자석의 세기가 가장 센 곳으로 '자극' 또는 '극' 이라고 한다.

09. **답** 공중에 그대로 떠 있다. 자석의 힘은 종이를 통해서도 작용하기 때문이다.

10.
(1) **답**

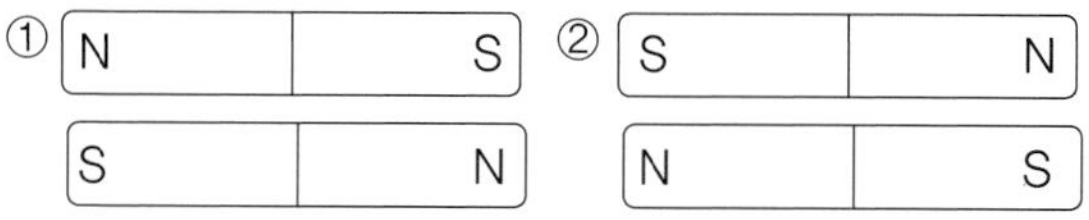

(2) **답** 자석의 양 극과 서로 다른 자석의 양 극까지 자기력선이 서로 이어지게 철가루가 늘어섰기 때문에 서로 다른 극끼리 마주한다.

(3) 답

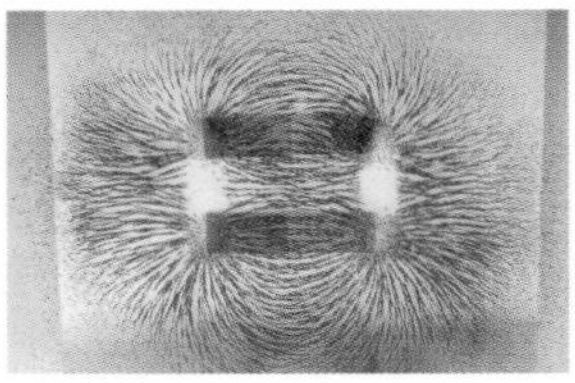

해설 자석의 양 극과 같은 극끼리 위아래로 배치 되었기 때문에 같은 극끼리 마주하는 곳에 철가루가 밀어내는 모양을 보인다.

11. (1) 답

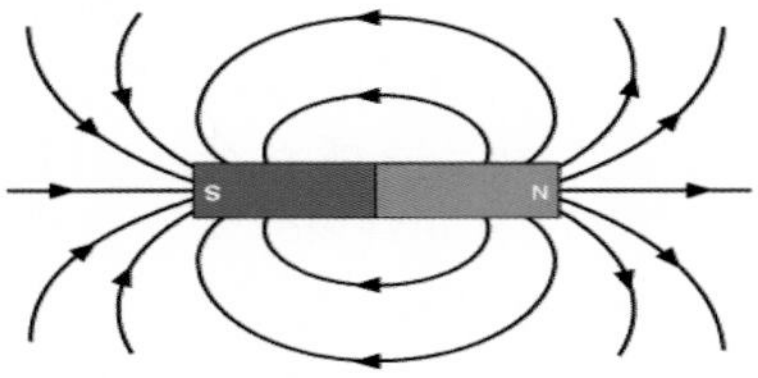

(2) 답

(3) 답

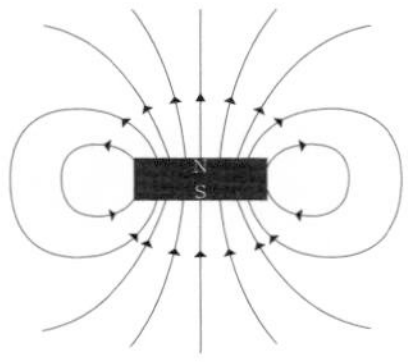

12. (1) 답 자석의 N극을 철에 가까이 가져가면 철 속의 작은 자석들의 S극이, 자석의 S극을 가져가면 철 속의 작은 자석들의 N극이 일정한 방향으로 배열된다.

(2) 답 클립 속의 작은 자석들이 일정한 방향으로 늘어서서 자석의 성질을 가지게 되어 클립끼리도 붙게 된다.

(3) 답 클립이 아래로 떨어진다. 자석은 철판 속에 있는 작은 자석들에 자석의 힘을 쓰게 되므로 클립까지 자기력이 미치지 못해 공중에 있는 클립이 떨어지게 된다.

해설 자석이 아닌 물체가 자석의 성질을 가지게 되는 것을 '자화'라고 한다. 자화가 잘 되는 물체는 '강자성체'이다. 강자성체는 자석에도 잘 붙으며 자석이 될 수도 있다. 강자성체에 자석을 문지르면 강자성체 속의 보이지 않는 작은 자석인 '자구'가 일정한 방향으로 늘어서 자석의 성질을 가지게 된다.

창의력 키우기 42~43쪽

01. (1) 답 1.철(쇠)가 붙는다.
2. 두 종류의 극이 있다(양 끝의 세기가 가장 세다.)
3. 같은 극끼리 밀어내고, 다른 극끼리 잡아당긴다.

(2) 답 1.두 막대를 번갈아가며 상대편의 중간 부분에 붙여본다. 자석은 중간 부분이 자석의 힘이 약하지만 철(쇠)은 어느 부분이나 자석에 잘 붙는다.

2. 잘라서 붙는지 확인한다. 자석은 잘라도 자석의 성질을 유지하기 때문에 두 조각이 붙지만, 쇠막대 조각 사이에서는 작용이 없다.

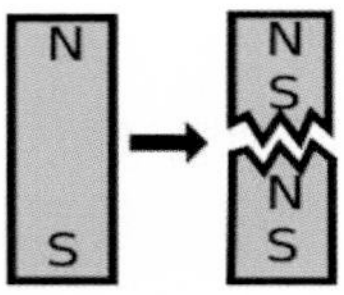

02. 답 1. 자석을 사용하기 전에 자석에 랩이나 얇은 종이를 싸서 사용한다. 자석의 힘은 랩이나 종이를 통과할 수 있기 때문이다.
2. 가열한다. 열을 가하면 자석의 성질을 잃게 된다. 다만 자기력을 없애기 위해 가열한다는 것은 자석을 못쓰게 되어 좋지 않고, 못쓰게 될 정도로 가열하는 것도 실제로는 힘들다. 그러나 철가루를 태워버리기 위해 불에 가져다 대는 것이라면 한 방법이 될 수 있다. 철가루를 태우면 산화철이 되어 자석에 붙지 않는 물질이 된다.
3. 더 강한 자석을 댄다. 이때 미리 센 자석에는 종이나 비닐을 싸서 또 다시 철가루가 자석에 붙지 않도록 한다.
4. 망치로 두드린다. 충격에 의해 자력을 잃을 수 있다.

STEAM 융합형 문제 해결하기 44쪽

01. (1) 답 레일의 전자석의 극과 열차의 전자석의 극이 서로 같은 극이 되면 서로 밀어내게 되고, 열차는 공중에 떠 있게 된다.

(2) 답 전류가 흐를 때만 자석의 성질을 가지게 해서 열차를 필요할 때만 움직이게 하기 위해서이다.

(3) 답 자석의 척력(미는 힘)

(4) 답 레일에 흐르는 전류에 의한 전자석과 열차에 흐르는 전류에 의한 전자석이 앞쪽에서는 인력이, 뒤쪽에서는 척력이 작용하여 열차가 추진력을 얻게 된다.

3. 동물(초파리)의 한살이

기본 확인 문제 49쪽

① 젖 ②짝짓기 ③ 짧을수록
④ 잠자리 ⑤ 재물대 ⑥ 둔하다
⑦ 수컷 ⑧ 애벌레 ⑨ 완전

탐구력 키우기 50~51쪽

탐구1. 초파리의 한살이 과정을 알아보기

탐구결과

1. 답 애벌레, 번데기

2. 답

구분	애벌레	번데기
모양, 색깔	길쭉하고 마디가 있음 연한 노란색	길쭉하고 타원형 색이 점점 검게 짙어짐
먹이	과일 껍질 등 먹이를 먹음	먹지 않음
움직임	마디를 이용하여 움직임	움직이지 않음
위치	먹이 있는 아래쪽	병 위쪽 물기가 없는곳

3. 답

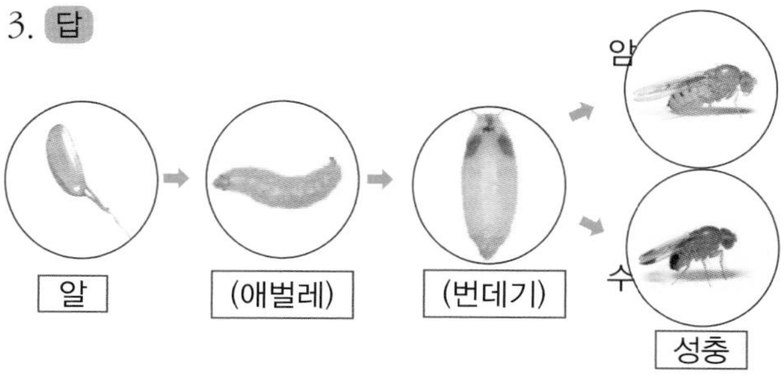

탐구문제

1. 답 세대가 짧고 자손이 많으며, 손쉽게 구할 수 있고, 임의적인 교배가 가능하기 때문이다.

2. 답 곤충 : 개미, 벌, 사마귀 등
이유 : 일반적으로 암컷이 생식을 담당하기 때문에 수컷에 비해 큰 편이다.

문제해결력 키우기 52~59쪽

01. 답 ① 알 ② 부화 ③ 먹이 ④ 짝짓기 ⑤ 암컷

해설 닭은 알에서 태어나 먹이를 먹으며 자라고 암컷은 알을 낳는다.

02. 답

구분	개	개구리
번식	새끼를 낳음	알을 낳음
양육	젖을 먹임	스스로 먹이를 먹음
피부	몸이 털로 덮여 있음	물기가 있는 촉촉한 피부이다.
새끼의 모습	새끼의 모습이 부모와 비슷하다.	새끼인 올챙이는 어미와 다르게 아가미와 꼬리가 있다.
새끼의 수	한 번에 4~6마리 정도의 새끼를 낳는다.	한 번에 수 백 ~ 수 천개의 알을 낳는다.

해설 새끼를 낳는 동물인 개와 알을 낳는 동물인 개구리는 한살이 방식에 많은 차이가 있다.새끼를 낳는 동물은 젖을 먹여 새끼를 기르며, 평균적으로 부모가 새끼를 양육하는 기간이 길다. 알을 낳는 동물은 알에서 부화하여 새끼나 애벌레가 나오며, 일반적으로 태어나자마자 먹이를 먹으며 빠르게 성장한다.

03. 답 ③

해설 초파리가 좋아하는 먹이인 포도, 바나나, 사과껍질 등의 과일 껍질을 병 안에 넣고, 초파리가 도망가지 못하도록 깔때기 모양으로 입구를 막아 놓아야 초파리를 채집하기 쉽다. 입구가 너무 좁으면 초파리가 들어가기 어려우며, 입구가 너무 넓으면 초파리가 도망가기 쉽다.

04. (1) 답 공기가 통하게 하여 초파리들이 숨쉴 수 있게 하고 초파리가 도망가지 못하도록 하기 위해서이다.

(2) 답 가제 손수건, 스펀지, 스타킹 등

해설 초파리 사육병을 솜뭉치로 막은 까닭은 공기가 통하게 하여 초파리들이 숨을 쉴 수 있도록 하고, 초파리들이 도망갈 수 없게 하기 위해서이기도 하다.
솜뭉치 대신에 가제 손수건, 스펀지, 스타킹 이외에도 공기는 통과하고 초파리는 통과하지 못하는 것이면 가능하다.

05. 답 ①, ④

해설 실체 현미경은 직사광선이 비추지 않는 밝은 장소에서 사용해야 한다. 양 눈 사이의 간격에 맞게 접안렌즈의 간격을 조정한 후 사용하며, 관찰이 시작되면 현미경을 옮기지 않는다.

06. 답 ③, ⑤

해설 초파리의 몸은 머리, 가슴, 배의 세 부분으로 구분된다. 눈은 2개의 겹눈과 3개의 홑눈이 있다. 대부분 빨간색을 띠고 있으나 드물게 흰색인 것도 있다. 날개는 2장(1쌍)이고, 투명한 갈색이며 가슴에 붙어 있다.

07. 답 ①, ③

해설 유리병을 솜으로 막으면 공기가 드나들 수 있고, 완전히 밀폐할 경우 공기가 드나들 수 없다. 이 실험의 조건은 마개 사용에 따른 공기출입의 유무와 생존에 필요한 먹이의 유무이다. 이 실험에서는 다른 조건들은 알 수 없다.

08. 답 곤충이 아니다. 곤충은 다리가 3쌍(6개)이지만, 쥐며느리는 다리가 7쌍(14개)이다. 곤충은 더듬이가 1쌍이지만, 쥐며느리는 더듬이가 2쌍이다. 곤충은 머리, 가슴, 배의 세부분으로 나뉘지만, 쥐며느리는 머리, 7개의 가슴, 5개의 배마디로 나뉜다.

해설 쥐며느리는 갑각류이다. 곤충류와 갑각류는 같은 절지 동물이지만, 다리의 수가 다르다. 따라서, 다리의 수를 기준으로 하여 분류할 수 있다.

09. (1) 답 (가) 번데기, (나) 성충, (다) 알, (라)애벌레

(2) 답 1. (가)번데기는 처음에는 밝은 색이나 점점 짙어져 갈색으로 변하고, (라)애벌레는 연한 노란색을 띠며 투명하다.
2. (가)번데기는 먹이를 먹지 않고, (라)애벌레는 과일 껍질 등을 먹는다.
3. (가)번데기는 움직이지 않고, (라)애벌레는 마디가 늘어났다 줄어들었다 하면서 기어다닌다.
4. (가)번데기는 병의 위쪽에서 물기가 없는 곳에 위치하고, (라)애벌레는 병의 아래쪽 먹이가 있는 곳에 움직인다.
5. (가)번데기 내부에서는 머리, 눈, 다리, 날개 등이 만들어지고, (라)애벌레는 허물을 벗을 때마다 크기가 점점 커진다.

10.

(1) 답

곤충인 것	Ⓑ, Ⓔ, Ⓕ
곤충이 아닌 것	Ⓐ, Ⓒ, Ⓓ

(2) 답 ④, ⑥

해설 이 문제에서는 곤충의 특징을 묻는 것이 아니라, 곤충만이 가지고 있는 특징을 묻는 것이다. 곤충이 아닌 다른 동물들도, 더듬이와 눈이 있으며, 줄무늬의 유무는 곤충만이 가진 특징이라고 할 수 없다.

11. (1) 답 (가), (다), (마)

해설 온도에 따른 초파리의 움직임을 알아보기 위한 실험이므로, 초파리의 수, 초파리의 먹이, 사육병 마개 등 온도 이외의 모든 조건은 동일해야 한다.

(2) 답

얼음 물(0℃)	초파리의 움직임이 둔하다.
실온(20℃)	초파리가 활발하게 움직인다.
더운 물(40℃)	초파리의 움직임이 둔하다.

(3) 답 곤충은 추위에 견디기에 가장 적합한 알이나 번데기의 상태로 겨울을 날 것이다.

해설 곤충은 주위 온도가 낮아지면 체온도 함께 낮아지는 변온 동물이다. 그래서 겨울에는 체온이 낮아지므로 먹거나 자라기 힘들다. 주로 알이나 번데기의 상태로 겨울을 지내는 것이 많으며, 벌이나 무당벌레처럼 성충으로 겨울을 보내는 것도 있다. 벌이나 무당벌레는 서로 빽빽이 붙어서 겨울을 난다. 사마귀의 알집은 겨울의 찬바람과 물기가 스며드는 것을 막아주며, 메뚜기는 흰 거품으로 덮인 여러 개의 알을 흙 속에 낳아 보호한다. 수노랑나비의 애벌레는 잎을 둘둘 말아 그 속에서 집단으로 겨울을 나고, 배추흰나비는 나무 줄기나 돌 밑 등 추위를 피할 수 있는 곳에서 번데기 상태로 겨울을 난다.

12. (1) 답 (가) 알 - (라) 애벌레 - (나) 번데기 - (다) 나비

(2) 답 번데기 과정을 거치지 않는다.

해설 나비는 알 → 애벌레 → 번데기 → 성충의 한살이 과정을 거치지만, 잠자리는 알 → 애벌레 → 성충의 과정을 거친다.

(3) 답

나비와 한살이 과정이 같은 곤충의 예	파리, 나비, 벌, 모기, 반딧불이, 무당벌레, 벌, 개미 등
잠자리와 한살이 과정이 같은 곤충의 예	메뚜기, 매미, 잠자리, 사마귀 등

창의력 키우기 60~61쪽

01. (1) 답 찌른 후 빨아서 먹는다.

(2) 답 곤충의 이름 : 모기, 매미
먹이의 종류 : 동물의 피, 식물의 즙

(3) 답 빨대, 주사기 등

해설 제시된 그림은 모기의 찌르는 입으로 동물의 피나 식물의 즙을 빨아먹는 입이다.

02. (1) 답 1.(가)동물은 꾸준하게 연속적으로 몸의 크기가 자랐으나, (나)동물은 주기적으로 몸의 크기가 변하였다.
2. (가)는 어릴 때 생장 속도가 빠르고 점차 느려진다.
3. (가)는 S자 모양이고, (나)는 계단 모양이다.

(2) 답 1. 일정한 시간이 지난 후에는 몸의 크기가 비교적 일정하게 유지되었다.
2. 태어날 때의 크기가 가장 작다.
3. 죽을 때 크기가 가장 크다.
4. 시간이 지날수록 몸의 크기가 커진다.

(3) 답 새우, 사슴벌레, 배추흰나비, 게

해설 새우와 게는 갑각류, 사슴벌레와 배추흰나비는 곤충류이다. 탈피를 하거나 변태를 하면서 주기적으로 몸의 크기가 변하게 된다.

STEAM 융합형 문제 해결하기 62쪽

01. (1) 답 중력에 반응하는 유전자가 있어서 중력의 반대방향으로 운동한다.

(2) 답 초파리는 중력의 반대 방향으로 날아가려는 성질이 있다. 그런데 중력이 없는 우주로 가면 어느 방향으로 날아가야할지 당황한 나머지, 제멋대로 아무 방향으로 마구 날아갈 것이다.

(3) 답 초파리는 성장 속도가 빠르고 관리가 수월하다. 질병 유전자의 70%가 초파리에도 보존되어 있기 때문에 사람의 질병 연구에 많이 이용된다. 한 번의 교배로 암컷 한 마리당 100~200개의 알을 낳는 등 번식력도 뛰어나다. 알에서 성충까지의 한살이 주기가 짧고, 포집하기도 쉽다.

4. 흙을 나르는 물

기본 확인 문제 67쪽

① 많을, 클, 없을 ② 비슷하다 ③ 흙
④ 돌아서 ⑤ 운반 ⑥ 댐 ⑦ 흙

탐구력 키우기 68~69쪽

탐구1. 물에 의한 풍화 과정 알아보기

탐구결과

1. 답

관찰 모습1
모래의 색깔이 물에 젖으면서 위에서부터 점점 진해진다. 모래 언덕이 점점 무거워지면서 조금씩 주저 앉는 것이 보인다. 한순간에 한쪽으로 기울어지면서 무너진다.

관찰 모습2
물을 흡수하면서 모래의 색깔이 위에서부터 점점 진해진다. 모래 언덕 일부분이 물에 씻겨 내려가면서 서서히 무너진다. 아주 천천히 주저앉지만 완전히 무너지지는 않는다.

탐구문제

01. 답
1. 나무를 심고 가꾸며, 산불이 나지 않도록 조심한다.
2. 경사가 급한 곳의 논과 밭은 계단식으로 만든다.
3. 경사진 곳은 사방공사(경사진 곳에서 흙이 깎여 내려가지 않게 돌 등을 쌓아 막는 일)를 한다.
4. 쓰레기를 함부로 버리지 않는다.
5. 댐을 만들어 갑자기 많은 물이 한꺼번에 흐르는 것을 막아 준다.

탐구2. 화단 흙과 운동장 흙 비교하기

탐구결과

1. 답 빠르고, 느리다.
2. 답 ③, ⑤

해설 화단 흙은 알갱이 크기가 다양하며, 대체로 검고 어두운 색이며, 손으로 만져보면 부드럽고,비릿한 냄새가 난다. 운동장 흙은 알갱이 크기가 비교적 비슷하며 화단 흙보다 크고 , 대체로 누렇고 밝은 색을 띠며, 손으로 만져보면 까끌까끌하며 먼지 냄새가 난다.

탐구문제

01. 답 화단 흙

이유 : 식물이 잘 자라기 위해서는 흙의 물빠짐이 적당하여야 한다. 물빠짐이 너무 잘되면 식물이 말라죽게 되고, 물빠짐이 잘 안되면 식물의 뿌리가 썩게 된다. 따라서, 물을 머금을 수 있고 적당한 물빠짐이 가능한 화단 흙이 식물이 자라기에 더 적합하다.

02. 답 모래 사장

해설 운동장 흙을 관찰할 때에는 식물이 자라지 않는 곳의 흙을 가져와야 한다.

문제해결력 키우기 70~77쪽

01. 답 ④

해설 분류란 관찰할 수 있는 공통된 특성을 찾아 함께 묶거나 순서를 정하는 일이다. 분류의 기준은 객관적이어야 한다. 돌의 아름다움은 보는 사람에 따라 주관적인 것이므로 분류기준으로 적당하지 않다.

02. 답 ②

해설 밝은 바탕에 까만 점이 많으면 단단하여 축대와 비석, 집을 짓는 데 많이 이용되는 것은 ②번 보기의 화강암이다.

03. 답 ⑤

해설 문제에서 주어진 사실로는 바위 주변에 있는 돌, 모래, 흙은 바위가 부서져서 생긴 것임을 알 수 있다. 어떤 원인으로 부서진 것인지는 알 수 없다.

04. 답 ①, ②

해설 하늘에서 내리는 빗물과 땅 위를 흐르는 빗물을 거름종이에 걸러 보면, 땅 위를 흐르는 빗물에서만 진흙과 가는 모래 등이 걸러지는 것을 확인할 수 있다. 이는 땅 위를 흐르는 빗물이 땅의 흙을 깎아서 함께 운반하기 때문이다.

05. 답 ⑤

해설 문제에서 산림 벌채로 인한 산사태를 알아보기 위한 것이므로, 식물이 심어져 있는 것과 심어져 있지 않은 것만 다르게 하고, 다른 조건들은 모두 동일해야 한다.

06. 답 · 흙의 이용 : 논, 밭, 과수원, 목장 등의 동식물의 터전, 도자기, 미용 재료(진흙팩), 집이나 담 등

· 모래의 이용 : 벽돌, 유리, 콘크리트의 재료, 해수욕장, 씨름장, 방화사 등

· 돌의 이용 : 건축물(건물, 담장, 축대, 다리), 예술품(조각상, 불상, 탑), 생활용품(맷돌, 돌절구, 돌그릇, 장신구, 돌침대) 등

07. 답 ②, ④, ⑤

해설 유수대에 물을 흐르게 했을 때 유수대의 위쪽은 물길이 좁고 깊게 패여 있으며, 아래쪽은 물길이 넓고, 흙과 모래가 쌓여 있다. 또, 물길의 바닥은 다른 곳과 달리 흙이 없고 굵은 모래와 자갈이 많다. 유수대의 아래쪽은 물길이 넓고 흙과 모래가 쌓인다.

08. 답 1. 나무를 심고 가꾸며, 산불이 나지 않도록 조심한다.

2. 경사가 급한 곳의 논과 밭은 계단식으로 만든다.
3. 경사진 곳은 사방공사(경사진 곳에서 흙이 깎여 내려가지 않게 돌 등을 쌓아 막는 일)를 한다.
4. 쓰레기를 함부로 버리지 않는다.
5. 댐을 만들어 갑자기 많은 물이 한꺼번에 흐르는 것을 막아 준다.

09. (1) 답 1. 식물의 영향 - 나무의 뿌리가 자라면서 암석의 틈을 더 벌어지게 한다.

2. 물의 영향 - 바위나 돌 틈으로 물이 스며들어 가서 얼었다 녹았다 하면서 바위나 돌이 깨진다.
3. 온도의 영향 - 낮에는 온도가 높아 부피가 늘어나고 밤에는 온도가 낮아 부피가 줄어드는 현상이 오랫동안 지속됨으로써 암석의 겉 부분이 얇게 쪼개져 부서진다.
4. 바람의 영향 - 사막 등에서 날리는 바람에 의해 암

석이 깨져서 작아진다.

(2) 답 · 돌을 사용하면 좋은 곳과 그 이유 : 기둥, 바깥벽, 담, 계단, 바깥 바닥 등 / 튼튼하고 물에 씻기지 않는다.
· 흙을 사용하면 좋은 곳과 그 이유 : 안벽, 방바닥, 비를 맞지 않는 담 등 / 엉겨 붙는 성질이 강하고, 바람이 잘 통하지 않으며, 따뜻한 느낌을 주고, 마무리가 쉽다.

10. (1) 답 · 물의 양을 다르게 했을 때 땅의 모습 : (가)와 (나)
· 식물이 있고 없음에 따른 땅의 모습 : (나)와 (라)
· 기울기를 다르게 했을 때 땅의 모습 : (나)와 (다)

(2) 답 흐르는 물의 양, 유수대(땅)의 기울기, 식물이 있고 없음

11. 답 〈예시〉

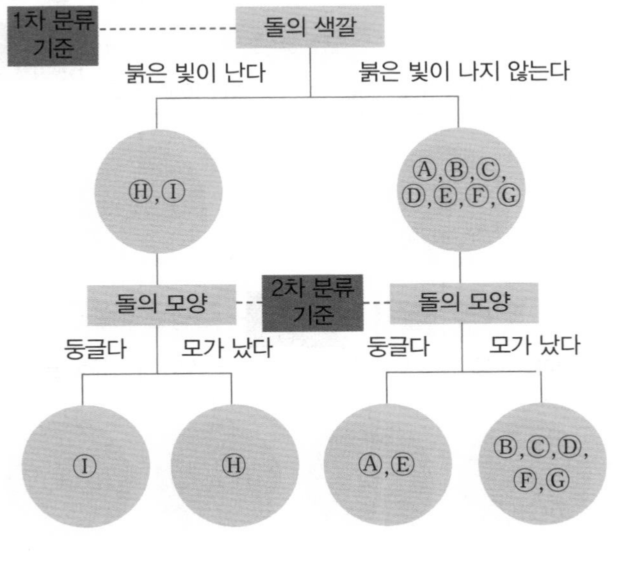

12. 답 ③, ④, ⑤
해설 그림에서 (가), (라) 흙이 운동장의 흙이고 (나), (다) 흙이 화단의 흙이다. 화단의 흙은 부드럽고 알갱이가 작아 식물이 자라기에 적합한 흙이다. 물을 묻혀 뭉쳤을 때 더 잘 뭉쳐진다. 물 위에 뜨는 것도 많다.

창의력 키우기 78~79쪽

01. (1) 답 A
해설 유수대의 위쪽은 물의 세기가 세고 흐름이 빨라 흙이 많이 깎인다.

(2) 답 C
해설 유수대의 아래쪽은 물의 세기가 약하고 흐름이 느리며 위에서부터 물에 깎여 내려온 흙이 쌓이기 쉽다.

(3) 답 강 주위의 땅은 강물의 영향으로 오랜시간 깎이고 쌓여서 구불구불한 모양이 된다.

02. (1) 답 바람의 영향으로 풍화되었다.
(2) 답 바람과 모래
(3) 답 모난 부분이 다른 단단한 물체에 부딪혀서 마모되어 둥글게 되어 가는 과정을 그림으로 표현한다.
해설 왼쪽 큰 바위도 처음에는 매우 큰 상태였고 끝이 뾰족하였으나 한 꺼풀씩 벗겨져 나가면서 현재의 모양대로 둥근 모양을 가지게 되었다. 이와 같은 작용을 박리작용이라 한다.

STEAM 융합형 문제 해결하기 80쪽

01. (1) 답 달에서는 풍화 작용이 거의 일어나지 않기 때문이다.(풍화의 속도가 매우 느리기 때문이다.)

(2) 답 온도의 차이 그 자체는 풍화의 주된 원인이 아니고, 물이 풍화의 주요한 원인이기 때문이다.
해설 물은 온도 요인과 결합하여 풍화에 커다란 요인으로 작용한다. 하지만 물이 없으면 아무리 기온차가 크더라도 풍화가 거의 진행되지 않는다. 물이 없는 달에서는 밤과 낮의 온도가 극심하더라도 풍화가 거의 일어나지 않는다는 것은 물이 풍화의 주요한 요인이라는 것을 반증한다.

5. 가루 물질

기본 확인 문제 85쪽

① 고체 물체
② 유리막대로
③ 녹말
④ 탄산 수소 나트륨
⑤ 황산구리
⑥ 실험 방법 알아보기
⑦ 밀가루
⑧ 용액
⑨ 일정하다
⑩ 가루 설탕

탐구력 키우기 86~87쪽

탐구1. 밀가루 불꽃놀이

탐구결과

01. 답 밀가루와 촛불이 만나면 불꽃이 일어난다.

02. 답 물질이 타기 위해서는 탈 물질, 산소, 발화점 이상의 온도가 필요하다. 밀가루는 탈 물질에 해당하고 표면적이 커서 산소와 접촉하기가 쉬워 폭발을 일으키게 된다.

탐구문제

01. 답 ㄴ, ㄹ, ㅁ

02. 답 가루 물질일 때 폭발이 잘 된다. 표면적이 커서 그만큼 많은 양의 산소가 공급되는 효과가 있기 때문이다.

문제해결력 키우기 88~95쪽

01. 답 건물을 지을 때 - 모래, 흙, 시멘트
송편을 만들 때 - 쌀가루, 소금, 깨
해설 제시된 답 이외에도 우리 주위에서 가루 물질이 사용되는 경우가 많다.

02. 답 ③, ⑤
해설 알코올램프를 사용할 때 불이 붙어 있는 알코올램프를 들고 옮기면 매우 위험하다. 알코올램프에 들어 있는 알코올의 양은 2/3 정도가 적당하다. 알코올램프가 넘어져서 불이 났을 경우, 주변에 불이 붙을 만한 물체는 모두 치우고 젖은 걸레나 모래를 덮어 불을 끈다.

03. 답 ①
해설 흔히 물에 녹으면 용액이 투명해진다고 생각하는 경향이 있다. 하지만 흑설탕, 분유, 코코아, 가루 주스 등은 물에 녹지만 투명하지 않다. 가루를 물에 넣고 저은 후 한참 동안 놓아두었을 때 밑에 가라앉는 것이 없으면 물에 녹은 것이다.

04. 답 ③, ⑤
해설 알갱이의 크기가 작을수록, 물의 온도가 높을수록, 물을 빠르게 저을수록, 물의 양이 많을수록 사탕이 빨리 녹게 된다.

05. 답 (가) - a, (나) - d, (다) - e
해설 (가)에서 황산 구리는 푸른색이고 나머지 가루들은 흰색이므로 (가)에 적합한 기준은 '색깔이 희다'이고, 나머지 기준들은 1단계 분류에서는 적합하지 않다. (나)에서 YES와 NO의 위치가 바뀌면 c 도 답이 될 수 있고, (다)에서 YES와 NO의 위치가 바뀌면 f 도 답이 될 수 있다.

06. 답 틀린다. 투명한 설탕물을 만들었다면 설탕이 물에 모두 녹은 것이다. 설탕물은 설탕과 물이 골고루 섞이므로 어느 부분이나 똑같이 단맛이 난다.
해설 우리가 일상 용어로 '녹는다'라고 표현을 하지만 과학적으로 볼 때 이를 '용해'라고 한다. '용해'는 '한 물질이 물과 같은 다른 물질에 균일하게 섞이는 현상'을 말한다.

07. 답 ③
해설 설탕은 물에 잘 녹는 물질이므로 물에 넣고 저어주면 투명하게 된다.

08. 답 a, d
해설 밀가루 반죽을 가열하면 갈색으로 변하고 탄산수소 나트륨으로 인해 가열 시 반죽이 부풀어 오르는 것이다

09. 답 ④

해설 식초와 반응하여 거품을 내는 것은 탄산 수소 나트륨이고 아이오딘 용액과 반응하여 보라색으로 변하는 것은 녹말이다. 탄산 수소 나트륨과 녹말 모두 흰색이고 촉감이 부드럽지만 녹말을 가열했을 때 색깔이 변하므로 규리와 현우가 관찰한 것은 녹말에 해당한다. 따라서 탄산 수소 나트륨을 관찰한 정완이 다른 네 명과 다른 가루 물질을 관찰한 것이다.

10. (1) 답 ⑤
해설 소금은 물에 녹아 투명하게 된다.

(2) 답 1. 물의 온도를 높여 준다.
2. 물을 더 넣어준다.
해설 소금의 용해도는 온도가 높아질수록 커진다.

11. (1) 답 녹말과 설탕의 혼합물

(2) 답 1. 이것은 두 가지 가루 물질이 섞여 있다.
2. 이것은 모두 흰색이다.
3. 이것은 만지면 부드러운 것도 있고, 까칠까칠한 것도 있다.
4. 이것에 아이오딘 용액을 떨어뜨리니, 아무런 변화가 없다.
5. 이것을 가열하니 '탁탁' 소리를 내며 튄다.
6. 이것 중에 짠맛이 나는 것도 있다.
7. 이것에 식초를 떨어뜨리니, 거품이 나면서 녹는다.

12. (1) 답 ① 소금을 넣은 비커 : 40g 중 36.6g만 녹고 나머지 3.4g은 밑에 가라앉는다.
② 설탕을 넣은 비커 : 모두 녹아 보이지 않는다.
③ 붕산을 넣은 비커 : 40g 중 8.7g만 녹고 나머지 31.3g은 가라앉는다.
④ 백반을 넣은 비커 : 40g 중 11.8g만 녹고 나머지 28.2g은 가라앉는다.

(2) 답 붕산, 백반은 가열하여 물의 온도를 100℃로 높이고 소금을 녹이는 물의 양을 늘린다.(또는 모든 녹지 않은 가루에 물을 더 넣는다.)
해설 가루에 따라 40g이 다 녹는 온도는 다르다. 소금은 100℃에서 물100g에 39.8g밖에 녹지 않으므로 물을 더 많이 넣어주어야 한다. 붕산, 백반은 100℃로 온도를 높여주거나 40℃물을 더 넣어 준다.

(3) 답 1. 온도를 높이면 낮은 온도에서 녹는 양보다 훨씬 많은 양의 물질이 녹게 된다.
2. 물의 온도가 높아짐에 따라 녹는 양이 증가하는 정도는 가루마다 다르다.

창의력 키우기 96~97쪽

01. 답 ㄱ, ㄹ
해설 ㄱ, ㄴ - 설탕 용액의 농도가 진할수록 메추리알보다 밀도가 커지게 되어 메추리알이 뜨므로 D용액에서 A용액이 될수록 진한 설탕 용액이다.
ㄷ - A용액에 D용액을 섞으면 정확한 농도를 알 수 없으므로 뜨거나 가라앉는지도 알 수 없다.
ㄹ - 장시간 방치하면 용액 중 물이 증발해 농도가 진해지므로 메추리알이 계속 떠 있는다.

02. 답 1. 맛을 본다.
2. 각 용액을 조금씩 덜어 증발 접시에 넣고 가열하였을 때, 흰 가루가 나타나는 것이 소금물이다.
3. 개미집 주변에 각 용액을 조금씩 떨어뜨린 후 개미가 많이 모여드는 쪽이 설탕물이다.
4. 전기가 통하게 하였을 때 전기가 통하는 것은 소금물이다.

STEAM 융합형 문제 해결하기 98쪽

01. 답 ① 혹 : 혹에 지방을 저장해 두어 물이 부족할 때 물로 전환시킨다.
② 밝은 털 : 햇빛을 반사시켜 체온이 너무 올라가지 않게 한다.
③ 긴 다리 : 뜨거운 땅에서 몸을 최대한 떨어뜨려 열기를 던다.
④ 발 : 부드럽고 넓적한 발가락은 끝이 두꺼운 피부로 덮여 있어 모래를 걸을 때도 발이 모래 속에 빠지지 않는다.
⑤ 무릎 : 굳은살이 있어 엎드려도 뜨거운 모래에 화상을 입지 않는다.
⑥ 입술 : 두껍고 갈라진 입술로 가시가 많은 식물도 잘 먹는다.
⑦ 콧구멍 : 모래 폭풍이 불면 모래가 코에 들어가지 않게 콧구멍을 맘대로 닫을 수 있다.
⑧ 긴 눈썹 : 뜨거운 햇빛과 모래 먼지로부터 눈을 보호한다.
⑨ 귀 : 주변의 털이 길어서 모래 먼지로부터 보호해 준다.

6. 강과 바다

기본 확인 문제 103쪽

① 상류	② 중류	③ 퇴적
④ 초음파	⑤ 얕다	⑥ 침식
⑦ 구불구불	⑧ 있다	⑨ 침식

탐구력 키우기 104~105쪽

탐구1. 강 주변의 지형 모형 만들기

탐구결과

1. 답

상류	모래가 파이고, 부채꼴 모양의 선상지 모형이 만들어졌다.
중류	구불거리는 곡류 모형미 만들어 졌다.
하류	모래가 퍼지면서 삼각형 모향의 삼각주 모형이 만들어졌다.

2. 답

강의 상류와 유수대의 윗부분	강의 하류와 유수대의 아랫부분
강의 상류에는 강바닥이 깊고 좁게 파이고, 깎여 나가는 것이 잘 보이는데, 유수대의 윗부분도 이와 비슷하다.	강 하류에서는 강바닥이 얕고 넓게 파이고, 깎여 나가기도 하지만 퇴적되는 것이 많아 보인다. 유수대의 아랫부분도 이와 비슷하다.

탐구문제

1. 답 강물은 침식, 운반, 퇴적 작용을 하여 지형을 변화시킨다.
해설 흐르는 물은 바다에 이르는 동안 지표면을 침식시키고, 침식물을 운반하여 지표의 모양을 크게 바꾼다.

탐구2. 파도에 의한 해안선 변화

탐구결과

1. 답 파도를 일으켰을 때 모래의 이동 방향 : A쪽의 모래가 B쪽으로 이동한다.

2. 답 ① 곶 ② 침식
해설 돌출된 부분(A)의 모래가 많이 깎인다.

2. 답 ① 만 ② 퇴적
해설 들어간 부분(B)에는 모래가 많이 쌓인다.

탐구문제

1. ④
해설 A는 해안 지형 중 움푹하게 들어간 지형인 만이고, B는 해안 지형 중 돌출되어 나온 지형인 곶이다. 곶에는 파도의 힘이 집중적으로 작용하여 파도에 의한 침식 작용이 활발하고, 만에서는 파도의 힘이 분산되어 퇴적 작용이 활발하므로 항구나 해수욕장으로 이용할 수 있다. 이처럼 튀오나온 곶은 침식되어 깍여 나가고, 움푹 들어간 만은 퇴적되어 새로운 육지가 되면서 해안선은 점차 단조로워진다.

문제해결력 키우기 106~113쪽

01. 답 ①, ④
해설 명희가 사는지역에서 찍은 사진은 댐으로, 댐은 강의 상류 지역에서 볼 수 있다. 강의 상류에서 볼 수 있는 것은 V자 계곡이나 폭포, 크고 모가 난 바위나 돌이 있다.

02. (1) 답 강물의 퇴적 작용으로 만들어진 지형이다.
(2) 답 하나의 꼭지점에서 퍼지는 모양이다.

03. 답 (가)
해설 지현이의 일기를 읽어 보면, 처음에는 물의 깊이가 깊고 물의 흐름이 빠르다가 점차 물이 얕아지고 물의 흐름도 느려졌다고 적혀 있다. 물이 굽이쳐 흐르는 바깥쪽은 물의 흐름이 빠르고 흙이 깎이고, 물이 굽이쳐 흐르는 안쪽은 물의 흐름이 느리고 흙이 쌓인다.

문제해결력 키우기 170~176쪽

01. 답 ①, ④

해설 명희가 사는지역에서 찍은 사진은 댐으로, 댐은 강의 상류 지역에서 볼 수 있다. 강의 상류에서 볼 수 있는 것은 V자 계곡이나 폭포, 크고 모가 난 바위나 돌이 있다.

02. 답 ④

해설 조사 결과란에는 조사를 하여 알아낸 사실을 기입한다. 문제에서는 조사 내용을 나타내었다.

03. 답 (가)

해설 처음에는 물의 깊이가 깊고 물의 흐름이 빠르다가 점차 물이 얕아지고 물의 흐름도 느려졌다고 적혀 있다. 물이 굽이쳐 흐르는 바깥쪽은 물의 흐름이 빠르고 흙이 깎이고, 안쪽은 물의 흐름이 느리고 흙이 쌓인다.

04. (1) 답 추를 직접 바다 속에 넣어 깊이를 잰다.

(2) 답 잠수정을 타고 내려가서 보거나, 무인 잠수정을 이용한다.

(3) 답 초음파를 이용해 되돌아오는데 걸리는 시간을 측정한다.

05. 답 1. 퇴적물이 쌓여 만들어진다.
2. 모양이 부채꼴 형태로 비슷하다.

06. 답 C, 이유 : C는 물이 굽이쳐 흐르는 바깥쪽이므로 물의 흐름이 빠르다.

07. 답 ①.②.③

해설 일반적으로 강의 상류는 강폭이 좁고, 물의 양이 적어 강의 깊이가 얕다. 강바닥의 기울기가 커서 물의 이동 속도가 빠르다.

08. 답 (마)

해설 (가)는 해안선, (나)는 대륙붕, (다)는 해구, (라)는 화산섬, (마)는 해령이다.

09. (1) 답 · 강의 폭과 경사 : 강의 상류는 강의 폭이 좁고 경사가 심하고, 강의 하류는 강의 폭이 넓고 경사가 완만하다.
· 물의 양과 빠르기 : 강의 상류는 물의 양이 적고 빠르며, 강의 하류는 물의 양이 많고 느리다.

(2) 답 · 상류와 하류의 돌 모양 : 상류의 돌은 바위와 큰 돌이 많으며, 표면이 거칠고 모가 나있다. 하류의 돌은 둥글고 작으며, 고운 모래가 많다.
· 이유 : 돌이 상류에서 하류로 갈수록 부딪히고 깎여서 모가 나있는 점점 둥글어지고, 크기도 점점 작아지게 된다.

10. (1) 답

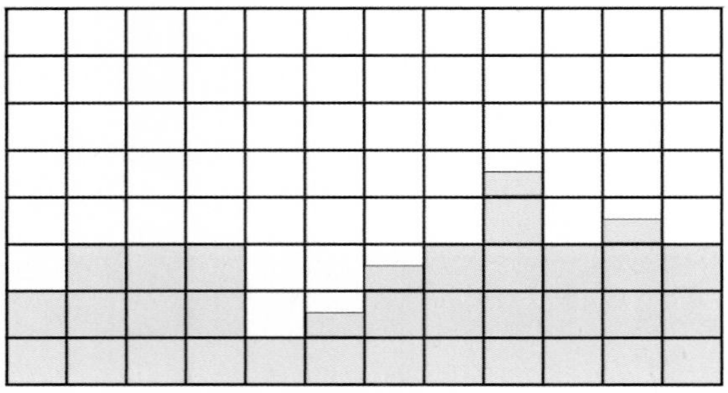

〈수조의 윗면〉

(2) 답 · 이유 : 수조의 가로 방향 중 한 부분만 나타낸 것이므로 나머지 부분의 모양을 알 수 없다.
· 방법 : 일정한 간격으로 측정할 부분(수조의 윗면)을 나누어 '가로 × 세로'의 각 지점의 깊이를 측정한다.

11. (1) 답 A

해설 A지역은 물이 굽이쳐 흐르는 바깥쪽이고, B 안쪽이다. A지역은 흙이 깎이는 쪽으로 물의 흐름이 빠르고 B지역은 흙이 쌓이는 곳으로 물의 흐름이 느리다.

(2) 답 · 잘 나타나는 곳 : ㉠
· 그렇게 생각한 이유 : 그림(가)의 A지역에서는 침식 작용이 일어난다. 유수대에서 ㉠~㉢은 강의 상류, 중류, 하류의 모습이라고 할 수 있다. 강의 상류, 중류, 하류 중 침식 작용이 우세하게 일어나는 곳은 강의 상류이다.

12. (1) 답 중류

해설 강의 중류는 산의 곳곳에서 흐르던 물줄기가 하나 둘 모여 합쳐지기 때문에 물의 양이 많아지고 강의 폭도 상류에 비해 넓으며 경사가 급하지 않아 물이 흐르는 속도가 상류보다 느려진다. 이렇게 강물의 속도가 느려지면 강이 직선으로 흐르지 못하고 구불구불한 모양으로 흐르는 곡류를 형성한다.

(2) 답 A에서는 침식 작용, B에서는 퇴적 작용이 일어난다. 곡류의 바깥쪽 A에서는 물의 흐름이 빨라서 침식 작용이 일어나고, 곡류의 안쪽 B에서는 물의 흐름이 느려져서 퇴적 작용이 일어난다.

창의력 키우기 114~115쪽

01. (1) 답 심해저 평원

(2) 답 ㄱ

해설 수심이 4000~6000m로 해저 면적의 대부분을 차지한다, 우리나라의 개발 광구는 하와이 동남쪽 클라리온-클리퍼턴 해역이다. 망간 단괴는 전 세계 해양 전역에서 발견되는 광물이다. 망간 단과는 망간을 주성분으로 하는 덩어리를 말하며 심해저에서만 발견된다.

02. 답 〈예시 답안〉
1. 눈이 보이지 않는 사람이 장애물에 걸려 넘어지지 않도록 장애물에 초음파를 쏘아 소리로 알려주어 장애물의 위치를 파악하게 한다.
2. 동굴처럼 어두워서 무엇이 들어있는지 알 수 없을 때 초음파를 쏘아서 동굴 속에 들어있는 물체의 위치나 크기, 모양 등을 알아낸다.
3. 어선에서 초음파를 발사하여 그 초음파가 물고기 떼에 반사되어 돌아오는 시간을 측정하여 물고기 떼의 위치와 규모를 알아낸다.

03. 답 〈예시 답안〉
1. 흔들어 소리를 들어본다.
2. 냄새를 맡아본다.
3. 초음파를 쏘아 본다.
4. X-ray를 찍어 본다.
5. 무게를 재어 본다.
6. 구멍을 작게 뚫어 내시경을 넣어본다.
7. 다른 물체와 부딪혀 본다.
8. 공항 검색대에 넣어 본다.
9. 투시 안경을 사용해서 본다.
10. 금속탐지기로 탐지해 본다.
11. 자석을 가져다 대어 본다.

STEAM 융합형 문제 해결하기 116쪽

01. (1) 답 증발량이 많고 건조 기후로 유입량과 같은 양의 수분이 증발된다.

(2) 답 염분값이 높으면 바닷물의 밀도가 커지고(무거워지고) 바닷물에 들어갔을 때 부력이 커져서 사람이 물에 뜨게 된다.

(3) 답 브로민, 포타슘, 진흙, 화장품

(4) 답 수분의 증발량이 많다. 강물을 차단하여 조정한다.

(5) 답 관광지, 관광 용품 판매, 화장품 개발과 판매

7. 동물의 생김새와 암수

기본 확인 문제 121쪽

① 포유류 ② 0개 ③ 먹이 ④ 용
⑤ 뾰족하고, 둥글다 ⑥ 구애 행동
⑦ 동물, 식물 ⑧ 알, 새끼 ⑨ 다른

탐구력 키우기 122~123쪽

탐구1. 동물 분류

탐구결과

01. 답 〈예시답안〉 1. 털이 있는 동물과 없는 동물
2. 부리가 있는 동물과 없는 동물
3. 다리가 있는 동물과 없는 동물
4. 딱딱한 껍질이 있는 동물과 없는 동물
5. 날개가 있는 동물과 없는 동물
6. 꼬리가 있는 동물과 없는 동물
해설 생김새를 기준으로 하면 쉽게 분류할 수 있다.

02. 답 〈분류 기준〉 털의 유무
- 털이 있는 동물 : ①⑦
- 털이 없는 동물 : ②③④⑤⑥⑧⑨⑩

〈분류 기준〉 다리의 유무
- 다리가 있는 동물 : ①②④⑤⑥⑦⑨⑩
- 다리가 없는 동물 : ③⑧

탐구2. 새의 부리

탐구결과

01. 답 A(①③⑦) - 나무열매, B(②④⑥) - 작은 벌레, C(⑤⑧⑨⑩) - 물고기
해설 A묶음의 새의 부리는 뭉툭하고 짧고, 단단해서 단단한 나무 열매를 따 먹기에 편리하다. B묶음의 새의 부리는 짧고 작아 작은 벌레를 쪼아 잡아 먹기에 편리하다. C묶음의 새의 부리는 가늘고 길어서 물속의 물고기를 잡아 먹기에 편리하다. ①콩새, ②제비, ③솔잣새, ④딱새, ⑤청왜가리, ⑥휘파람새, ⑦큰밀화부리, ⑧갈매기, ⑨백로, ⑩물총새

문제해결력 키우기 124~131쪽

01. 답 1. 동물은 자기 스스로 양분을 만들 수 없지만, 식물은 광합성을 통해 스스로 양분을 만들 수 있다.
2. 동물은 신경의 발달로 자극에 즉각적인 반응을 보이지만, 식물은 천천히 반응한다. 예 소나무의 경우, 껍질에 상처를 입으면 한참 시간이 지난 다음에 송진이 흘러나와 상처를 아물게 한다.
3. 동물은 알이나 새끼를 낳아 번식하지만, 식물은 씨앗을 퍼트려 번식한다.
4. 동물은 일정한 시기가 되면 성장을 멈추지만, 식물은 살아 있는 동안 계속해서 성장한다.

02. 답 ②, ④
해설 물개와 상어는 물에 살며, 헤엄을 치고, 지느러미 모양의 기관이 있다. 둘 다 몸이 원통형이며, 다른 물고기나 새우 등을 먹고 산다는 공통점이 있다. 물개는 작은 귀가 있으나 상어는 없고, 물개의 표면에는 잔털이 있고 상어의 표면은 눈에 보이지 않는 거친 비늘로 덮여 있으며, 물개는 새끼를 낳으나(태생) 상어는 알을 낳고(난생) 또는 난태생을 한다.

03. 답 ①, ②, ⑤
해설 오징어는 다리 수가 10개 이며, 초파리는 다리 수가 6개이다.

04. 답 ①, ④, ⑤
해설 악어와 개구리는 척추동물이지만, 악어는 파충류이고 개구리는 양서류이다. 악어는 새끼 때부터 계속 폐로 호흡하지만, 개구리는 알에서 부화하여 올챙이 때 아가미 호흡을 하다가 개구리가 되면 폐와 피부로 호흡한다. 악어와 개구리는 물속과 땅 위에서 모두 생활할 수 있고, 물에 있을 때 물 밖을 잘 볼 수 있도록 눈이 위로 튀어나온 형태를 가지고 있다. 악어는 땅 위에서 알을 낳지만 개구리는 물속에서 알을 낳는다.

05. 답 ①, ②
해설 말미잘은 바다 속 바위에 붙어서 사는 동물이다. 말미잘은 체외수정을 하거나(난생), 난태생으로 내부에서 알이 부화하여 새끼가 되기도 한다. 말미잘은 촉수가 있어서 지나가는 작은 생물이 촉수를 건드리면 촉수에서 독소를 방출하여 마비시킨 후 이를 먹고 산다.

06. 답

구분	암컷	수컷
초파리	(가)	(바)
사자	(사)	(나)
게	(아)	(다)
장수풍뎅이	(자)	(라)
닭	(마)	(차)

해설 초파리는 수컷이 작고 배부분이 검은색을 띠며, 게는 배판이 넓적한 것이 암컷, 뾰족한 것이 수컷이다. 다른 동물들은 수컷이 암컷에 비해 화려하다.

07. 답 〈예시 답안〉 1.야생 동물들을 포획한다.
2. 농작물 주변에 울타리나 전기가 흐르는 전선을 설치한다.
3. 경음기를 설치한다.
4. 허수아비를 설치한다.
5. 유해 동물들이 싫어하는 냄새(예 다른 동물의 변 등)가 나게 한다.
6. 유해 동물들이 싫어하거나 유해 동물들에게 해를 줄 수 있는 물질이 들어 있는 먹이를 주변에 놓아 둔다.

08. 답 〈예시 답안〉 1.어류는 체외수정을 하기 때문에 껍질이 얇아 부화되기 전에 손상되기 쉽다.
2. 어류는 물속에서 알을 낳으므로 물의 흐름에 의해 유실될 가능성이 크다.
3. 알이 부화되기 전에 다른 생물의 먹이가 되기 쉽다.

09. 답 1.(가) 동물은 새끼를 낳지만, (나) 동물은 알을 낳는다.
2. (가) 동물은 척추가 있지만, (나) 동물은 척추가 없다.
3. (가) 동물은 어미와 새끼의 모습이 비슷하지만, (나) 동물은 어미와 새끼의 모습이 다르다.
4. (가) 동물은 몸집이 크지만, (나) 동물은 몸집이 작다.
5. (가) 동물은 일정한 체온을 유지하지만, (나) 동물은 주위 환경에 따라 체온이 변한다.
6. (가) 동물은 몸이 1개로 되어 있고, (나) 동물은 보통 머리, 가슴, 배로 구분된다.
7. (가) 동물은 더듬이가 없고, (나) 동물은 더듬이가 있다.
8. (가) 동물은 피부가 있고, (나) 동물은 외골격으로 이루어져 있다.
9. (가) 동물은 날개가 없고, (나) 동물은 가슴에 2쌍의 날개가 있다.

10. (1) 답 〈예시 답안〉 개, 고양이, 쥐, 바퀴벌레, 말, 소, 돼지, 나비, 참새, 파리, 모기, 금붕어, 거북 등

(2) 답 1. 몸 표면의 특징 : 털이 난 동물과 나지 않은 동물, 피부가 축축한 동물과 축축하지 않은 동물, 피부가 매끈한 동물과 매끈하지 않은 동물 등
2. 다리의 수 : 다리의 수가 4개 이하인 동물과 5개 이상인 동물 등
3. 집에서 기를 수 있는가 : 집에서 기를 수 있는 동물과 기를 수 없는 동물 등
4. 먹이의 종류 : 고기를 먹는 동물과 먹지 않는 동물, 풀을 먹는 동물과 풀을 먹지 않는 동물 등
5. 사는 곳 : 물속에서 사는 동물과 물속에서 살지 않는 동물, 육지에 사는 동물과 육지에 살지 않는 동물 등

11. (1) 답 1. 사막여우는 귀가 크고, 북극여우는 귀가 작다.
2. 사막여우는 황갈색이고, 북극여우는 흰색이다.
3. 사막여우의 털이 북극여우의 털보다 짧다.
4. 사막여우는 주둥이가 뾰족하고, 북극여우는 주둥이가 뭉툭하다.

(2) 답 사는 곳의 환경에 맞게 적응한 것이다.
해설 사막에서 사는 사막여우는 몸에서 열을 방출하기 위해 귀가 크고, 털이 짧다. 반대로 북극여우는 체온을 유지하기 위해 열의 방출을 최소화해야 하므로 귀가 작고 털이 길다. 또한, 사막여우와 북극여우는 살고 있는 환경과 비슷한 몸 색깔을 하고 있다.

12. (1) 답 (가) : 백로 (나) : 개구리 (다) : 공작

(2) 답 동물들은 짝짓기 후 일정한 기간이 지나면 알이나 새끼를 낳는다.

(3) 답 짝짓기를 통해 종족을 유지하고, 자손을 퍼뜨리기 위해서이다.

창의력 키우기 132~133쪽

01. (1) 답 U자 모양이고, 입구가 두 군데 있다. 입구 주위가 볼록하게 땅 위로 솟아 있다.

(2) 답 1. 입구 주변이 볼록하게 솟아있어 물이 쉽게 들어오지 않는다.
2. 입구가 두 개여서 땅 위와 땅 속을 드나들기 쉽다.
3. 입구가 두 개여서 적이 들어 왔을 때 도망가기 쉽다.
4. 입구가 두 개여서 공기가 잘 통해 환기가 잘 된다.
5. 입구의 흙더미 뒤에 숨어서 눈에 띄지 않고 망을 볼 수 있다.
6. 뜨거운 태양 광선을 피할 수 있다.

02. 답 사는 곳의 환경에 따라 먹이가 다르기 때문이다.
해설 핀치새는 섬의 환경에 따라 부리가 조금씩 변화해 왔다. 나무 속에 곤충이 많이 살고 있는 섬에서는 부리가 길고 뾰족하게 되었다. 나무와 열매가 풍부한 섬에서는 짧고 뭉툭한 부리를 갖게 되었다. 식물의 새싹이나 열매가 많은 섬에서는 앵무새와 같은 부리를 하게 되었다.

STEAM 융합형 문제 해결하기 134쪽

01. 답 〈예시 답안〉 달팽이 껍질이 크고 단단해지고, 다리가 생겨서 달팽이가 달팽이 껍질 안에서 생활하고, 장소 이동을 신속하게 할 수 있게 된다.
해설 달팽이는 어둡고 축축한 곳에서 사는데 이러한 달팽이를 햇빛에 오래 두거나 물속에 오래 담가두면 죽게 된다. 사막은 물이 부족하고 햇빛이 강하므로 달팽이가 살기에 매우 어려운 환경이다. 이것을 보완할 수 있는 방법을 상상하여 달팽이의 모습을 자유롭게 그려 본다.

8. 물에 사는 생물

기본 확인 문제 139쪽

① × ② ○ ③ × ④ × ⑤ ○
⑥ × ⑦ ○ ⑧ ○

① 물에 떠서 사는 식물을 채집할 때는 뜰채를 사용한다.
③ 물매암이는 물 위에서 사는 동물이다.
④ 물고기는 아가미로 호흡을 한다.
⑥ 어항을 꾸민 뒤 햇빛이 잘 비치는 곳에 두고 먹이는 먹을 만큼만 준다.

탐구력 키우기 140~141쪽

탐구1. 오징어 해부

탐구문제

01. 답 ①
해설 오징어는 등뼈가 없는 무척추동물이다. 연체동물로 머리와 다리가 붙어 있는 두족류이다. 입에는 먹이를 강하게 움켜쥘 수 있는 악편 2개가 들어있다. 오징어는 이동 시 사용하는 8개의 짧은 다리와 먹이를 잡을 때 사용하는 2개의 긴 촉수(다리)로 되어 있다. 다리의 빨판은 바위 등에 붙어 있을 수 있게하며, 촉수의 빨판은 먹이를 잡을 때 사용한다.

02. 답 아가미, 지느러미, 깔때기, 유선형의 몸 등
해설 오징어는 물속의 산소를 잘 흡수할 수 있는 아가미를 가지고 있다. 물속에서 헤엄을 칠 수 있는 지느러미가 몸통의 윗부분에 있다. 물을 헤쳐 나가기 좋게 몸이 유선형으로 되어 있으며, 다른 동물로 부터 도망치거나 빨리 앞으로 나아가기 위해서는 깔때기로 물을 내보내면서 나아간다.

문제해결력 키우기 142~149쪽

01. 답 ⑤
해설 물에 사는 생물을 관찰하고 채집할 때는 생물을 소중히 다룬다. 채집한 것을 담을 때는 수서 곤충이나 어류의 먹고 먹히는 관계를 고려하여 종류별로 따로 담도록 한다. 생물이 살던 환경을 그대로 유지해 주기 위해 생물 이외에 물, 돌, 모래 등도 함께 채집한다.

02. 답 ③, ④
해설 제시된 사진은 개구리밥, 부레옥잠, 생이가래의 사진으로 모두 물 위에 떠서 사는 식물이다. 뿌리는 수염뿌리이고, 수중에서 양분을 흡수할 수 있도록 뿌리가 발달되어 있으며, 식물이 물에 잘 뜰 수 있도록 잎이 넓게 발달하는 것이 특징이다.

03. 답 ④, ⑤
해설 어항을 씻을 때는 세제를 사용하지 않으며, 꾸며진 어항을 창가에 두는 것이 좋다.

04. 답 ①, ③, ⑤
해설 붕어의 옆줄은 감각 기관으로, 물의 온도, 깊이, 물의 빠르기, 물이 흐르는 방향, 압력, 진동 등을 느낀다. 붕어의 몸을 둘러싸고 있는 비늘은 딱딱하고 탄성력이 좋아 몸의 표면을 보호하고, 물과의 마찰을 줄여 편하게 활동할 수 있게 한다.

05. 답 ③, ④
해설 물고기는 앞으로 나아갈 때 가슴지느러미를 몸에 붙이고, 꼬리지느러미를 좌우로 흔든다. 한 곳에 머물러 있을 때는 가슴지느러미를 천천히 움직여 균형을 잡는다. 물고기는 아가미를 닫고 입을 벌려 물과 먹이를 먹으며, 입이 닫히면서 아가미가 열리고 물만 나온다.

06. 답 1. 공기나 물의 저항을 줄이기 위해 모두 유선형의 형태로 되어 있다. 2. 물에 떠서 활동한다. 3. 물에 뜰 수 있도록 역할을 하는 기관(장치)이 있다 등.

07. (1) 답 (가), 햇빛을 받지 못했기 때문이다.
(2) 답 녹조류는 햇빛이 잘 비치는 곳에서 잘 자란다.
해설 물이 든 어항을 창가에 놓아두면 어항이 녹색으로 변한다. 녹조류는 햇빛을 받으면 잘 자라기 때문이다.
(3) 답 물벼룩은 녹조류를 먹는다.

08. (1) 답 실체 현미경
해설 광학 현미경으로 보면 물체가 너무 확대되어 보이므로 실체 현미경을 사용하여 전체 모습을 관찰한다. 실체 현미경으로 물체를 관찰하면 물체를 입체적으로 확대해서 관찰할 수 있다.

(2) 답 ③, ⑤
해설 물벼룩은 크기가 작아서 실체 현미경을 이용해 확대하여 관찰해야 한다. 물벼룩은 물속에서 아주 빠르게 움직이기 때문에 거름종이나 탈지면으로 물을 흡수시켜서 물벼룩이 든 물방울의 크기를 작게 하여 물벼룩의 행동 반경을 좁게해서 관찰한다.

09. (1) 답 ㉧

(2) 답 ㉠, ㉡, ㉢

(3) 답 ㉣, ㉤, ㉥, ㉦, ㉧, ㉩, ㉫

(4) 답 ㉪
해설 · 물가에 사는 식물 - 줄, 갈대, 부들 등
· 물 위에 떠서 사는 식물 - 개구리밥, 생이가래, 부레옥잠, 통발 등
· 물속에 잠겨서 사는 식물 - 붕어마름, 검정말, 나사말, 물수세미 등
· 뿌리는 물 밑 흙에, 잎은 물 위에 떠 있는 식물 - 마름, 수련, 물달개비 등
· 물 위에 떠서 사는 동물 - 소금쟁이, 물매암이 등
· 물속에 사는 동물 - 물방개, 물장군, 붕어, 장구애비, 물땅땅이 등
· 물 밑바닥에서 사는 동물 - 우렁이, 다슬기, 미꾸라지 등

10. (1) 답 물고기 입으로 들어갔다가 아가미를 통해 나온다.

(2) 답 물고기의 입으로 들어간 잉크가 아가미에서 나오는 것으로부터, 물고기는 산소가 녹아 있는 물을 입으로 흡입하여 아가미에서 산소를 흡수한 후, 물은 아가미를 통해 다시 내보낸다는 것을 추리할 수 있다.
해설 물고기의 아가미는 물속 산소를 효과적으로 흡수할 수 있도록 많은 수의 가닥으로 나뉘어진 구조로 되어 있다.

11. (1) 답 · 영진 : 먹이를 주지 않아도 물고기가 살 수 있는지 알아보기 위해
· 호정 : 일정한 공간에서 살 수 있는 물고기의 수를

알아보기 위해

(2) 답 1. 어항의 햇빛을 받아 녹조류가 생겨서, 그 녹조류를 먹고 물고기가 살 수 있었던 것이다.
2. 녹조류를 먹고 번식한 물벼룩을 물고기가 먹고 살았다.
3. 물속 산소의 양이 충분했다.

(3) 답 1.좁은 공간에 너무 많은 물고기가 살았다.
2. 산소가 부족했다.
3. 먹이에 비해 물고기의 수가 많았다.

(4) 답 1. 물고기를 5마리만 넣는다.
2. 어항에 물풀이나 유기물을 넣어서 녹조류가 빨리 생기게 한다.
3. 좀 더 넓은 어항을 사용한다.
4. 산소 발생기를 설치해 준다.
5. 먹이를 하루에 한 번 준다.

창의력 키우기 150~151쪽

01. (1) 답

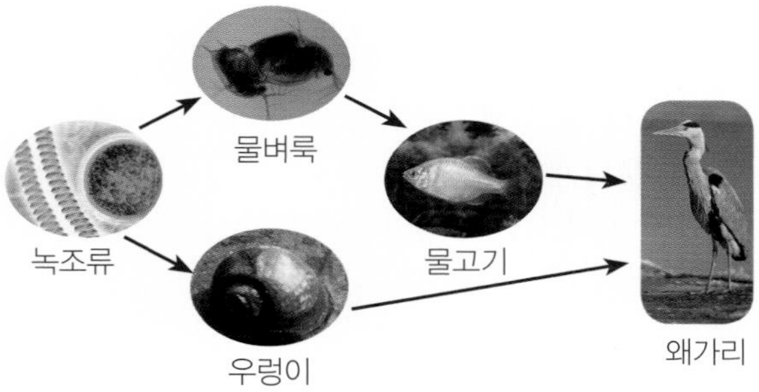

(2) 답 1. 물고기의 수가 증가한다.
2. 우렁이의 수가 증가한다.
3. 물벼룩의 수가 감소한다.
4. 녹조류의 수가 감소한다.
5. 수가 증가했던 물고기와 우렁이가 먹이 부족으로 수가 감소하게 된다.

(3) 답 왜가리의 수가 감소하면, 왜가리의 먹이인 물고기와 우렁이의 수는 증가할 것이다. 붕어와 우렁이의 수가 증가하면 붕어와 우렁이의 먹이인 물벼룩과 녹조류의 수가 감소할 것이다. 시간이 지나면 수가 증가한 물고기와 우렁이 때문에 먹이인 물벼룩과 녹조류가 거의 사라지게 되고, 물벼룩과 녹조류를 먹고 살던 물고기와 우렁이도 먹이 부족으로 개체수가 급격하게 줄어들게 된다. 이렇게 물속 생물들의 개체수가 또 다시 평형을 이루게 된다. 물속에 사는 생물들은 서로 밀접한 관계를 맺고 있다.

02. (1) 답 1. 온도가 너무 낮으면 생물의 활동이 둔해지고, 너무 높아도 생물이 둔해진다.
2. 적당한 온도에서 생물들의 활동이 가장 활발하다.

(2) 답 1. 햇빛은 녹조류를 잘 자라게 한다.
2. 녹조류는 햇빛을 받아 광합성을 하여 산소를 발생시킨다.

(3) 답 1. 수초는 물고기가 알을 낳을 장소가 되어 준다.
2. 수초는 물고기에게 산소를 공급해 주며 먹이가 되어 주기도 한다.

(4) 답 1. 물속에 녹아 있는 산소가 부족하면 물속 생물은 숨을 쉴 수 없게 된다.
2. 물속 생물 중 물고기는 허파로 산소를 들이마시지 않고 아가미를 통해 물속에 녹아 있는 산소를 흡수한다.

STEAM 융합형 문제 해결하기 152쪽

01. (1) 답 (나) : 32, (다) : 40
해설 · (나)의 표면으로부터 흡수할 수 있는 산소의 양 : (가)와 같은 크기의 면이 4개, 반으로 잘린 면이 4개이므로 $4 \times 4 + 2 \times 8 = 32$
〈또다른 풀이〉 가운데 같은 면이 2개 더 생기는 것과 같으므로 $4 \times (6 + 2) = 32$
· (다)의 표면으로부터 흡수할 수 있는 산소의 양 : 반으로 잘린 면이 16개, 1/4로 잘린 면이 8이므로
$2 \times 16 + 1 \times 8 = 40$
〈또다른 풀이〉 잘린 부분으로 같은 면이 4개 더 생기는 것과 같으므로 $4 \times (6 + 4) = 40$

(2) 답 아가미의 주름이 표면적을 넓혀 물과 혈관이 닿는 면적을 넓혀 준다.
해설 아가미는 물속에 녹아 있는 산소를 혈관으로 흡수하는 역할을 한다. 아가미에 주름이 많으면 혈관과 물이 닿을 수 있는 면적이 넓어져 짧은 시간에 많은 산소를 흡수할 수 있다.

(3) 답 사람의 뇌, 허파의 폐포, 소장의 융털, 식물의 뿌리털, 균습(버섯 주름), 난방기의 라디에이터, 청소기(에어컨 등)의 필터 등

9. 지층과 화석

기본 확인 문제 157쪽

① 층 ② 두꺼워진다 ③ 같다
④ 퇴적암 ⑤ 화석 ⑥ 화석
⑦ 비슷하다 ⑧ 퇴적암 ⑨ 바다

탐구력 키우기 158~159쪽

탐구 1. 지층의 생성

탐구결과

1. 답 · 가장 먼저 쌓인 층 : 맨 아래 층(노란색 층)
· 가장 나중에 쌓인 층 : 맨 위에 층(파란색 층)

2. 답 같다. 지층이 쌓인 순서는 똑같다.
해설 같은 지층이 잘린 것이므로 찰흙 반대기의 안쪽과 바깥쪽의 층의 쌓인 순서는 똑같다.

탐구문제

1. 답 지층이 두껍게 쌓여 아래 지층을 강하게 눌러 다져주고, 강이나 바다에는 풀처럼 지층을 붙이는 역할을 하는 물질이 녹아 있어서 이 물질에 의해 지층이 단단하게 붙어 있기 때문이다.
해설 우리가 만든 지층과 다르게 자연의 지층은 오랜 시간 동안 여러 층의 지층이 두껍게 쌓여 아래쪽 지층을 강한 압력으로 눌러서 다져준다. 또, 강이나 바다의 물속에는 퇴적물들을 풀처럼 엉겨 붙을 수 있도록 붙여 주는 물질이 녹아 있다.

탐구 2. 화석 만들기(몰드&캐스트)

탐구문제

1. 답 우리가 만든 화석은 단단하지 않지만, 실제 화석은 단단한 암석이다. 우리가 만든 화석은 인형을 가지고 만들었지만 실제 화석은 지질시대에 살았던 생물의 모습이나 흔적이다.

2. 답 몰드 - 찰흙으로 만든 화석, 캐스트 - 석고로 만든 화석

문제해결력 키우기 160~167쪽

01. 답 ③
해설 지층이란 암석이 여러 겹의 층으로 쌓여 있는 것이다.

02. 답
· 지층인 것 : ㉡, ㉣
이유 : 여러 겹의 층이 보인다.
· 지층이 아닌 것 : ㉠, ㉢
이유 : 층이 보이지 않고, 하나의 암석으로 되어 있다.

03. 답
• 공통점 : 층이 구분되어 쌓여 있다. 아랫부분이 먼저 쌓였고, 위로 갈수록 나중(최근)에 쌓인 것이다, 등
• 차이점 : 샌드위치는 빨리 만들 수 있지만, 지층이 만들어지려면 아주 오랜 시간이 걸린다. 샌드위치는 사람이 인위적으로 만든 것이지만 지층은 자연 현상에 의해 만들어진 것이다. 등

04. 답 ①, ③
해설 곤충은 뼈, 이빨, 껍데기와 같은 단단한 부분이 없지만, 죽은 곤충이 빨리 묻혀서 공기나 물에 의해 썩지 않았고, 진흙과 같이 고운 퇴적물에 묻혀서 물이나 공기를 차단할 수 있었기 때문에 곤충 화석이 만들어질 수 있다.

05. 답 · 가장 오래된 지층 : (나)
· 이유 : (가)~(다) 세 지역의 지층을 같은 화석이 나오는 지층끼리 묶으면 (나)가 맨 아래층으로 가장 오래되었고, (가)가 맨 위에 층으로 가장 나중에 생긴 지층이다.
해설 멀리 떨어져 있는 지층은 같은 표준 화석이 나오는 지층끼리 연결하여 비교하면 어느 지층이 오래되었는지 알 수 있다.

06. 답 ④
해설 이 지층의 모양은 비가 오지 않아서 땅이 갈라진 모양과 비슷하다. 따라서 지층이 생성될 당시의 날씨가 매우 건조했음을 알 수 있다.

07. 답 ③, ⑤
해설 '공룡 발자국'화석은 13곳, '공룡 알'화석은 5곳, '공룡 뼈와 이빨'화석은 7곳에서 발견되었다. 이 그림으로는 공룡이 남쪽에서 북쪽으로 퍼져 나갔는지는 알 수 없다. 강원도, 제주도 등에서는 공룡 화석이 발견되지 않으므로 우리 나라 전 지역에서 공룡 화석이 발견된다고 할 수 없으며, '공룡 알'화석과 '공룡 뼈와 이빨'화석이 발견되는 곳은 일치하기도 하지만 그렇지 않은 곳도 있다.

08. 답 ④
해설 현재 지구에는 공룡이 살고 있지 않다.

09. (1) 답 · 가장 먼저 쌓은 고무 찰흙 반대기 : (라)
· 가장 나중에 쌓은 고무 찰흙 반대기 : (가)

(2) 답 잘려진 면은 바깥쪽 면과 모양이 같다. 등

(3) 답 · 같은 점 : 가장 아래층이 가장 먼저 쌓인 것이다. 바깥쪽 면과 내부의 모양이 같다. 등
· 다른 점 : 실제 지층은 단단하지만 지층 모형은 단단하지 않다. 실제 지층은 지층마다 지층의 색과 지층을 이루는 알갱이가 다르지만 문제의 지층 모형은 지층의 색만 다르다. 등

10. (1) 답 흐르는 물에 의해 깊은 강이나 바다로 운반된다.

(2) 답 물의 흐름이 느려지기 때문에 진흙, 모래, 자갈은 더 이상 운반되지 못하고 강바닥이나 바다 밑에 쌓인다.

(3) 답 먼저 쌓여진 층 위에 새로운 층을 이루며 계속 쌓인다.

(4) 답 오랜 시간 동안 진흙, 모래, 자갈이 쌓여 만들어진 여러 층들이 두껍게 쌓이면, 아래에 있는 층들은 강한 압력에 의해 눌리면서, 강물이나 바닷물의 성분 중 단단하게 붙이는 물질에 의해 굳어져 지층이 된다.

11. (1) 답 · 화석이 아닌 것 : (라)
· 이유 : 화석은 오래 전에 살았던 생물의 몸체나 흔적이 남아있는 것인데, (라)달 표면의 사람의 발자국으로 오래전의 생물의 모습이나 흔적이 아니다.

(2) 답 물속에 살았던 생물이 죽고, 그 위에 퇴적물이 쌓이면서 지층이 만들어진다. 그 후 지층이 지구 내부의 힘에 의해 물 위로 솟아올라 육지가 된 후, 풍화 작용에 의해 지층이 깎여서 화석이 드러난 것이 산에서 발견될 수 있기 때문이다.

12. (1) 답 · 같은 점 : 겉모양이 뚜렷하게 나타난다.
· 다른 점 : 화석 모형은 단단하지 않고, 실제 화석은 단단하다.

(2) 답 · 조개 : 오래 전에 살았던 생물
· 찰흙 반대기 : 지층
· 찰흙 반대기에 남은 흔적 : 화석

(3) 답 멀리 떨어진 지층들이 쌓인 순서, 과거 생물들의 모습, 과거 생물들의 생태, 화석이 발견된 곳의 자연 환경 등

창의력 키우기 168~169쪽

01. 답 〈예시 답안〉 1. 어미 공룡과 새끼 공룡이 나란히 길을 걸어가다가 아빠 공룡을 만났다. 아빠 공룡이 아기 공룡을 입에 물고 집으로 돌아가고, 어미 공룡은 먹이를 구하러 떠났다.
2. 어미 공룡과 새끼 공룡이 나란히 길을 걸어가다가 다른 난폭한 공룡을 만났다. 새끼 공룡을 지키기 위해서 어미 공룡은 있는 힘을 다해 싸웠지만 새끼 공룡을 난폭한 공룡에게 잡아먹히고, 어미 공룡만 살아남았다.

02. 답 1. 공룡(중생대)이 멸종한 후 인류가 시작되었는데 공룡과 원시인이 같은 그림에 있다.
2. 꽃이 피는 식물(속씨식물)은 신생대 이후에 생겨났는데 중생대의 공룡, 암모나이트와 같은 그림에 있다.
3. 중생대에만 살았던 공룡과 신생대 이후에 출현한 매머드가 같은 그림에 있다.
해설 공룡, 암모나이트, 소나무(겉씨식물)는 중생대의 모습이다. 원시인, 꽃이 피는 나무(속씨식물), 매머드는 신생대 이후의 모습이다.

STEAM 융합형 문제 해결하기 170쪽

01. (1) 답 대기권(2~10km)에서는 높이 올라갈수록 기온이 낮아진다. 히말라야 산들은 매우 높아서 꼭대기의 온도가 0℃보다 낮으므로 눈이 녹지 않는 것이다.

(2) 답 중생대, 생물이 살아가기에 알맞은 온도의 물속
해설 암석들 속의 화석은 암모나이트로, 중생대 바다에서 살던 조개류의 화석이다.

(3) 답 땅에 묻힌 생물이 죽어 흔적이 땅에 남는다. 바다 밑에 퇴적물이 쌓이면서 암모나이트도 같이 묻혀서 지층을 이루면서 암모나이트 화석이 만들어진다. 지층이 압력을 받아 위로 솟아올라 육지가 되고, 육지가 지구 내부의 힘에 의해 밀리면서 점점 솟아 올라 산이 된다. 산이 된 지층이 바람이나 빗물에 의해 깎이면서 화석이 발견되는 것이다.

10. 우리 생활과 액체

기본 확인 문제 175쪽

① × ② ○ ③ ○ ④ × ⑤ ○
⑥ × ⑦ × ⑧ × ⑨ ○

탐구력 키우기 176~177쪽

탐구 1. 물과 알코올(에탄올)의 증발 속도 비교

탐구결과

1. 답 ㉠ 물 ㉡ 에탄올(알코올) ㉢ 물

탐구문제

1. 답 다시 수평이 된다.
• 이유 : 물이 증발되기 때문이다.
해설 물보다 증발 속도가 빠른 알코올이 먼저 증발되어 물쪽으로 기울었던 저울은 나중에 물이 증발되면서 다시 수평이 된다.

2. 답 시간이 지나면서 식용유 쪽으로 기운다.
해설 에탄올 대신 식용유를 사용한다면 물이 식용유보다 먼저 증발되므로 윗접시 저울이 식용유 쪽으로 기울어진다.

탐구 2. 액체 탑 쌓기

탐구결과

1. 답 ㉠ 알코올 ㉡ 알코올 ㉢ 물 ㉣ 식용유
2. 답 (가) : 알코올 (나) : 식용유 (다) : 물

탐구문제

01. 답 (가) : 식용유 (나) : 물과 알코올
• 이유 : 물과 알코올이 서로 섞였기 때문이다.
해설 물과 알코올은 서로 잘 섞이는 액체이다. 물, 식용유, 알코올을 순서대로 천천히 넣어 주면 층이 만들

어지는데, 알코올을 위에서 붓거나, 시험관을 흔들어 면, 물과 알코올이 서로 섞여 한 개의 층이 된다. 윗층은 식용유, 아래층은 물과 에탄올이 서로 섞여 있는 층이 된다.

문제해결력 키우기 178~185쪽

01. 답 ①, ③
해설 위험한 액체가 있을지도 모르니 함부로 맛을 보지 않는다. 액체의 냄새를 맡을 때에는 액체에 코를 직접 대지 말고 손으로 바람을 일으켜 냄새를 맡는다.

02. 답 ①, ④
해설 염전에 바닷물을 모아 놓고, 햇볕에 의해 물이 증발되면 소금이 남는다. 젖은 빨래가 마르는 것과, 바닷가에서 오징어나 생선을 말리는 것도 증발의 원리가 적용된 예이다.

03. 답 ②
해설 액체의 종류에 따라 구슬이 가라앉는 빠르기를 비교하기 위한 실험이므로, 액체의 종류를 같게 해서는 안된다.

04. 답 1. 선풍기를 틀어 놓는다.
2. 보일러를 튼다.
3. 습기 제거제를 놓는다.
4. 빨래를 펼쳐서 널어놓는다. 등
해설 증발은 온도가 높을수록, 습도가 낮을수록, 바람이 많이 불수록, 액체의 표면적이 넓을수록 잘 일어난다.

05. 답 ③, ④, ⑤
해설 커피에 우유를 넣어서 마시거나, 국에 간장을 넣는 것은 액체가 서로 섞이는 예이다.

06. 답 ②
해설 물과 식용유는 서로 섞이지 않는다. 아세톤과 알코올은 물과 식용유에 모두 섞인다.

07. 답 물 10g, 알코올 7.6g, 식용유 8.8g
해설 액체가 든 눈금 실린더의 무게에서 빈 눈금 실린더의 무게를 빼면, 액체의 무게를 알 수 있다. 표에 제시된 무게는 50mL를 측정한 값이므로, 10mL의 무게를 알기 위해서는 5로 나누어야 한다.
물 10mL의 무게 : (76- 2 6)/5 = 10g
알코올 10mL의 무게 : (64 - 26)/5 = 7.6g
식용유 10mL의 무게 : (70 - 26)/5 = 8.8g이다.

08. 답 물 > 식용유 > 알코올
해설 액체 방울의 수가 적을수록 방울의 크기(부피)가 크다.

09. (1) 답

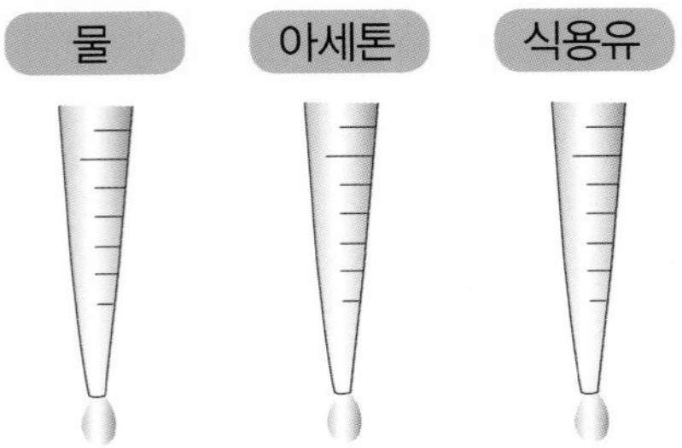

(2) 답

해설 유리판 위의 물과 아세톤은 퍼지고, 식용유는 둥근 모양이다.

(3) 답 다르다. 스포이트 끝에 맺힌 액체 방울의 모양은 액체의 종류와 상관없이 모두 둥근데, 이는 표면장력때문이다. 유리판 위의 액체 방울의 모양은 액체와 유리판 표면과의 잡아당기는 힘에 의해 결정된다. 유리판 표면은 물과 잡아당기는 힘이 강해서 퍼지지만 식용유와는 잡아당기는 힘이 약해서 둥근 모양을 유지한다.

10. (1) 답 물과 알코올의 밀도가 다르기 때문이다.

(2) 답 식용유는 물과 알코올에 섞이지 않으므로 둥근 모양을 한다. 또한, 물보다 밀도가 작고 알코올보다 밀도가 크기 때문에 물과 알코올 사이에 위치하게 된다.

11. 답 비누 알갱이(분자)는 물과 잘 섞이지 않는 부분(소수성)과 물과 잘 섞이는 부분(친수성)을 모두 가지고 있다. 물과 잘 섞이지 않는 부분이 때를 둘러싸서 녹이고 겉 부분은 물과 잘 섞이는 부분만 나오게 되어 물과 잘 섞이게 된다.

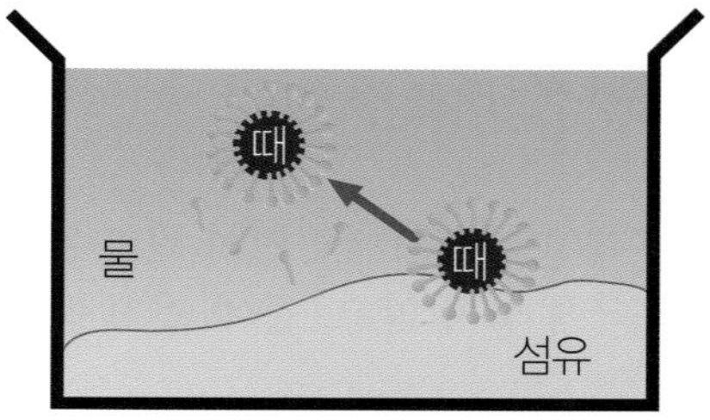

12. 답 증발이란 액체 상태의 물질이 기체 상태로 변하는 현상이다. 열을 가하면, 액체를 이루고 있는 알갱이의 운동이 활발해지기 때문에 증발이 잘 일어난다.

창의력 키우기 186~187쪽

01. 답 〈준비물〉 수조, 비커, 물, 눈금실린더, 돌
〈실험 방법〉
1. 비커에 물을 가득 채워 수조 안에 놓는다.
2. 비커 안에 돌을 넣는다.
3. 비커에서 넘친 물의 양을 눈금실린더로 측정한다.

〈다른 실험 방법〉
1. 비커에 돌이 모두 잠길 정도로 물을 넣고 물의 높이를 표시한다.
2. 비커 안에 돌을 넣고 표시한 물의 높이까지 스포이트를 이용하여 물을 빼낸다.
3. 빼낸 물의 부피를 측정한다.

02. (1) 답 1. 전자 저울을 이용해 3개의 눈금 실린더의 무게를 잰다.
2. 눈금 실린더에 물, 알코올, 식용유를 50mL씩 넣는다.
3. 각각의 액체가 든 눈금 실린더의 무게를 전자 저울로 잰다.
4. 액체의 무게 = 액체가 든 눈금 실린더의 무게 - 빈 눈금 실린더의 무게'를 이용하여 액체의 무게를 구한다.

(2) 답

$$밀도 = \frac{질량(g)}{부피(mL)}$$

(3) 답 물의 밀도 = 50g/50mL = 1g/mL
알코올의 밀도 = 38g/50mL = 0.76g/mL
식용유의 밀도 = 44g/50mL = 0.88g/mL

(4) 답 부피가 일정하면 무게와 밀도는 비례한다.

STEAM 융합형 문제 해결하기 190쪽

01. (1) 답 ②
해설 빙산이 바다물 위에 떠 있는 것은 얼음의 밀도가 물보다 작기 때문이다.

(2) 답 액체 수은의 표면장력이 물의 표면장력보다 크다.
· 이유 : 수은의 방울이 물의 방울보다 구 모양에 가깝게 더 둥글기 때문이다. 물방울은 납작한 모양이다.
해설 분자(액체를 이루는 알갱이)들 사이에 작용하는 힘이 클수록 표면장력이 크므로 더 둥근 모양을 나타낸다. 수은 분자들 사이의 인력이 물 분자들 사이의 인력보다 강하여 수은의 표면이 더 둥글게 나타난다.

11. 소중한 공기

기본 확인 문제 193쪽

① 없고, 없다 ② 누르면 ③ 젖지 않는다 ④ 공간 ⑤ 있다 ⑥ 있다 ⑦ 늘어나고, 줄어든다 ⑧ 달라진다 ⑨ 공기

탐구력 키우기 194~195쪽

탐구 1. 온도와 기체의 부피와의 관계

01. 답 살짝 떴다 가라앉았다하면서 달그락거린다. 병 안의 온도가 높아져 병 속 공기의 부피가 늘어나 공기가 병 밖으로 나오면서 동전을 밀어내기 때문이다.

02. 답 뜨거웠던 공기가 온도가 낮아지면서 부피가 작아지면서 압력도 외부 압력보다 작아져서 병 안쪽으로 압력이 작용하기 때문이다.

03. 답 ㉠ : 늘어 ㉡ 줄어

탐구 2. 압력과 기체의 부피와의 관계

탐구문제

01. 답 풍선 외부의 압력이 작아져 풍선 안의 공기의 부피가 늘어나기 때문이다.

02. 답 ②, ③, ④

03. 답 ㉠ : 줄어 ㉡ 늘어

문제해결력 키우기 196~203쪽

01. 답 ⑤
해설 공기는 일정한 공간을 차지하고 있기 때문에 종이배의 돛은 컵의 바닥에 닿지 않고, 물에 젖지 않는다.

02. 답 ②, ④
해설 공기가 더 세게 더 많은 양이 뒤로 불어 나갈수록 풍선 로켓은 앞으로 더 멀리 나아간다.

03. 답 1. 나뭇잎이나 태극기가 바람에 날린다.
2. 손, 부채 등으로 부채질하면 시원하다.
3. 선풍기를 켜면 바람이 생긴다.
4. 튜브에 공기를 넣으면 튜브가 부풀어 오른다.
5. 나뭇가지가 바람에 흔들린다.

04. 답 ⑤
해설 공기는 일정한 공간을 차지한다. 그런데 풍선을 계속 꼬아서 공기가 있을 수 있는 공간을 줄이게 되면 풍선 속 공기의 압력이 높아져서 풍선이 팽팽하게 되는 것이다.

05. 답 ⑤
해설 공기는 일정한 공간을 차지하고, 열을 가하면 공기의 부피가 늘어난다. 주사기 A의 피스톤을 움직이지 못하게 하고 수증기를 쐬면 주사기 A 안의 공기의 부피가 늘어나고 공기는 비닐관을 통해서 주사기 B로 옮겨가서 주사기 B의 피스톤이 밖으로 밀리게 된다.

06. 답 ①
해설 높이 올라갈수록 공기가 희박해지므로 주위 대기의 압력이 작아서 풍선의 크기는 커지게 되고, 어느 이상 커진 후 결국 터지게 될 것이다.

07. 답

해설 빨대로부터 위로 올라올수록 공기 방울의 크기

가 커지게 그린다. 물속에 생긴 것은 영희가 내뿜는 공기이다. 공기는 압력이 크면 부피가 작아지지만, 압력이 작아지면 부피가 커진다. 물의 아래쪽에서는 위쪽보다 높은 압력이 작용하게 되므로, 공기 방울의 크기는 위로 올라올수록 커지게 된다.

08. 답 ②

해설 우리가 호흡을 통해 들이마신 공기 중 산소의 일부는 에너지를 만드는데 사용된 후 노폐물과 이산화 탄소로 바뀌어 몸 밖으로 배출된다. 따라서 전체 공기 중 산소의 비율은 감소하고, 이산화 탄소와 수증기의 비율은 증가한다. 질소의 양은 변하지 않으나 이산화 탄소와 수증기의 양이 증가하므로 질소의 전체적인 비율은 감소한다.

09. (1) 답 팩에서 공기를 빼내는 일을 하였다.

(2) 답 압축팩에 구멍이 났다. 압축팩의 입구가 꽉 닫히지 않았다. 등

해설 압축팩에 공기가 드나들 수 있는 곳이 생기면 아무리 진공 청소기를 이용해 공기를 빼내어도 다시 바깥 공기가 압축팩 속으로 이동하게 되어 압축이 되지 않는다.

10. (1) 답 공기

(2) 답

· (나)가 더 잘 꽂힌다.

· 이유 : (가)의 빨대는 감자에 꽂으면 공기가 빨대의 꼭대기 쪽으로 빠져나가고 감자에 꽂히는 것은 오직 빨대 뿐이다. 그러나 (나)는 빨대의 꼭대기를 손가락으로 막았기 때문에 감자를 누르는 것은 빨대와 빨대 속의 공기이므로 (나)가 더 잘 꽂히게 되는 것이다.

해설 (가)는 빨대만이 감자를 누르게 되는데 빨대가 약해서 구부러지면서 감자에 잘 꽂히지 않는다. 그러나 (나)는 빨대 안에 공기기둥이 형성되면서 빨대가 구부러지지 않고 힘을 받으면서 감자에 잘 꽂히게 된다.

11. (1) 답 1. 플라스틱 컵의 바닥에 구멍을 뚫는다.
2. 플라스틱 컵의 안쪽과 바깥 쪽에 호스를 연결해 컵 속의 공기가 빠져나오게 한다.

(2) 답 플라스틱 컵 속의 일정한 공간을 차지하고 있는 공기를 밖으로 이동시키고, 그 자리를 물이 차지하도록 하여 탁구공의 높이가 점점 높아져 탁구공이 컵의 바닥에 닿도록 하였다.

12. (1) 답 1.풍선을 크게 분다.
2. 풍선에서 공기를 뺄 때 세게 누른다.
3. 둥근 막대의 표면을 매끄럽게 만들어 바닥과의 마찰을 줄인다.
4. 가벼운 막대를 사용한다.

(2) 답 1. 풍선을 크게 불어 공기의 양을 많게 한다.
2. 풍선을 하나 더 달아 공기의 양을 늘려준다.
3. 빨대가 실에 꽉 끼지 않는 것을 사용한다.
4. 털실을 사용하여 빨대와 실의 마찰을 줄인다.
5. 로켓의 앞쪽에 침핀이나 압정을 달아 무게 중심이 앞으로 가게 하여 공기를 잘 뚫고 앞으로 나아갈 수 있도록 한다.

창의력 키우기 204~205쪽

01. 답

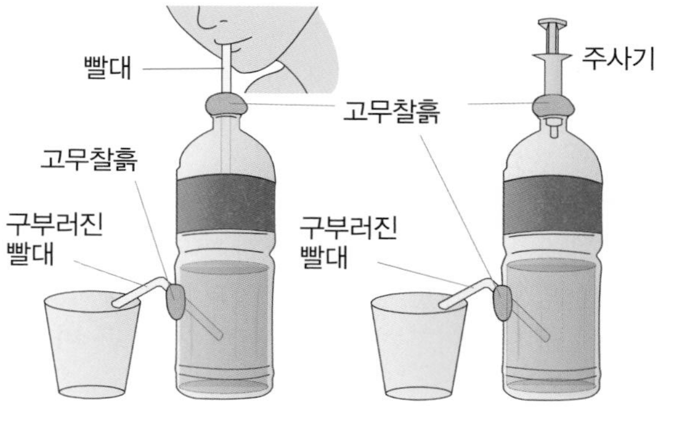

페트병 속에는 물과 공기가 일정한 공간을 차지하고 있다. 페트병에 송곳으로 구멍을 뚫고 구부러진 빨대를 연결한 후 그 주변을 고무찰흙으로 막아 빨대로 물이 이동할 수 있게 한다. 페트병의 주둥이에서 입이나 주사기를 이용해 공기를 넣어준다. 공기는 일정한 공간을 차지하고 있기 때문에 바깥쪽에서 공기가 들어오면 페트병 속 안에 있던 공기는 물을 밀게 되어 물이 빨대를 통해 바깥쪽으로 나온다.

02. 답 1. 공기가 사람 몸을 누르는 압력과 사람 몸의 압력은 일정하게 유지되어 존재하는데, 사람을 누르고 있는 공기 압력이 갑자기 사라지게 되면 사람 몸이 자체의 압력에 의해 점점 부풀어 올라 죽게 될 것이다.
2. 공기가 없어서 태양 에너지가 직접 닿게 되면 지표

면이 너무 많이 가열되어 온도가 매우 높게 올라가게 될 것이다.
3. 생물이 숨을 쉴 수 없게 되어 죽게 될 것이다.
4. 공기가 소리를 전달해 주는 매개체이기 때문에 소리를 들을 수 없게 된다.
5. 공기 중에 존재하는 산소가 사라지게 되므로 불이 붙지 않는다.
6. 지구에 들어오는 운석들은 대부분 대기와 마찰에 의해 사라지게 되는데 만약 공기가 사라진다면 운석들이 지구와 부딪히게 된다.
7. 기압이 0이므로 모든 액체는 끓게 되며, 끓면서 모두 기화되므로, 생명체 내부의 수분이 모두 증발되어서 죽게 된다.

STEAM 융합형 문제 해결하기 206쪽

01. (1) 답 공기 중의 산소는 다른 물질과 반응을 잘 해서 그 양이 줄어들지만, 질소는 다른 물질과 반응을 잘 하지 않으므로 공기 중에 많은 수가 존재하게 된다.
해설 지구가 만들어진 초기 대기에는 질소, 암모니아, 이산화 탄소, 수증기 등이 비슷하게 섞여 있었다. 이후 호흡을 하는 생물들에 의해 산소가 만들어져서 대기 중에 포함되었다.
다른 기체와 비교해 질소는 매우 안정해 다른 물질과 반응을 하지 않아 전체 양이 감소하지 않았고, 초기에 생겨났던 암모니아를 통해서 생성되면서 양이 점점 증가하여 공기를 이루는 기체 중에서 가장 큰 비율을 차지하게 되었다.

(2) 답 · 용기에 아이스크림을 만들 재료(우유, 생크림, 과일, 주스, 설탕 등)를 넣고 고르게 섞어 준다. 용기의 재료를 잘 저어주면서 액체 질소를 조금씩 넣어 준다. 온도가 낮아지면서 용기 안의 아이스크림 재료는 모두 얼고, 액체 질소는 기체가 되어 모두 공기 중으로 날아간다.

· 액체 질소는 물고기를 잡자 마자 급냉시켜서 신선한 상태로 유지시키거나, 화재 현장에서 구조 작업을 할 때 주변의 온도를 낮추어 화상을 입는 것을 방지하는 데 사용된다. 또 사람을 급냉시켜 냉동 인간을 만드는 데에도 사용된다.

12. 소리내기

기본 확인 문제 211쪽

① 뚱겨서 ② 낮, 높 ③ 높 ④ 팽팽하게
⑤ 낮 ⑥ 전화기 ⑦ 청진기 ⑧ 확성기
⑨ 전달된다

탐구력 키우기 212~213쪽

탐구 1. 악기 만들기

탐구결과

1. 답 ㉠ 낮은 ㉡ 높은
해설 진동하는 물체의 길이가 길면 낮은 소리, 진동하는 물체의 길이가 짧으면 높은 소리가 난다.

탐구문제

1. 답 반대의 결과가 나온다.

2. 답 입으로 불면 진동하는 물체가 공기가 된다.물의 양이 많으면 공기관의 길이가 짧아지므로 높은 소리, 물의 양이 적으면 공기관의 길이가 길어지므로 낮은 소리가 나게 된다.

탐구 2. 소리의 전달

탐구결과

1. 답 전화기의 진동이 공기, 귓바퀴, 고막으로 차례로 전달되어 뇌가 인식하게 된다.

2. 답 ㉠ 진동(떨림) ㉡ 매질(공기)

탐구문제

1. 답 용기를 진동시켜 소리가 밖으로 새나오는 것을 막기 위해서이다.
해설 소리는 진동을 통해서 전달되는데, 용기에 그

대로 닿도록 전화기를 넣어 두면 전화기의 진동이 용기를 진동시키면서 밖에서도 소리가 들리게 된다.

02. 답 진공실험기 안의 공기를 모두 빼내면 소리를 전달해 줄 매질(공기)이 없어서 소리가 들리지 않게 된다.

문제해결력 키우기 214~221쪽

01. 답 ③
해설 시냇물 소리, 지저귀는 새소리, 풍경 소리는 시골 마을 등 자연에서 들을 수 있는 소리이고, 스피커 소리, 자동차 경적 소리, 공사장의 드릴 소리는 도시에서 들을 수 있는 인공적인 소리이다.

02. 답 ②, ⑤
해설 그림에서 대엽이는 불어서 일정한 공간 속에 들어 있는 공기를 진동시켜서 소리를 내고 있다. 트럼펫과 하모니카도 입구에서 불면 관 속의 공기가 진동하여 소리가 난다.

03. 답 ⑤
해설 빨대피리의 길이가 긴 것은 낮은 소리가 나고, 길이가 짧은 것은 높은 소리가 난다. 빨대 피리를 일정한 세기로 불면서 소리를 내며, 길이를 조금씩 잘라 음정을 맞춘다.

04. 답 1.작은 소리를 들을 수 있게 하는 장치이다.
2. 소리를 모으는 부분이 원형의 접시 모양으로 생겼다. 등

05. (1) 답 ③
해설 실전화기의 실이 느슨하거나, 중간에 손을 대면 소리가 잘 전달되지 않는다. 구리선이나 용수철을 통해서도 진동이 전달된다. 물 묻은 실을 통해서는 소리가 더 빨리 더 크게 전달된다.

(2) 답 1. 실전화기의 실을 팽팽하게 해준다.
2. 실에 초칠을 하거나 물을 묻힌다.
3. 실을 컵에 단단히 고정시킨다.
4. 두꺼운 실이나 잘 끊어지지 않는 강한 철 등을 사용한다.
5. 실의 길이를 짧게 한다.

06. 답 소리는 공기를 통해 전달된다.

07. 답 ②, ④
해설 연옥이의 악기는 물의 양에 따라 음의 높낮이를 표현할 수 있으며, 물의 색깔과 소리의 높낮이는 관계가 없다. 상현이의 악기는 1가지 음만 표현할 수 있으며, 음의 높낮이를 표현하기 위해서는 여러 가지 크기의 사발을 준비해야 한다. 또한, 랩을 대신해 알루미늄 호일을 씌워도 소리가 나지만, 랩을 씌웠을 때와 다른 소리가 난다.

08. 답 ②, ④
해설 소리의 높낮이는 진동하는 물체가 1초 동안 진동하는 횟수, 즉 진동수 때문에 결정된다. 1초 동안 진동하는 횟수가 많으면, 즉 빠르게 움직이면 높은 소리가 난다.

09. (1) 답 · 두드려서 - (마), (아)
· 불어서 - (나)
· 뚱겨서 - (바), (자)
· 문질러서 - (가)
· 부딪쳐서 - (다), (라)
· 흔들어서 - (사)

(2) 답 떨리거나 흔들린다(진동한다).
해설 물체가 진동하여 주변의 공기를 진동시키거나, 공기를 직접 진동시킨다.

(3) 답 1. 악기의 떨리는 부분을 손으로 잡아서 떨지 않게하여 공기를 진동시키지 않는다.
2. 흔드는 악기는 흔들며 부딪히는 부분을 고정시킨다.
3. 부는 악기는 주변의 공기를 제거하거나 공기가 진동하는 공간을 고무 찰흙으로 메운다.

10. (1) 답 (가) (나) (다)
해설 막대기로 눈금실린더의 옆면을 두드리면, 물이 든 눈금실린더가 진동하므로 물의 양이 적으면 높은 소리가 나고 물의 양이 많으면 낮은 소리가 난다.

(2) 답 (다) (나) (가)
해설 눈금실린더 입구에 입을 오므려 바람을 불 때, 눈금 실린더 속 공기가 진동하여 소리를 내므로 공기의 양이 많으면 낮은 소리를 내고 공기의 양이 적으면 높은 소리를 낸다.

(3) 답 · 결과 : 다르다.
· 이유 : 막대기로 눈금실린더의 옆면을 두드릴 때는

물이 든 눈금실린더가 진동하고, 눈금실린더 입구에 입을 오므려 바람을 불 때는 눈금실린더 속 공기가 진동하여 소리를 내기 때문에 다른 결과가 나온다.

11. (1) 답 양철통 위의 좁쌀이 튄다.

(2) 답 1단계 : 망치로 소리굽쇠를 친다.
2단계 : 소리굽쇠가 떨린다.
3단계 : 주변의 공기가 떨린다.
4단계 : 비닐 랩이 떨린다.
5단계 : 좁쌀이 떨리면서 튄다.

12. (1) 답 · 줄의 굵기와 소리의 높낮이 : A와 C, D와 E
· 줄의 길이와 소리의 높낮이 : A와 E, C와 D
· 줄의 팽팽한 정도와 소리의 높낮이 : A와 B , D와 F

(2) 답 · 가장 낮은 음이 나는 줄 : A
· 가장 높은 음이 나는 줄 : F
해설 고무줄을 받친 연필의 간격으로 고무줄의 길이 변화를 알 수 있으며, 매달린 추의 개수에 따라 줄의 팽팽한 정도를 알 수 있다. 고무줄이 짧고 얇고 팽팽할수록 높은 소리가 나며, 고무줄이 길고 두껍고 느슨할수록 낮은 소리가 난다.

창의력 키우기 222~223쪽

01. 답 〈예시 답안〉 1. 귀마개로 귀를 막는다.
2. 구리관을 이용해 자연스러운 냉각을 유도, 냉각팬의 필요성을 줄이거나 없앤다.
3. 방진 패드를 붙인다.
4. 컴퓨터를 밀폐된 투명 상자에 넣고 공기를 빼내어 매질을 제거한다.
5. 소리가 나지 않는 새로운 제품으로 교체한다.

02. 답 1. 같은 물질이라도 온도가 높은 물질에서 소리가 더 빠르게 전달된다.
2. 액체보다 고체에서 소리가 더 빨리 전달된다.
3. 기체보다 액체에서 소리가 더 빨리 전달된다.

STEAM융합형 문제 해결하기 224쪽

01. (1) 답 들을 수 없다. 달에는 소리를 전달해 주는 공기가 없기 때문이다.
해설 소리는 고체, 액체, 기체 등의 매질이 있어야 전달된다. 달에는 공기가 없으므로 소리가 전달되지 않는다.

(2) 답 1.무전기를 이용한다.
2.머리를 맞대고 이야기한다.
3.수신호를 이용한다.
해설 매질 없이 소리를 전달할수 있는 전파를 이용하거나, 수신호, 또는 진동을 전달할 수 있도록 머리를 맞대서 서로 의사 소통을 할 수 있다.

(3) 답 달에는 공기가 없어서 호흡하지 못하므로 산소통이 필요하다. 또한 마실 물과 먹을 것이 있어야 한다. 추위에 견딜 수 있게 우주복과 공기가 있는 공간(집)이 필요하다.

총정리문제

제1회 총정리 (1~3단원) 226쪽

01. 답 A - 산소, B - 질소, C - 헬륨
해설 산소는 금속을 산화시켜 녹슬게 하고, 물질이 연소할 때 필요하다. 질소는 건조 공기의 78%를 이루며 헬륨은 수소 다음으로 가벼운 원소이다.
배점 각 항목 당 4점씩

02. 답 ⑤
해설 질소 기체는 다른 물질과 잘 반응 하지 않는다.

03. 답 ④
해설 융해, 기화는 열을 흡수하는 반응이다.

04. 답 ③, ⑥
해설 ③ 금속이라고 모두 자석에 붙는 것은 아니다. 자석은 철(쇠)을 끌어당긴다. 대표적인 금속인 알루미늄은 자석에 붙지 않는다. ⑥ 막대 자석을 반으로 나누면 나뉘어진 자석 각각에 N극과 S극이 생긴다.

05. 답 자석 칠판, 자석 드라이버, 신용카드의 마그네틱 선, 나침반 등
배점 정답 1개당 4점, 틀리면 4점 감점

06. 답

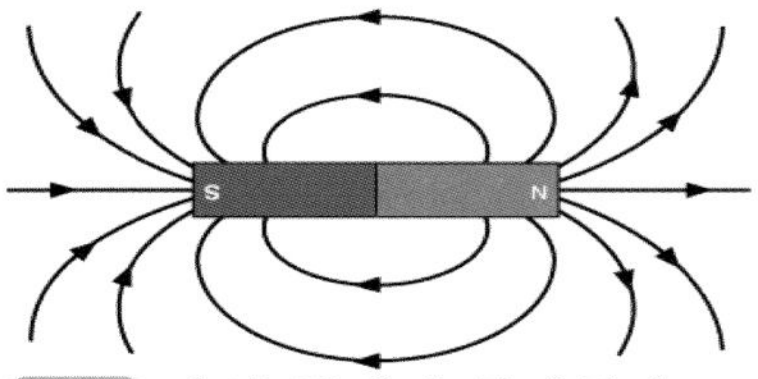

해설 자석 둘레에 철가루가 그림의 선처럼 배열되고, 자기력선의 방향은 N극에서 나와 S극으로 들어가는 방향으로 표시할 수 있다.
배점 방향과 모양 모두 맞게 그린 경우 12점, 둘 중에 하나를 틀린 경우 6점, 그외 0점

07. 답 ① 먹지 않는다 ② 움직이지 않는다
해설 애벌레는 알에서 깨어나온 뒤 허물벗기를 통해 허물벗기를 반복하며 먹이를 먹고 몸의 크기가 점점 커지며, 번데기는 시간이 지남에 따라 몸 색깔이 짙어지며, 먹이를 먹지도, 움직이지도 않는다.
배점 각 항목 당 5점씩

08. 답 ⑤
해설 몸의 크기가 작아서 작은 공간에서도 많은 수의 초파리를 키울 수 있어서 한살이 관찰에 유리하나, 몸이 작아서 현미경으로 볼 수 있다는 점은 유리한 점으로 볼 수 없다.

09. 답 ① 알 - 애벌레 - 번데기 - 성충(나비)
② 알 - 애벌레 - 성충(잠자리)
해설 나비는 알-애벌레-번데기 과정을 거쳐 성충이 되고, 잠자리는 알-애벌레 과정을 거쳐 성충이 되므로, 번데기과정을 거치지 않는다.
배점 각 항목을 모두 정확하게 쓴 경우 14점, 하나 틀릴 때마다 2점씩 감점

제2회 총정리 (4~6단원) 230쪽

01. 답 1. 식물 - 식물의 뿌리가 자라면서 암석의 틈을 벌어지게 한다.
2. 물 - 바위나 돌 틈으로 물이 스며들어가서 얼었다 녹았다 하면서 바위나 돌이 깨진다.
3. 온도차 - 온도차로 부피가 변하는 현상이 오랫동안 지속됨으로써 암석의 겉 부분이 얇게 쪼개져 부서진다.
4. 바람 - 바람에 의해 암석이 작아진다.
5. 사람 - 사람들이 채석장에서 돌을 깨뜨린다.
배점 정답 1개당 2점, 틀리면 2점 감점, 최저 점수 0점

02. 답 1. 침식작용 2. 운반작용 3. 퇴적작용
해설 물이 땅 위를 흐르면서 진흙이나 가는 모래를 깎아내며(침식작용), 깎아낸 진흙과 가는 모래를 낮은 곳으로 운반한다(운반작용), 운반된 진흙과 가는 모래를 낮은 곳에 쌓아 놓는다(퇴적작용).
배점 3가지 모두 정답을 썼을 경우 10점, 2가지만 썼을 경우 7점, 1가지만 썼을 경우 4점, 틀린 답을 썼을 경우 3점씩 감점, 최저 점수 0점

03. (1) 답 1. 흐르는 물의 양, 2. 유수대의 기울기, 3. 식물의 있고 없음

배점 3가지 모두 정답을 썼을 경우 6점, 틀린 답을 썼을 경우 2점씩 감점, 최저 점수 0점

(2) **답** 1. 흐르는 물의 양 - 똑같은 크기의 유수대를 준비하여 같은 종류와 같은 양의 모래와 흙을 채운 후,, 굵은 호스와 가는 호스를 준비하여 물을 흘려보내며 씻겨 내려간 흙의 양을 관찰한다.
2. 유수대의 기울기 - 똑같은 크기의 유수대를 준비하여 같은 종류와 같은 양의 모래와 흙을 채운 후, 유수대의 기울기를 다르게 하여 같은 양의 물을 흘려보낸다.
3. 식물의 있고 없음 - 하나는 식물이 심어져 있는 흙을 넣고, 다른 하나는 식물이 심어져 있지 않은 똑같은 크기의 유수대를 준비하여, 유수대의 기울기를 같게 한 다음 같은 양의 물을 흘려보낸다.
배점 3가지 중 하나를 골라 실험을 바르게 설계한 경우 6점, 그렇지 못한 경우 0점

04. **답** ④
해설 온도가 같은 일정량의 물에는 일정한 양의 설탕이 녹으므로 더 빠르게 저어주어도 설탕이 녹는 양에는 변함이 없다.

05. **답** ①-변화 없음 ②-변화 없음 ③-녹긴 하나 시간이 걸림
A-녹말, B-탄산 수소 나트륨, C-황산 구리
해설 A는 아이오딘과 반응하여 보라색이 되고 물에 녹지 않으므로 녹말임을 알 수 있다. 녹말은 식초와 반응하지 않으므로 아무런 변화가 일어나지 않는다. B는 식초와 반응하여 거품이 생기고 아이오딘과는 아무런 반응을 일으키지 않으므로 탄산 수소 나트륨에 해당한다. 탄산 수소 나트륨은 물에 녹긴 하나 시간이 걸린다. C는 물에 녹아서 파랗게 되므로 황산 구리이다. 황산 구리는 아이오딘과 반응하지 않는다.
배점 정답 1개당 2점, 틀리면 2점 감점, 최저 점수 0점

06. **답** · 같게 해야 할 조건: 물의 양, 물을 젓는 빠르기, 설탕의 양, 설탕을 넣는 시점, 물을 저어주는 원의 크기
· 다르게 해야 할 조건: 물의 온도
· 실험 방법:
① 온도가 10℃와 50℃인 물을 각각 100mL 준비한다.
② 각각의 물에 같은 양의 설탕을 한 숟가락씩 동시에 넣고, 물을 젓는 빠르기와 물을 저어주는 원의 크기를 같게 하며 같은 횟수로 저어준다.
③ 설탕이 모두 녹으면 다시 한 숟가락씩 설탕을 넣고, 더 이상 설탕이 녹지 않을 때까지 ②의 과정을 반복한다.
④ 각 비커에 녹은 설탕의 양(숟가락의 개수)을 비교한다.
배점 각 조건과 실험 방법을 바르게 쓴 경우 12점, 3가지 중 2가지만 바르게 쓴 경우 8점, 3가지 중 1가지만 바르게 쓴 경우 4점, 틀린 경우 0점

07. **답** · 이유: 1. 물의 깊이를 측정한 간격이 10cm로 너무 넓었다. 2. 자의 모양이 넓적하여 수조 속 땅의 모양을 정교하게 측정하지 못하였다.
· 개선 방법: 1. 측정 간격을 10cm 보다 작은 2~3cm로 한다. 2. 넓은 자를 사용하지 말고, 철사모양의 둥글고 가는 자를 사용한다.
배점 이유를 모두 찾고 그에 따른 개선 방법을 쓴 경우 14점, 이유를 하나 찾고 그에 따른 개선 방법을 바르게 적은 경우 10점, 이유만 두 가지 찾은 경우 8점, 이유만 한 가지 찾은 경우 4점, 그 외 0점

08. **답** ②
해설 · 강의 상류: 강의 폭이좁고 경사가 급하다. 물의 양이 적고 빠르다. 상류에 흐르는 물은 침식 작용을 한다. 주변에 폭포, 댐, 산골 마을이 있다.
· 강의 중류: 강의 폭이 넓고 구불구불하며, 경사가 급하지 않다. 상류보다 물이 많으며, 흐름이 느리다. 중류에 흐르는 물은 주로 운반 작용을 한다. 주변에 과수원, 목장, 넓은 논이 있다.
· 강의 하류: 강의 폭이 더욱 넓으며. 경사가 거의 없다. 물의 양이 매우 많으며 흐름이 아주 느리다. 하류에 흐르는 물은 퇴적 작용을 한다. 주변에 큰 모래 사장, 모래 채취장, 하굿둑이 있다.

09. **답** ① 위쪽의 흙을 더 많이 깎아 아래로 운반하여 쌓이게 한다.
② 물이 돌을 돌아서 흐른다. 물이 흐르는 길이 더 굽어진다.
③ 물의 흐름이 더 빨라져서 흙을 더 많이 깎아 운반하여 쌓이게 한다.
배점 3가지 모두 정답을 썼을 경우 10점, 2가지만 썼을 경우 7점, 1가지만 썼을 경우 4점, 틀린 답을 썼을 경우 3점씩 감점, 최저 점수 0점

제3회 총정리 (7~9단원) 234쪽

01. 답 악어, 거북, 뱀 등
해설 척추가 있고, 체온이 변하며, 폐로 호흡하는 것은 파충류의 특징이다.
배점 파충류를 3가지 모두 쓰면 8점, 2가지만 쓰면 5점, 1가지 쓰면 2점, 3가지 이상 쓴 경우 파충류에 해당하지 않는 동물의 이름 하나 당 3점씩 감점

02. 답 · 새끼와 어미의 모습이 비슷한 동물의 이름 : 팬더, 기린, 돌고래, 개, 고양이 등
· 새끼와 어미의 모습이 다른 동물의 이름 : 올챙이와 개구리, 초파리 애벌레와 초파리, 장구벌레와 모기, 잠자리 애벌레(수채)와 잠자리, 매미와 굼벵이 등
해설 제시된 답 이외에도 어미와 새끼의 모습이 비슷한 동물과 모습이 다른 동물은 많다. 제시된 답에 써 있지 않더라도 맞게 썼을 경우 정답으로 인정한다.
배점 각각 3가지씩 맞는 답을 썼을 경우 10점, 둘 중 하나는 3가지 다 썼으나 나머지 하나는 두 가지를 쓴 경우 8점, 각각 두 가지씩 쓴 경우 5점, 맞는 답 1가지 이상 각각 쓴 경우 2점, 그 외 0점

03. 답 · 공통점 : 1. 부리가 있다. 2. 알을 낳는다. 3. 날개가 있다. 4. 척추가 있다. 5. 체온이 일정하다. 등
· 차이점 : 1. 타조는 목이 길고, 펭귄은 목이 짧다. 2. 타조는 다리가 길고, 펭귄은 다리가 짧다. 3. 타조는 주로 아프리카에 서식하고, 펭귄은 남극에 서식한다. 등
해설 타조와 펭귄은 조류에 속한다. 제시된 답 이외에도 타조와 펭귄의 공통점과 차이점을 썼을 경우 정답으로 인정해 준다.
배점 각각 3가지씩 맞는 답을 썼을 경우 10점, 둘 중 하나는 3가지 다 썼으나 나머지 하나는 두 가지를 쓴 경우 8점, 각각 두 가지씩 쓴 경우 5점, 맞는 답 1가지 이상 각각 쓴 경우 2점, 그 외 0점

04. 답 · 표면적을 넓혀 좁은 공간에서 물을 최대한 많이 접촉하여 물속의 산소를 얻기 위해서이다.
해설 물고기는 아가미를 이용하여 물속에 녹아 있는 산소를 얻고 이산화탄소를 내보내어 숨을 쉰다. 아가미는 수많은 가닥으로 갈라져 있어 좁은 공간에서 물과 최대한 많이 접촉하여 물속의 산소를 효과적으로 흡수할 수 있는 것이다.
배점 3가지 모두 정답을 썼을 경우 10점, 2가지만 썼을 경우 6점, 1가지만 썼을 경우 2점, 틀린 답을 썼을 경우 2점씩 감점, 최저 점수 0점

05. 답 · 실험 방법 : 똑같은 조건의 어항 2개를 햇빛이 잘 비치는 창가에 두고, 한쪽 어항만 검은 천을 덮고 일주일 후 어항 속의 변화를 관찰한다.

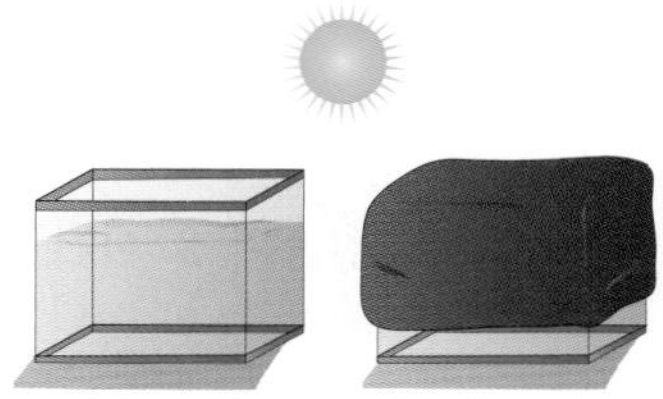

· 실험 결과 : 햇빛을 잘 받은 어항은 물 색깔이 녹색으로 변하고, 검은 천을 덮은 어항은 물 색깔이 그대로이다.
배점 실험 방법과 실험 결과를 모두 바르게 쓴 경우 12점, 실험 방법은 바르나 실험 결과가 바르지 못한 경우 6점, 실험 방법은 바르지 못하나 실험 결과가 바른 경우 6점, 감점 없음

06. (1) 답 공통점 : 앞쪽이 뾰족하다. 옆면이 둥글다. 가운데 부분이 도톰하고, 바깥부분은 얇다.
배점 공통점을 3가지 쓴 경우 6점, 2가지 쓴 경우 4점, 1가지 쓴 경우 2점, 감점 없음
(2) 답 유선형
해설 물속에서 움직이는 배와 물고기는 모두 공기나 물의 저항을 줄이기 위해서 유선형의 몸체를 가지고 있다.
배점 유선형이라고 바르게 쓴 경우 4점, 쓰지 못한 경우 0점

07. 답 · ㉣→㉠→㉢→㉡
배점 순서를 모두 바르게 적었으면 10점, 바르지 않으면 0점

08. 답 · 화석인 것 : (가), (다), (라)
· 화석이 아닌 것 : (나), (마), (바)
· 나눈 이유 : 1.옛날에 살았던 생물의 흔적인 것과 아닌 것 2. 지층 속에서 발견된 것과 아닌 것
해설 화석은 사람이 나타나기 전에 살았던 생물의 유해나 흔적이 지층 속에 남아 있는 것이다.
배점 화석인 것과 화석이 아닌 것을 잘 나누고, 이유

2가지를 모두 쓴 경우 10점, 잘 나누고, 이유를 한 가지만 적은 경우 6점, 잘 나누고, 이유를 적지 못한 경우 4점, 바르게 나누지 못하고, 이유도 적지 못한 경우 0점

09. 답 물고기나 조개 화석이 있는 지층은 원래 물속에 있었으나, 지구 내부의 힘에 의해 지층이 땅 위로 올라온 후, 바람이나 빗물에 의해 깎여 화석이 드러난 것이다.
배점 '지구 내부의 힘'과 '땅이 깎인다(풍화작용)'라는 의미의 단어가 모두 포함되면 10점, 둘 중 하나만 포함되면 6점, 두 단어가 포함되지 않았으나, 정답과 같은 의미를 포함한 경우 2점

10. 답 1. 멀리 떨어진 지층들이 쌓인 순서를 알수 있다. 2. 과거 생물의 정보(종류, 모양, 크기 생태 등)를 알 수 있다. 3. 화석이 발견된 지층의 시대와 환경을 알 수 있다. 4. 지하 자원 탐사에 이용할 수 있다. 등
배점 정답을 3가지 모두 쓰면 10점, 2가지만 쓰면 6점, 1가지만 쓰면 2점, 틀린 답을 쓴 경우 하나당 2점씩 감점

제4회 총정리 (10~12단원) 238쪽

01. 답 · 물 : 1mL/27 = 0.037mL
· 알코올 : 1mL/54 = 0.0185mL
· 식용유 : 1mL/45 = 0.022mL
해설 물, 식용유, 알코올 1mL의 액체 방울 수가 각각 27, 54, 45방울이므로, 1mL를 각 방울수로 나누면 각 액체 한 방울의 부피를 알 수 있다.
배점 3가지 부피를 모두 정확하게 구한 경우 10점, 2가지만 정확하게 구한 경우 6점, 1가지만 정확하게 구한 경우 2점, 그 외 0점

02. (1) 답 1. 비누 또는 세제를 넣고 흔든다. 2. 아세톤을 넣는다. 등
해설 맞는 답을 쓰면 5점, 틀린 답을 쓰거나 답을 안 쓴 경우 0점, 답을 여러 개 쓴 경우 틀린 답 하나당 1점씩 감점

(2) 답 1. 식용유와 식초에 계란 노른자를 섞어 마요네즈를 만든다.
2. 기름이 묻은 그릇이나 손을 비누로 닦는다.
3. 바다에 기름이 유출되었을 때 유화제를 뿌려서 기름이 바닷물에 섞이도록 한다. 등
해설 비누는 기름에 잘 섞이는 부분과 물에 잘 섞이는 부분으로 이루어져 있어서 기름과 물을 잘 섞이게 한다. 아세톤은 물과도 잘 섞이고 식용유와도 잘 섞이는 성질이 있다.
배점 맞는 답을 쓰면 5점, 틀린 답을 쓰거나 답을 안 쓴 경우 0점, 답을 여러 개 쓴 경우 틀린 답 하나당 1점씩 감점

03. 답 ㄱ, ㄴ, ㄹ
해설 ㄱ에서 날씨가 가물면 공기 중의 수분의 양이 적어서 땅에서 물이 증발하면서 땅이 갈라진다. ㄴ에서 감의 껍질을 까서 매달아 놓으면 감 안의 수분이 증발하면서 말라 곶감이 된다. ㄷ에서 안개는 공기 중의 수증기가 응결(액화)하여 작은 물방울이 되어 공기 중에 떠 있는 것이다. ㄹ에서 젖은 빨래를 널어 놓으면 물이 증발하면서 빨래가 마른다.
배점 3가지 모두 잘 고른 경우 10점, 2개만 맞은 경우 6점, 1가지만 맞은 경우 2점, ㄷ을 고른 경우 2점 감점

04. (1) 답 C

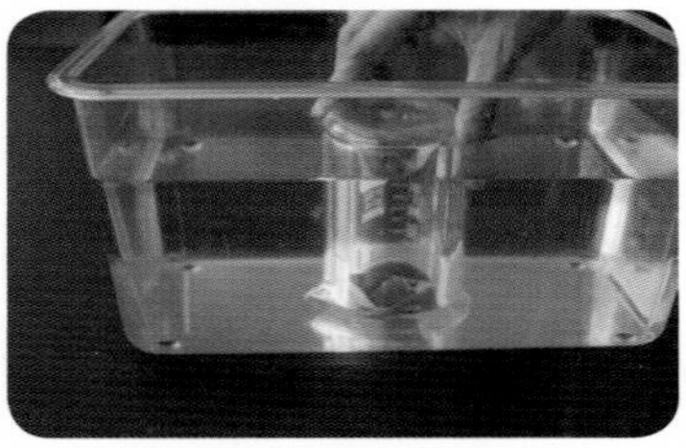

· 이유 : 컵 속에 공기가 일정한 공간을 차지하여 물이 컵 속으로 들어갈 수 없어서, 종이배는 컵의 바닥에 닿지 않고 종이배의 돛이 물에 젖지 않는다.
배점 컵 속의 공기가 일정한 공간을 차지하고 있다라는 말이 들어가면 5점, 비슷한 의미의 답을 썼을 경우 3점, 틀린 답을 썼을 경우 0점

(2) 답 같은 힘으로 누르면 더 깊이 들어간다. 또는 같은 깊이까지 누르는데 물일 경우보다 더 적은 힘이 든다(두 경우 모두 종이의 돛은 젖지 않는다.). 컵 속의 액체는 컵 속의 공기에 의해 밖으로 밀려나는데 물보다 알코올이 더 쉽게 밀려나기 때문이다.
배점 이유와 차이 한 가지를 잘 설명한 경우 5점, 차

이는 잘 썼으나 이유를 쓰지 못한 경우 3점, 틀린 답을 쓴 경우 0점

05. 답 · 집 안 생활 : 선풍기, 어항의 산소 발생기 등
· 스포츠 : 연날리기, 잠수부의 산소통 등
· 악기 : 리코더, 아코디언, 풍금 등
· 생활용품 : 자전거 바퀴, 자동차 바퀴 등
배점 각 상황에 맞게 2가지씩 모두 정답을 쓴 경우 10점, 틀린 답 1개 당 1점씩 감점, 최저 점수 0점

06. 답 1. 크기와 재질이 같은 비치볼 2개에 손 펌프를 이용하여 공기를 팽팽하게 넣는다.
2. 양팔 저울의 양쪽에 비치 볼을 하나씩 매달아 수평을 이루게 한다.
3. 한쪽 비치 볼의 공기를 뺀 후 수평의 변화를 관찰한다.
해설 공기는 너무 가벼워서 비치볼 하나에 공기를 압축해서 넣는다해도 저울로 무게를 잴 수 없다. 공기의 무게를 비교하기 위해서는 수평을 이용해서 조금의 무게 변화가 있더라도 수평이 깨지는 것을 이용하여 공기도 무게가 있다는 것을 확인한다.
배점 수평을 이용하여 무게의 변화를 관찰하면 10점, 비치볼을 이용하여 공기의 무게를 직접 재는 방법을 사용하면 5점, 그 외 0점

07. 답 병 안의 공기의 부피는 찬물에 담그면 수축되어 줄어든다. 병을 따뜻한 물에 담그면 내부 공기의 온도가 올라가면서 팽창하게 된다. 팽창된 공기가 병을 빠져 나가면서 동전을 움직여 동전이 달그락 거리게 된다.
배점 온도 변화와 부피 변화의 관계를 정확히 적은 경우 10점, 부피 팽창만 언급한 경우 5점, 그 외 0점

08. 답 공기를 빼내면 방울 소리가 점점 작아지다가 거의 들리지 않게 된다. 이유 : 소리를 전달하는 매질은 공기인데 공기가 점점 희박해지기 때문에 소리를 잘 전달할 수 없게 된다.
배점 답과 이유를 모두 쓴 경우 10점, 답은 정답이고 이유를 쓰지 못한 경우 5점 그 외 0점

09. 답 모기에게서 나는 '윙윙'소리는 모기의 날개 진동 때문에 발생한다. 모기가 빠른 속력으로 날갯짓을 하면 주변의 공기를 진동시켜 '윙윙'소리가 나는 것이다.
배점 진동이라는 단어가 포함되며 답을 바르게 설명한 경우 10점, 진동이라는 단어가 포함되지 않았으나 답이 타당한 경우 5점, 틀린 경우 0점

10. 답 실전화기의 실이 느슨하기 때문이다.
1. 실이 팽팽하게 한다.
2. 실의 길이를 짧게 한다.
3. 실 대신에 구리선, 용수철, 낚시줄 등을 사용한다.
배점 방법을 3가지 쓴 경우 10점, 2가지 쓴 경우 7점, 1가지 쓴 경우 4점. 감점 없음